高等数学

第二版

上　　册

吴炳烨　主　编
郭　晶
孙　锋　副主编

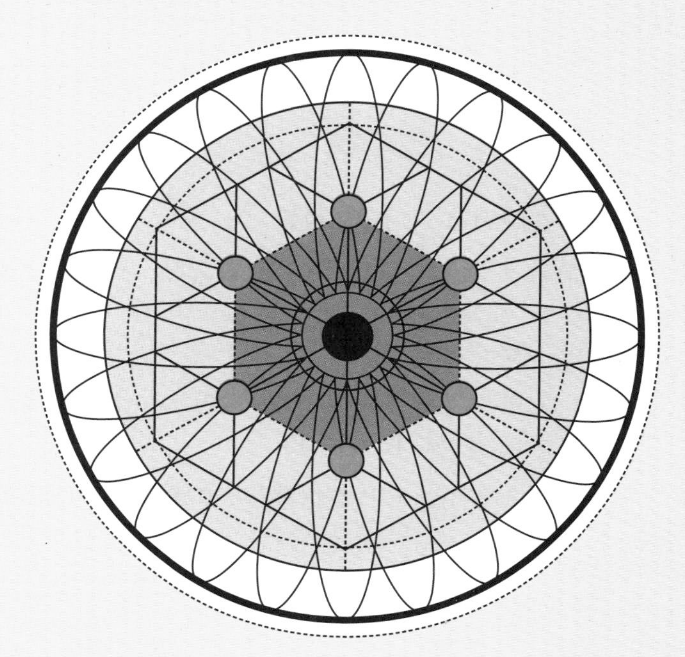

中国教育出版传媒集团
高等教育出版社·北京

内容简介

本书以教育部高等学校大学数学课程教学指导委员会制定的"工科类本科数学基础课程教学基本要求"及"经济和管理类本科数学基础课程教学基本要求"为指导，结合应用型本科院校相关专业数学教学的特点，以严密、通俗的语言，较系统地介绍了高等数学的知识。全书分为上、下两册。上册共分五章，包括函数、极限与连续，导数和微分，微分中值定理和导数的应用，不定积分及定积分等。全书纸质内容与数字课程一体化设计，紧密配合。数字课程涵盖微视频、教学课件、自测题、综合练习、数学史、数学家小传等板块，为应用型本科院校学生的学习提供思维与探索的空间。

本书可作为应用型本科院校理工类、经济管理类专业的高等数学教材，也可作为相关专业学生考研的参考材料，还可供相关专业人员和广大教师参考。

图书在版编目（CIP）数据

高等数学. 上册 / 吴炳烨主编 ; 郭晶，孙锋副主编 . -- 2版. -- 北京 : 高等教育出版社，2023. 8

ISBN 978-7-04-060449-8

Ⅰ. ①高… Ⅱ. ①吴… ②郭… ③孙… Ⅲ. ①高等数学-高等学校-教材 Ⅳ. ①O13

中国国家版本馆 CIP 数据核字(2023)第 079158 号

Gaodeng Shuxue

策划编辑 李晓鹏　责任编辑 李晓鹏　封面设计 王 洋　版式设计 李彩丽

责任绘图 杨伟露　责任校对 胡美萍　责任印制 存 怡

出版发行 高等教育出版社

社 址 北京市西城区德外大街4号

邮政编码 100120

印 刷 三河市潮河印业有限公司

开 本 787 mm × 1092 mm 1/16

印 张 17

字 数 400千字

购书热线 010-58581118

咨询电话 400-810-0598

网 址 http://www.hep.edu.cn

http://www.hep.com.cn

网上订购 http://www.hepmall.com.cn

http://www.hepmall.com

http://www.hepmall.cn

版 次 2016年8月第1版

2023年8月第2版

印 次 2023年8月第1次印刷

定 价 35.60元

物 料 号 60449-00

高等数学

(第二版) 上册

吴炳烨
郭　晶
孙　锋

1 计算机访问http://abook.hep.com.cn/1251534，或手机扫描二维码、下载并安装Abook应用。

2 注册并登录，进入"我的课程"。

3 输入封底数字课程账号(20位密码，刮开涂层可见)，或通过Abook应用扫描封底数字课程账号二维码，完成课程绑定。

4 单击"进入学习"按钮，开始本数字课程的学习。

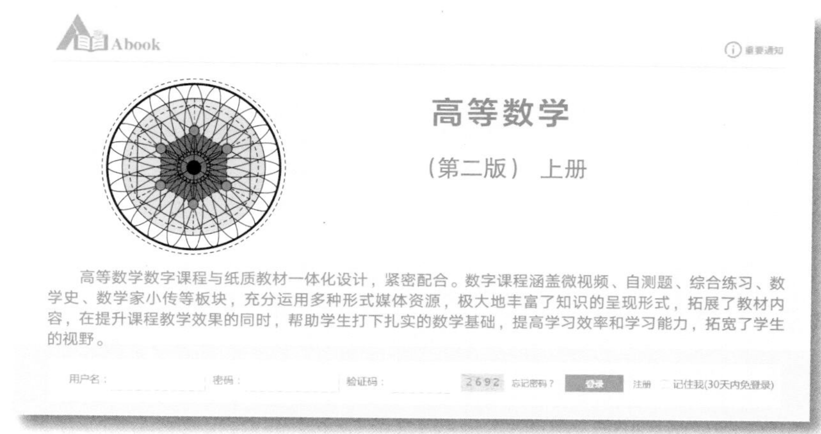

课程绑定后一年为数字课程使用有效期。受硬件限制，部分内容无法在手机端显示，请按提示通过电脑访问学习。

如有使用问题，请发邮件至abook@hep.com.cn。

微视频

综合练习

数学家小传

http://abook.hep.com.cn/1251534

第二版前言

高等数学是普通高等学校的一门重要的公共基础课程，也是信息化背景下课程建设与教学改革的难点所在.为了适应信息化背景下教学方法与学习方式的变革，服务学校应用型人才培养，推进高等数学课程建设与教学改革，我们编写了本教材，于2016年8月由高等教育出版社出版.以本教材为支撑，相关在线开放课程已在爱课程（中国大学MOOC）等平台上线，为实施信息化教学改革奠定了基础.

此次再版，我们对教材内容进行适当优化，着重阐述数学理论的发展遵循实际问题为导向、理论创新求解决这一客观规律，并结合教学内容体现我国在科学技术上的新成就及我国数学家在数学理论上的重要贡献.我们保留教材的总体框架不变，修订了第一版中存在的错漏与不当之处，并更新了部分习题，补充了近年来部分考研真题.此次再版得到了编者所在学校及高等教育出版社的大力支持，在此表示衷心感谢.

编者

2023年1月

第一版前言

高等数学是理工类及经济管理类专业的一门重要的基础课程，对于提高相关专业学生的综合素质有重要的作用。作为一门基础学科，数学有其固有的特点，这就是高度的抽象性、严密的逻辑性和广泛的应用性。数学的高度抽象性及严密逻辑性在很大程度上造成了非数学类专业学生学习数学的困难。随着高等教育的大众化，这一问题显得越来越突出。高等数学课程教学如何适应应用型人才培养的需要，是当前应用型本科院校教学改革与研究的一个重要课题。

本书就是在这一背景下，结合编者多年的教学实践和教改成果，以教育部高等学校大学数学课程教学指导委员会制定的“工科类本科数学基础课程教学基本要求”及“经济和管理类本科数学基础课程教学基本要求”为指导而编写的，以满足应用型本科院校理工类及经济管理类专业高等数学课程教学的需要，同时在教材内容与习题编排上兼顾这些专业学生考研的需求。

与其他同类教材相比，本书有以下特色：

1. 充分考虑学生学习方式改变的新趋势，以“纸质教材+数字课程”的方式对教材的内容和形式进行了整体设计。纸质教材通过设置旁白的方式，对正文内容进行补充说明、拓展讨论和归纳总结，数字课程对纸质内容进行巩固、补充和拓展，形成以纸质教材为核心、数字化教学资源配合的综合知识体系。数字课程包含的教学资源有微视频、电子教案、自测题、综合练习、数学史、数学家小传等。

2. 全书体系完备清晰，知识叙述循序渐进，难度适中。在内容编排上，引入数学概念时注重介绍相应的数学或物理等背景，并围绕基本内容构造了丰富的例题。此外，考虑几何图形对于学生理解与掌握数学概念及方法起到十分重要的作用，本书配备丰富的插图，帮助学生理解与掌握数学知识。

3. 一定量的习题训练是学生学习与掌握数学知识不可或缺的重要环节。本书根据教学内容精心编制习题，在习题编排上分为 A 题与 B 题两类。A 题为基础题，以帮助学生掌握基础知识与基本方法为目的,可作为课后书面作业选用;B 题为提高题,其中包含历年来非数学类专业的部分考研真题,适合对数学有兴趣的学生进一步学习及考研训练使用。

4. 全书书稿及配套的电子教案用数学编辑软件 LATEX 编写而成,电子教案在形式上模拟“黑板+粉笔”的传统教学模式,具备“擦黑板”、标注、打草稿、按步骤作图、图文交替演示等功能,同时充分体现多媒体课件书写规范美观、富于变化、图形准确、动态演示形象直观等特点,十分适合教师教学及学生学习的需要。

本书由吴炳烨任主编,参加编写的教师为:郭晶(第 1、2、3 章)、孙锋(第 4、5 章)。本书在编写过程中参考了国内有关著作、教材,主要参考书目已列在书末,在此表示感谢。

本书的编写还得到编者单位及高等教育出版社的大力支持与热情帮助,在此谨致谢意。限于编者的水平,书中难免存在错漏之处,敬请专家和读者批评指正。

编者

2016 年 1 月

目录

第 1 章　函数、极限与连续

高等数学是关于变量的数学，函数的关系就是变量之间的依赖关系，而极限的方法则是研究变量的一种基本方法．本章将介绍函数、极限和函数的连续性等基本概念与基本性质，为讨论函数的微分与积分做准备．

1.1　函数

1.1.1　集合、常量和变量

集合是数学中的一个重要概念，现代数学各个分支几乎都构筑在严格的集合理论上．为满足今后学习的需要，本节从介绍微积分所涉及的有关集合论的一些基本知识开始．

PPT 课件 1－1
函数

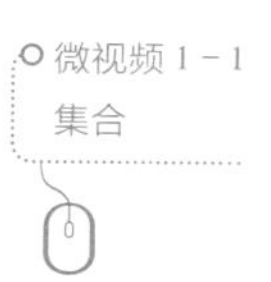

1．集合的概念

定义 1.1.1　具有某种特定性质的事物的全体，称为集合，或简称集．组成这个集合的事物，称为该集合的元素．

通常用大写字母 $A,B,X,Y,\cdots$ 表示集合，用小写字母 $a,b,x,y,\cdots$ 表示元素．若集合不含任何元素，称为空集，记为 $\varnothing$. 仅含有限个元素的集合称为有限集，否则称为无限集．

若元素 x 在集合 A 中，则称 x 属于 A，记为 $x\in A$. 若元素 x 不在集合 A 中，则称 x 不属于 A，记为 $x\notin A$.

设 A,B 是两个集合，若集合 A 中的元素都是集合 B 的元素，则称 A 是 B 的子集，记为 $A\subset B$（读为 A 包含于 B），或 $B\supset A$（读为 B 包含 A）.

若集合 A 和 B 互为子集，即 $A\subset B$ 且 $B\subset A$，则称 A 和 B 相等，记为 $A=B$. 若 $A\subset B$ 且 $A\neq B$，则称 A 是 B 的真子集，记为 $A\subsetneq B$.

例如,我们一般用字母 $\mathbf{N}^{+}$ 表示全体正整数集合,$\mathbf{Z}$ 表示全体整数集合,$\mathbf{Q}$ 表示全体有理数集合,$\mathbf{R}$ 表示全体实数集合,则 $\mathbf{N}^{+}\subset\mathbf{Z}\subset\mathbf{Q}\subset\mathbf{R}$. 另外,$\mathbf{R}^{*}$ 通常表示非零实数的集合,$\mathbf{R}^{+}$ 表示全体正实数的集合.

2. 集合的表示方法

表示集合的方法有两种,一种是枚举法,即把集合中的元素一一列举出来. 如 $\mathbf{N}^{+}=\{1,2,3,\cdots,n,\cdots\}$,$\mathbf{Z}=\{\cdots,-n,\cdots,-2,-1,0,1,2,\cdots,n,\cdots\}$.

另一种是描述法,即把元素的特性描述出来. 例如

$$\mathbf{R}^{+}=\{x>0\};$$

$$\mathbf{Q}=\left\{\frac{p}{q}\,\middle|\,p\in\mathbf{Z},q\in\mathbf{N}^{+}\text{且 }p\text{ 和 }q\text{ 互质}\right\}.$$

3. 集合的运算

集合的基本运算有并、交、差三种.

设 A,B 是两个集合,由所有属于 A 或者属于 B 的元素组成的集合,称为 A 与 B 的并集(简称并),记为 $A\cup B$,即 $A\cup B=\{x\mid x\in A\text{ 或 }x\in B\}$. 一般地,$n$ 个集合 $A_1,A_2,\cdots,A_n$ 的并集记为 $\bigcup_{i=1}^{n}A_i$,即

$$\bigcup_{i=1}^{n}A_i=\{x\mid x\in A_1\text{ 或 }x\in A_2\cdots\cdots\text{或 }x\in A_n\}.$$

由所有既属于 A 又属于 B 的元素组成的集合,称为 A 与 B 的交集(简称交),记为 $A\cap B$,即 $A\cap B=\{x\mid x\in A\text{ 且 }x\in B\}$.

一般地,n 个集合 $A_1,A_2,\cdots,A_n$ 的交集记为 $\bigcap_{i=1}^{n}A_i$,即

$$\bigcap_{i=1}^{n}A_i=\{x\mid x\in A_1\text{ 且 }x\in A_2\cdots\cdots\text{且 }x\in A_n\}.$$

由所有属于 A 而不属于 B 的元素组成的集合,称为 A 与 B 的差集(简称差),记为 $A\backslash B$,即

$$A\backslash B=\{x\mid x\in A\text{ 且 }x\notin B\}.$$

有时我们仅把问题限于在某一个确定的集合 X 中讨论,所研究的其他集合 A 都是 X 的子集,这时称集合 X 为全集或基本集,称 $X\backslash A$ 为 A 的余集或补集,记为 A^{C},即

$$A^{C}=\{x\mid x\in X\text{ 且 }x\notin A\}.$$

集合的并、交、差三种运算满足下列法则．设 A,B,C 为任意三个集合，则有

（1）交换律：$A\cup B=B\cup A,A\cap B=B\cap A$；

（2）结合律：$(A\cup B)\cup C=A\cup(B\cup C),(A\cap B)\cap C=A\cap(B\cap C)$；

（3）分配律：$(A\cap B)\cup C=(A\cup C)\cap(B\cup C),(A\cup B)\cap C=(A\cap C)\cup(B\cap C)$；

（4）对偶律：$(A\cup B)^C=A^C\cap B^C,(A\cap B)^C=A^C\cup B^C$.

以上法则都可根据集合相等的定义验证．

此外我们还可以定义两个集合的笛卡儿乘积．

设 A,B 是任意两个集合，在集合 A 中任意取一个元素 x，在集合 B 中任意取一个元素 y，它们组成一个有序对 (x,y)，把这样的有序对作为新元素，它们全体组成的集合称为集合 A 与集合 B 的笛卡儿乘积或直积，记为 $A\times B$，即

$$A\times B=\{(x,y)\mid x\in A \text{ 且 } y\in B\}.$$

例如，$\mathbf{R}\times\mathbf{R}=\{(x,y)\mid x\in\mathbf{R} \text{ 且 } y\in\mathbf{R}\}$，即为 xOy 平面上全体点的集合．$\mathbf{R}\times\mathbf{R}$ 常记作 $\mathbf{R}^2$.

4. 区间和邻域

区间是一类用得较多的数的集合．设 a 和 b 为实数，且 $a<b$.

数集 $\{x\mid a<x<b\}$ 称为开区间，记为 (a,b)，即 $(a,b)=\{x\mid a<x<b\}$.

数集 $\{x\mid a\leqslant x\leqslant b\}$ 称为闭区间，记为 $[a,b]$，即 $[a,b]=\{x\mid a\leqslant x\leqslant b\}$.

数集 $\{x\mid a<x\leqslant b\}$ 和 $\{x\mid a\leqslant x<b\}$ 均称为半开半闭区间，分别记为 $(a,b]$ 和 $[a,b)$.

a,b 称为上述各区间的端点，数 $b-a$ 称为区间长度．由于 a,b 是有限的实数，故上述各区间均称为有限区间．

此外，引进记号 $+\infty$（读作正无穷大）和 $-\infty$（读作负无穷大），则可类似地表示无限区间．例如 $[a,+\infty)=\{x\mid x\geqslant a\}$ 和 $(-\infty,b]=\{x\mid x\leqslant b\}$ 等均为无限区间．全体实数的集合 $\mathbf{R}$ 也可记作 $(-\infty,+\infty)$，它也是无限区间．

以后在不需要明确指出区间是否包含端点，以及是有限还是无限区间时，就简称为“区间”，且常用字母 I 表示．

邻域也是常用到的一类集合．设 $\delta>0$，则开区间 $(a-\delta,a+\delta)$ 称为 a 的一个 δ 邻域，记为 $U(a,\delta)$，即

$$U(a,\delta)=\{x \mid a-\delta<x<a+\delta\},$$

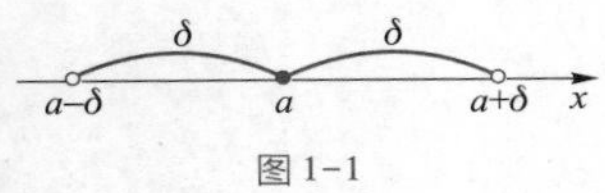

图 1-1

其中点 a 称为邻域的中心，δ 称为邻域的半径(图 1-1)．$U(a,\delta)$ 也可以表示为 $\{x \mid |x-a|<\delta\}$．

有时用到的某点邻域需要把该点去掉．例如，由于 $0<|x-a|$ 隐含 $x\neq a$，故集合 $\{x \mid 0<|x-a|<\delta\}$ 不包含点 a，称为点 a 的去心邻域，记为 $\mathring{U}(a,\delta)$，即

$$\mathring{U}(a,\delta)=\{x \mid 0<|x-a|<\delta\}.$$

另外，把开区间 $(a-\delta,a)$ 称为 a 的左 δ 邻域，把开区间 $(a,a+\delta)$ 称为 a 的右 δ 邻域．有时，不关心 δ 的大小时，就将 a 的邻域表示为 $U(a)$．

5. 常量和变量

我们在研究各种自然现象和实际问题时，会遇到许多量，这些量一般分为两种：一种是在考察过程中保持不变的量，即保持一定的数值，称为常量；另一种是在这一过程中会起变化的量，即可以取不同的数值，称为变量．例如自由落体的下降时间和距离是变量，而重力加速度则可以看成是常量．一个量是常量还是变量，要根据具体的情况作出分析．

通常用字母 a,b,c 等表示常量，用字母 x,y,z,t 等表示变量．

在变化过程中，我们发现有些变量是连续变化的，例如时间、路程等；而有些变量则不是连续变化的，例如溶液的浓度，等等．变量的变化范围就是变量的取值范围，如果变量是连续的，当变量取实数值时，常用区间表示它的变化范围．

1.1.2 函数

1. 函数概念

在研究实际问题时，常常有几个量同时变化，它们的变化往往不是彼此独立，而是相互联系着的，其间的关系非常复杂．为了便于研究，我们先考察两个变量之间的关系．下面是一些具体的例子．

例1 自由落体运动中，下降的距离 s 取决于下降的时间 t，它们的关

系由公式 $s=\frac{1}{2}gt^2$ 确定．这里重力加速度 g 是常量，距离 s 和时间 t 为变量．当 t 取任一个值时，按变量间的依赖关系，就有一个唯一确定的值 s 与之对应．

例 2 实验室动物所用药物在血液中的浓度（单位：10^{-6}）随着时间在递减，表 1-1 列出了浓度和时间的关系．

表 1-1 单位：10^{-6}

时刻	0	1	2	3	4	5	6	7	8	9	10
浓度	853	587	390	274	189	130	97	67	50	40	31

这里时间和浓度均为变量，对于时刻 0，1，2，…，10 中的每一个值，由表格可定出它的对应浓度．

例 3 人在奔跑后心搏率（每分钟心跳次数）会恢复到正常，图 1-2 中曲线描绘了某人锻炼后几分钟心搏率与时间这两个变量的关系．在时间的变化范围内每取一个值，由图 1-2 就有一个确定的心搏率与之对应．

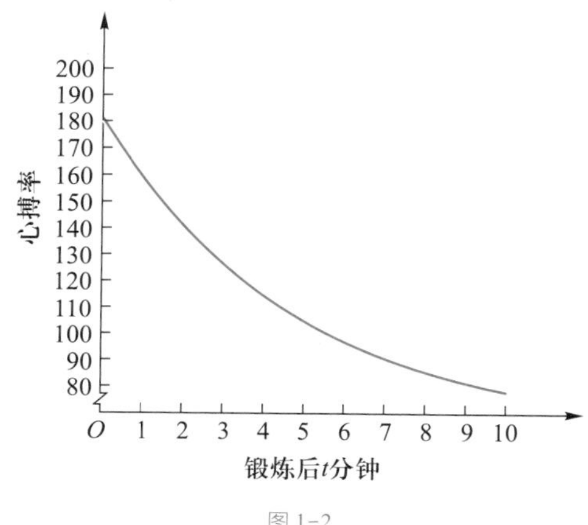

图 1-2

从数学的角度看，以上例子中变量间对应关系的共同特征，可以得到如下的函数概念：

定义 1.1.2 设 D 是一个给定的非空数集，x 和 y 是两变量．若存在对应关系 f，使得当变量 x 在其变化范围 D 内任意取定一个数值时，变量 y 按照对应关系 f，总能取到唯一确定的数值和 x 对应，则称 f 是定义在 D 上的函数，记为

$$f: D\to\mathbf{R}, x\mapsto y.$$

此时 x 称为自变量，y 的值由它所依赖的变量 x 所确定，故称 y 为因变量．数 x 对应的数 y 称为函数 f 在 x 处的函数值，记为 $y=f(x)$．数集 D 称为函数 f 的定义域，函数值的集合 $\{f(x)\mid x\in D\}$ 称为函数 f 的值域，用 $f(D)$ 或 R_f 表示．即

$$R_f=f(D)=\{f(x)\mid x\in D\}.$$

由此可见例 1，例 2 和例 3 中变量之间的关系都是函数关系．

注　(1) 在定义中，我们用符号 $f: D\to\mathbf{R}$ 表示按对应关系 f 建立数集 D 到 $\mathbf{R}$ 的函数关系，“$x\mapsto y$”表示两个数集中元素的对应关系．为叙述方便，我们省略上面两种记号，直接用符号 $y=f(x), x\in D$ 表示定义在数集 D 上的函数 f．当不需要指明函数的定义域时，又简写为 $y=f(x)$．

(2) 函数的定义中有两个基本要素：一是定义域，一是对应关系．若两个函数的定义域相同，对应关系也相同，则这两个函数是相同的函数，否则就是不同的函数．例如

$$y=x-1 \text{ 与 } y=\frac{x^2-1}{x+1}$$

表达式(对应关系)相同，但定义域不同，前者的定义域是 $\mathbf{R}$，后者的定义域是 $\mathbf{R}\setminus\{-1\}$，因此是不同的函数；但有时相同的函数其对应关系有不同的表达形式，如

$$y=|x|, x\in\mathbf{R} \text{ 与 } y=\sqrt{x^2}, x\in\mathbf{R}.$$

(3) 函数定义域的确定通常有两种方式：一是对有实际背景的函数，根据它的实际意义来确定定义域．如例 2 中的定义域为 $\{0,1,2,3,4,5,6,7,8,9,10\}$，例 3 中的定义域为 $[0,10]$．另一种是对于用数学式子表示的函数，不考虑实际意义，自变量取使数学式子有意义的一切实数值，这种定义域称为函数的自然定义域．例如函数 $y=\sqrt{\sin x}$ 的自然定义域是 $[2n\pi,(2n+1)\pi]\ (n=0,\pm1,\pm2,\cdots)$．一般说来，给出一个函数的具体表达式的同时，应指出它的定义域，否则默认它的定义域是自然定义域．

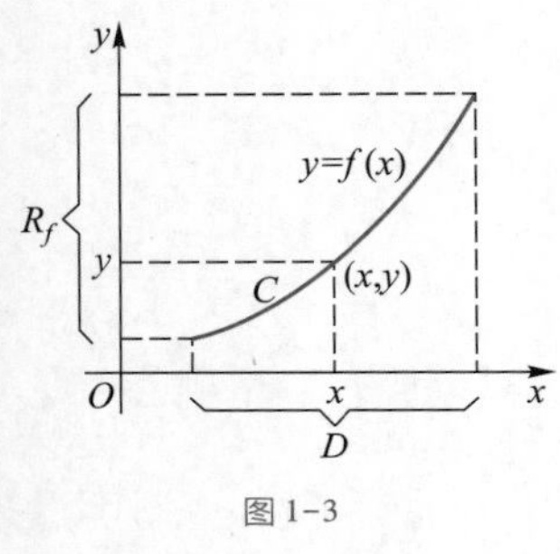

图 1-3

(4) 函数的图形．如图 1-3，设函数 $y=f(x)$ 的定义域为 D，对于任意取定的 $x\in D$，对应的函数值为 $y=f(x)$．这样，以 x 为横坐标，y 为纵坐标就在 xOy 平面上确定了一点 (x,y)．当 x 取遍 D 上的每一个数值时，就得

到点(x,y)的一个集合 C,即 $C=\{(x,y)\mid y=f(x),x\in D\}$. 则点集 C 称为函数 $y=f(x),x\in D$ 的图形,图中的 R_f 表示函数的值域.

2. 函数的表示法

一般地,并不是所有的变量间的函数关系都可以用公式表示出来,熟知的函数的表示法有三种:表格法、图形法和解析法.

表格法,即变量间的函数关系用列表的方法来表示,这种方法有利于查找函数值. 例如火车的时刻表、银行的外汇兑换表,等等.

图形法,即在坐标平面上把函数的图形描绘出来.

解析法,即把变量间的函数关系用等式给出,这些等式通常称为函数的解析表达式. 具体地,又分为四种情形:

(1) 显函数,即因变量 y 可由自变量 x 的解析式直接表示出来. 如例 1 的函数关系 $s=\frac{1}{2}gt^2$.

(2) 分段函数,即一个函数在其定义域的不同范围内用不同的解析表达式表示.

(3) 隐函数,即 x 和 y 的对应关系由方程给出,但 y 不能由 x 的解析式直接表示出来. 例如天体力学中著名的开普勒(Kepler)方程

$$y-x-\varepsilon\sin y=0$$

(这里 ε 为常数,$0<\varepsilon<1$)中,就确定了 y 是 x 的隐函数. 隐函数是函数更一般的形式.

(4) 由参数方程所确定的函数.

隐函数和参数方程所确定的函数将在第 2 章 2.4 节中介绍.

例 4 一辆汽车从甲城驶往乙城,上高速公路前的车速是 50 km/h,行驶 48 min. 上高速公路后车速是 100 km/h,行驶 3 h,最后到达乙城. 求汽车行驶的路程 s 和时间 t 的函数关系,并求行驶了 30 min 和 2 h 时所走的路程.

解 依题意得

$$s(t)=\begin{cases}50t, & 0\leqslant t\leqslant\frac{4}{5},\\ 40+100\left(t-\frac{4}{5}\right), & \frac{4}{5}<t\leqslant 3\frac{4}{5}.\end{cases}$$

当 $t=\frac{1}{2}$ 时,

$$s\left(\frac{1}{2}\right)=50\times\frac{1}{2}=25\ \text{km};$$

当 $t=2$ 时,

$$s(2)=40+100\left(2-\frac{4}{5}\right)=160\ \text{km}.$$

下面给出几个常用的分段函数的例子,以及它们的图形表示.

例5 函数

$$y=\operatorname{sgn} x=\begin{cases}1, & x>0,\\ 0, & x=0,\\ -1, & x<0\end{cases}$$

称为符号函数,其定义域 $D=(-\infty,+\infty)$,值域 $R_f=\{-1,0,1\}$,它的图形如图1-4所示.

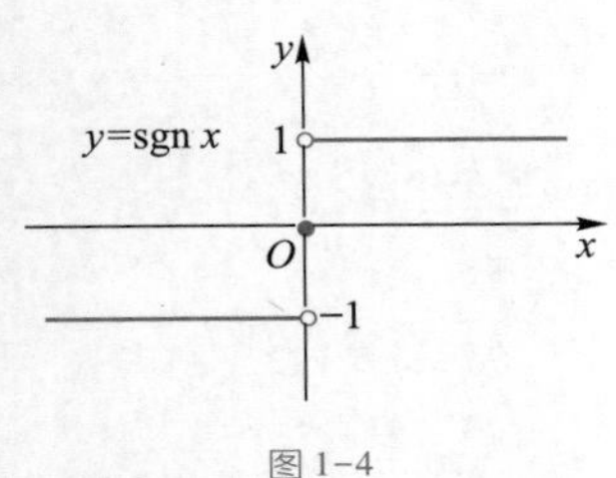

图1-4

例6 函数

$$y=|x|=\begin{cases}x, & x\geqslant 0,\\ -x, & x<0\end{cases}$$

称为绝对值函数,其定义域 $D=(-\infty,+\infty)$,值域 $R_f=[0,+\infty)$,它的图形如图1-5所示.

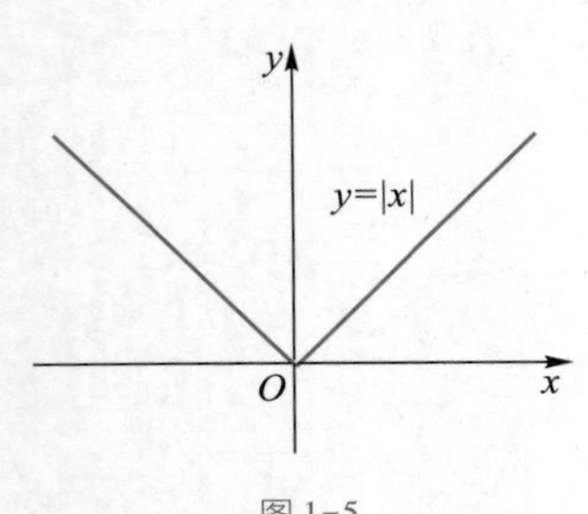

图1-5

注 分段函数是用几个式子合起来表示一个函数,而不是几个函数.另外,它也可以用无限多个式子来表示一个函数,如例7.

例7 函数

$$y=[x]=n,\quad n\leqslant x<n+1,\quad n\in\mathbf{Z}$$

称为取整函数,即 x 是任意实数,y 是不超过 x 的最大整数,记为 $[x]$. 如 $\left[\frac{3}{2}\right]=1$,$[-2.5]=-3$. 其中定义域 $D=(-\infty,+\infty)$,值域 $R_f=\mathbf{Z}$. 它的图形如图1-6所示.

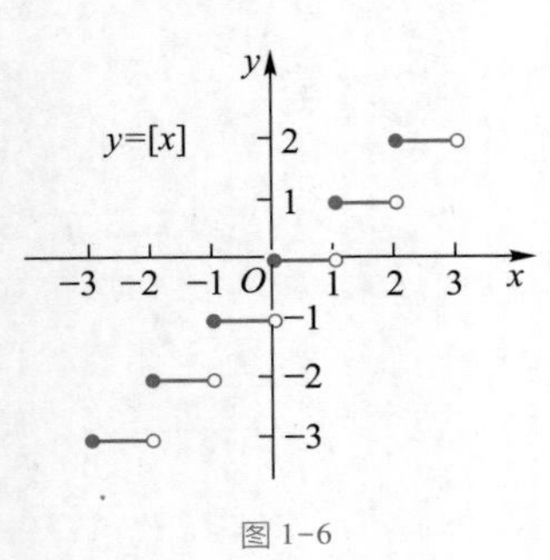

图1-6

3. 函数的几种特性

(1) 函数的有界性. 设函数 $f(x)$ 的定义域为 D,数集 $X\subset D$. 若存在数 K_1,使对任意的 $x\in X$,有 $f(x)\leqslant K_1$,则称函数 $f(x)$ 在 X 上有上界,而称

K_1 为函数 $f(x)$ 在 X 上的一个上界. 此时图形特点是 $y=f(x)$ 在 X 上的图形在直线 $y=K_1$ 的下方.

类似地,若存在数 K_2,使对任一 $x\in X$,有 $f(x)\geqslant K_2$,则称函数 $f(x)$ 在 X 上有下界,而称 K_2 为函数 $f(x)$ 在 X 上的一个下界. 此时图形特点是,函数 $y=f(x)$ 在 X 上的图形在直线 $y=K_2$ 的上方.

若函数 $f(x)$ 在 X 上既有上界又有下界,则称函数 $f(x)$ 在 X 上有界,否则就称函数 $f(x)$ 在 X 上无界. 容易看出,函数 $f(x)$ 在 X 上有界等价于存在常数 M 使 $|f(x)|\leqslant M$,对任意的 $x\in X$. 此时函数 $y=f(x)$ 在 X 上的图形在直线 $y=-M$ 和 $y=M$ 之间. 而函数 $f(x)$ 无界则等价于对任意数 M,总存在 $x\in X$,使 $|f(x)|>M$.

例如,$f(x)=\sin x$ 在 $(-\infty,+\infty)$ 上是有界的,因为对任意的实数 x,恒有 $|\sin x|\leqslant 1$,它的图形位于两条平行直线之间. 1 是它的一个上界,-1 是它的一个下界. 又如函数 $f(x)=\dfrac{1}{x}$ 在开区间 $(0,1)$ 内是无界的,而在 $[1,+\infty)$ 内有界.

(2) 函数的单调性. 设函数 $y=f(x)$ 的定义域为 D,区间 $I\subset D$. 若对于区间 I 上任意两点 x_1 及 x_2,当 $x_1<x_2$ 时,恒有 $f(x_1)\leqslant f(x_2)$,则称函数 $f(x)$ 在区间 I 上是单调增加的. 类似地,若对于区间 I 上任意两点 x_1 及 x_2,当 $x_1<x_2$ 时,恒有 $f(x_1)\geqslant f(x_2)$,则称函数 $f(x)$ 在区间 I 上是单调减少的. 若在上述叙述中有严格不等式成立,即 $f(x_1)<f(x_2)$ (或 $f(x_1)>f(x_2)$),则称函数 $f(x)$ 在区间 I 上是严格单调增加(或严格单调减少)的.

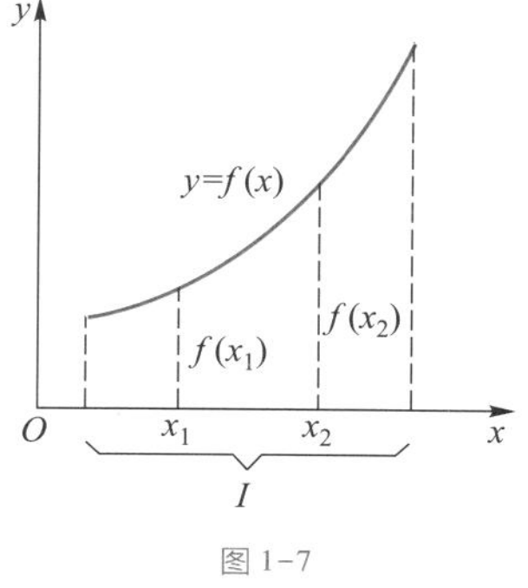

图 1-7

单调增加和单调减少的函数统称为单调函数. 严格单调增加和严格单调减少的函数统称为严格单调函数. 严格单调函数图形的特点是沿 x 轴正向逐渐上升(图 1-7),或沿 x 轴正向逐渐下降(图 1-8).

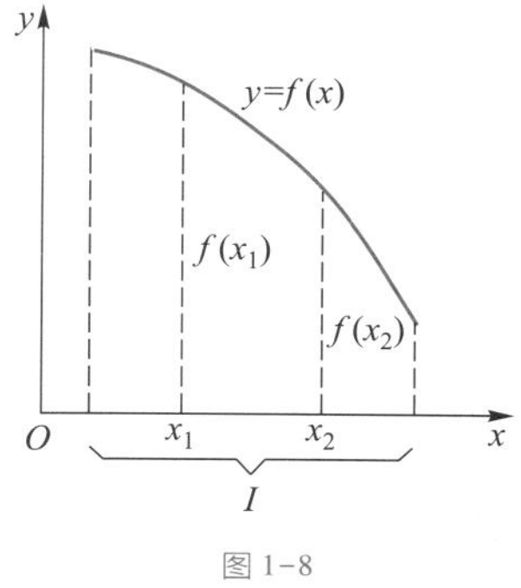

图 1-8

例如,函数 $y=\dfrac{1}{x^2}$ 在区间 $(-\infty,0)$ 内是严格单调增加的,在 $(0,+\infty)$ 内是严格单调减少的(图 1-9);同时函数的单调性和所给的数集有关,如函数 $y=x^2$ 在区间 $[0,+\infty)$ 内是严格单调增加的,在 $(-\infty,+\infty)$ 内不是单调的(图 1-10).

(3) 函数的奇偶性. 设函数 $f(x)$ 的定义域 D 关于原点对称(即若 $x\in D$,则 $-x\in D$),若

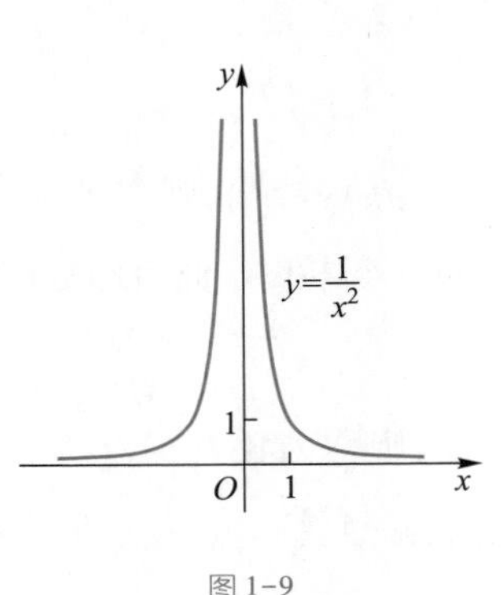

图 1-9

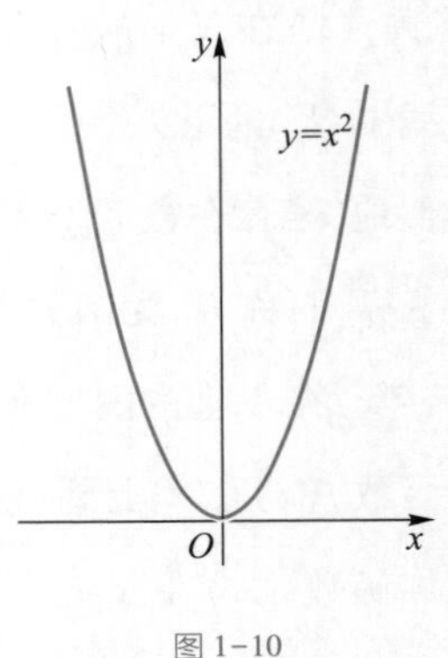

图 1-10

$$f(-x)=f(x),\quad \forall x\in D,$$

则称 $f(x)$ 为偶函数；若

$$f(-x)=-f(x),\quad \forall x\in D,$$

则称 $f(x)$ 为奇函数．对于偶函数，若点 $A(x,f(x))$ 在图形上，由于 $f(-x)=f(x)$，则 A 点关于 y 轴的对称点 $A'(-x,f(x))$ 也在图形上，即偶函数的图形关于 y 轴对称（图 1-11）．对于奇函数，若点 $A(x,f(x))$ 在图形上，由于 $f(-x)=-f(x)$，则 A 点关于原点的对称点 $A''(-x,-f(x))$ 也在图形上，故奇函数的图形关于原点对称（图 1-12）．

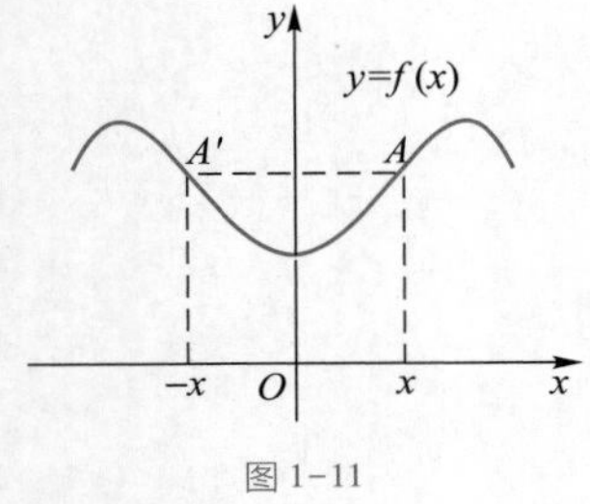

图 1-11

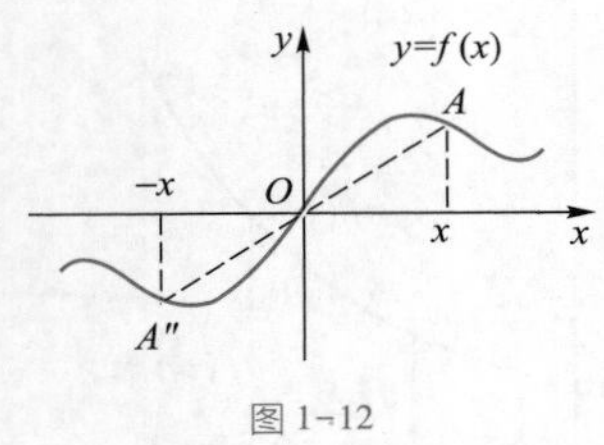

图 1-12

例如 $y=x^2$ 是偶函数，$y=x^3$ 是奇函数，而 $y=x^2+x^3$ 是非奇非偶函数．

（4）函数的周期性．设函数 $f(x)$ 的定义域为 D，若存在一个正数 T，使得对于任一 $x\in D$，有 $f(x+T)=f(x)$，则称 $f(x)$ 为周期函数，T 称为 $f(x)$ 的周期，满足这个等式的最小正数 T 称为函数的最小正周期．通常周期函数的周期指的是最小正周期．

例如，对于 $y=\sin x$，因为 $\sin(x+2n\pi)=\sin x\ (n=0,1,2,\cdots)$，所以 $2n\pi$ 都是它的周期，其中 2π 是它的最小正周期．

周期为 T 函数的图形特点：在函数的定义域内，每个长度为 T 的区间上，函数的图形有相同的形状（图 1-13）．

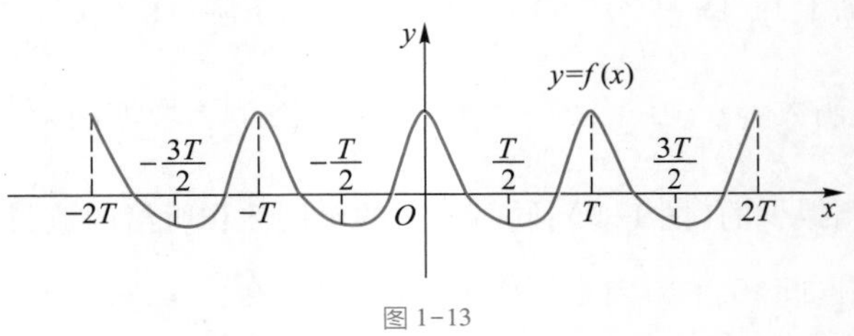

图 1-13

例 8　考察狄利克雷函数

$$y=D(x)=\begin{cases}1, & x\text{ 为有理数}\\ 0, & x\text{ 为无理数}\end{cases}$$

显然 $y=D(x)$ 是周期函数,它的周期是任意非零正有理数(周期不能为 0),因为不存在最小正有理数,所以狄利克雷函数不存在最小正周期.

自然界中许多现象的性态特征都是周期的，例如季节和气候、月相和行星的运动、季节性商业销售中的现金流动、脑电波和心跳等都是周期的.因此研究函数的周期性具有十分重要的意义.

1.1.3 反函数和复合函数

1. 反函数

对函数 $y=f(x)$ 而言,任一 $x\in D$,都存在唯一的 y 值和它对应. 反之,对值域中的每一个 y,在 D 中是否有 x 与之对应,并且是否唯一呢? 换言之,对函数 $y=f(x)$,我们考虑 x 随 y 变化的情形,给出反函数的概念如下:

定义 1.1.3 设函数 $y=f(x),x\in D,y\in R_f$. 若对每一个 $y\in R_f$,在 D 中都存在唯一的 x 与之对应,其对应关系记为 f^{-1},则确定了一个函数

$$x=f^{-1}(y),\quad y\in R_f,$$

它称为 $y=f(x)$ 的反函数.

注 (1) 显然，对应关系 f^{-1} 完全由 f 确定，并且

$$D_{f^{-1}}=R_f,R_{f^{-1}}=D.$$

(2) f 也是 f^{-1} 的反函数，或者说它们互为反函数．于是有 $f(f^{-1}(y))=y,f^{-1}(f(x))=x.$

例 9 判断函数

$$y=\frac{1}{2}x+1,x\in[0,2]$$

是否存在反函数.

解 函数 $y=\frac{1}{2}x+1$ 的定义域是 $D=[0,2]$,值域是 $f(D)=[1,2]$. 任取 $y\in f(D)$,由函数关系式可得 $x=2(y-1)$,因为当 $1\leqslant y\leqslant 2$ 时,有 $0\leqslant x\leqslant 2$,即存在 $x\in D$,满足

$$f(x)=\frac{1}{2}\cdot 2(y-1)+1=y,$$

并且这个 x 是唯一的,所以函数

$$y=\frac{1}{2}x+1,x\in[0,2]$$

存在反函数,反函数是

$$x=2(y-1),y\in[1,2],$$

它的值域是 $[0,2]$.

一般来说,函数在定义域内不一定存在反函数. 如函数 $y=x^2$ 在 $D=(-\infty,+\infty)$ 内没有反函数. 不过若将定义域范围限制在单调区间 $[0,+\infty)$ 或 $(-\infty,0]$ 内,则它的反函数是 $x=\sqrt{y}$ 或 $x=-\sqrt{y}$. 一般地,有如下反函数存在的判定定理:

定理 1.1.1 设函数 $y=f(x)$ 在某个数集 D 上严格单调增加(或减少),则函数 $y=f(x)$ 存在反函数,且反函数 $x=f^{-1}(y)$ 在 $f(D)$ 上也是严格单调增加(或减少)的.

证 设 $y=f(x)$ 在 D 上严格单调增加. 任取 $y\in f(D)$,存在 $x\in D$,满足 $f(x)=y$,下证这个 x 是唯一的. 事实上,若还存在 $x_1\neq x, x_1\in D$,使得 $f(x_1)=y$,不妨设 $x_1<x$,于是 $f(x)=f(x_1)=y$,这与函数在 D 上严格单调增加矛盾,所以函数 $y=f(x)$ 存在反函数 $x=f^{-1}(y)$.

下证反函数也是严格单调增加的. 任取 $y_1,y_2\in f(D)$,且 $y_1<y_2$. 于是存在 $x_1,x_2\in D$,满足 $f(x_1)=y_1, f(x_2)=y_2$. 因为 $f(x)$ 是严格单调增加的,所以若 $x_1>x_2$,则 $y_1>y_2$;若 $x_1=x_2$,则 $y_1=y_2$,都与假设 $y_1<y_2$ 不符,故一定有 $x_1<x_2$,即 $f^{-1}(y_1)<f^{-1}(y_2)$. 从而 $x=f^{-1}(y)$ 在 $f(D)$ 上是严格单调增加的.

同理,可证函数严格单调减少的情形. 证毕.

例 10 讨论指数函数 $y=a^x(a>0$ 且 $a\neq 1)$ 的反函数.

解 当 $a>1$ 时,函数 $y=a^x$ 在定义域 $(-\infty,+\infty)$ 内严格单调增加,所以它存在反函数,即 $x=\log_a y$,在其定义域 $(0,+\infty)$ 内严格单调增加.

当 $0<a<1$ 时,函数 $y=a^x$ 在定义域 $(-\infty,+\infty)$ 内严格单调减少,所以它存在反函数,即 $x=\log_a y$,在其定义域 $(0,+\infty)$ 内严格单调减少.

例 11 讨论三角函数的反函数.

三角函数 $\sin x, \cos x, \tan x, \cot x$ 在各自的定义域上都没有反函数. 为了讨论它们的反函数,我们约定,如果存在以原点为中心的单调区间,就在这个单调区间上定义反三角函数的主值,例如:

正弦函数 $y=\sin x$ 在 $\left[-\frac{\pi}{2},\frac{\pi}{2}\right]$ 上严格单调增加,所以按定理 1.1.1,它存在反函数,称为反正弦函数的主值,简称反正弦函数,记为 $x=\arcsin y$,它的定义域就是 $y=\sin x$ 的值域,所以它在定义域 $[-1,1]$ 上严格单调增加. 它的值域是 $\left[-\frac{\pi}{2},\frac{\pi}{2}\right]$.

正切函数 $y=\tan x$ 在$\left(-\frac{\pi}{2},\frac{\pi}{2}\right)$内严格单调增加,所以它存在反函数,称为反正切函数的主值,简称反正切函数,记为 $x=\arctan y$,它的定义域就是 $y=\tan x$ 的值域,所以它在定义域$(-\infty,+\infty)$内严格单调增加. 它的值域是$\left(-\frac{\pi}{2},\frac{\pi}{2}\right)$.

如果不存在以原点为中心的单调区间,则在原点右侧的单调区间(原点是区间的左端点)定义反三角函数的主值,例如:

余弦函数 $y=\cos x$ 在$[0,\pi]$上严格单调减少,所以存在反函数,称为反余弦函数的主值,简称反余弦函数,记为 $x=\arccos y$,它的定义域就是 $y=\cos x$ 的值域,所以它在定义域$[-1,1]$上严格单调减少,它的值域是$[0,\pi]$.

余切函数 $y=\cot x$ 在$(0,\pi)$内严格单调减少,所以存在反函数,称为反余切函数的主值,简称反余切函数,记为 $x=\operatorname{arccot} y$,它的定义域就是 $y=\cot x$ 的值域,所以它在定义域$(-\infty,+\infty)$内严格单调减少. 它的值域是$(0,\pi)$.

除此之外,三角函数在其他严格单调区间上的反三角函数都能用它的主值表示出来. 我们将以上四种类型的三角函数的反函数统称为反三角函数.

例 12 求函数 $y=\frac{1}{3}\sin 2x,x\in\left[\frac{3\pi}{4},\frac{5\pi}{4}\right]$的反函数.

解 因为所给函数在$\left[\frac{3\pi}{4},\frac{5\pi}{4}\right]$上严格单调增加,所以存在反函数,由 $x\in\left[\frac{3\pi}{4},\frac{5\pi}{4}\right]$可知 $2(x-\pi)\in\left[-\frac{\pi}{2},\frac{\pi}{2}\right]$,并且 $y=\frac{1}{3}\sin 2x=\frac{1}{3}\sin 2(x-\pi)$,即 $\sin 2(x-\pi)=3y$,由反正弦函数的定义知 $2(x-\pi)=\arcsin 3y$,因此所求反函数是

$$x=\frac{1}{2}\arcsin 3y+\pi,\quad y\in\left[-\frac{1}{3},\frac{1}{3}\right].$$

例 13 已知函数

$$y=f(x)=\begin{cases}-x+2, & x\leqslant 1,\\ -\ln x-1, & x>1,\end{cases}$$

求 $f(x)$ 的反函数.

解 当 $x\leqslant 1$ 时,$y=-x+2$ 严格单调减少,故存在反函数,反函数是 $x=$

$2-y, y\in[1,+\infty)$；当 $x>1$ 时，$y=-\ln x-1$ 严格单调减少，故存在反函数，反函数是 $x=\mathrm{e}^{-(y+1)}, y\in(-\infty,-1)$. 所以 $y=f(x)$ 的反函数是

$$x=\begin{cases}2-y, & y\geqslant 1,\\ \mathrm{e}^{-(y+1)}, & y<-1.\end{cases}$$

上面我们用 $x=f^{-1}(y)$ 表示 $y=f(x)$ 的反函数，从图形上看，曲线 $y=f(x)$ 和 $x=f^{-1}(y)$ 是同一条曲线，所不同的仅仅是前者的自变量是 x，后者的自变量是 y. 但在同一个坐标系内，一般我们规定 x 轴上的点是自变量，y 轴上的点是因变量. 为了在同一坐标系内把函数和它的反函数表达出来（例如把它们的图形画出来），就必须把反函数 $x=f^{-1}(y)$ 改写成 $y=f^{-1}(x)$，同时这样改写的另一好处是，当我们单独讨论某函数的反函数性质时，用 x 来表示自变量比较符合习惯. 因此我们也称 $y=f^{-1}(x)$ 是 $y=f(x)$ 的反函数，当然反过来，$y=f(x)$ 也是 $y=f^{-1}(x)$ 的反函数.

例如，我们称例 9 中函数 $y=\frac{1}{2}x+1$ 与 $y=2(x-1)$ 互为反函数，指数函数 $y=a^x$ 和对数函数 $y=\log_a x$ 互为反函数，三角函数 $y=\sin x, x\in\left[-\frac{\pi}{2},\frac{\pi}{2}\right]$，$y=\cos x, x\in[0,\pi]$，$y=\tan x, x\in\left(-\frac{\pi}{2},\frac{\pi}{2}\right)$，$y=\cot x, x\in(0,\pi)$ 的反函数分别是反三角函数 $y=\arcsin x, y=\arccos x, y=\arctan x, y=\operatorname{arccot} x$.

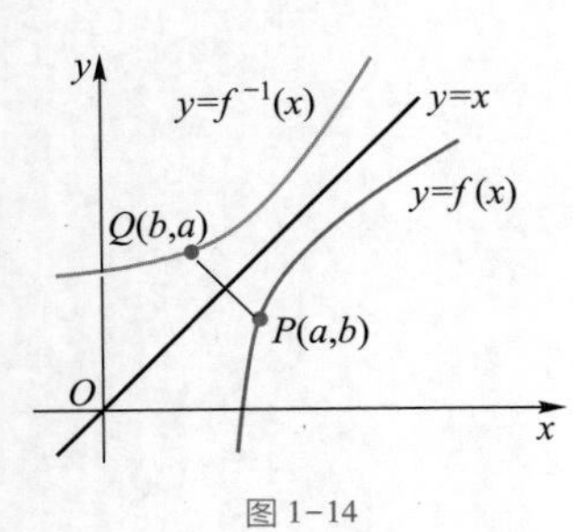

图 1-14

当将函数 $y=f(x)$ 的反函数 $x=f^{-1}(y)$ 改写成 $y=f^{-1}(x)$ 时，$y=f(x)$ 的图形和 $y=f^{-1}(x)$ 的图形就不同了，它们关于直线 $y=x$ 对称（图 1-14）. 这是因为若 $P(a,b)$ 是曲线 $y=f(x)$ 上的任意一个点，则有 $b=f(a)$. 按反函数的定义，有 $a=f^{-1}(b)$，所以 $Q(b,a)$ 是曲线 $y=f^{-1}(x)$ 上的点，反之亦然. 而 $P(a,b)$ 和 $Q(b,a)$ 是关于直线 $y=x$ 对称的，故得结论.

2. 复合函数

我们知道，$y=f(u)$ 表明 y 是 u 的函数，$u=g(x)$ 表明 u 是 x 的函数，那么在什么情况下，y 会是 x 的函数呢？

假设函数 $u=g(x)$ 在 D_g（D_g 可以是 g 的定义域的一个非空子集）中的值恰好落在函数 $y=f(u)$ 的定义域 D_f 中，即 $g(D_g)\subset D_f$，那么我们可以构造新的

函数把 x 和 y 联系在一起．事实上，对任意的 $x\in D_g$，对应的唯一的值 $g(x)\in D_f$，故又存在唯一的 $y=f[g(x)]$ 与 $g(x)$ 对应，从而有如下的对应关系：

$$x\mapsto g(x)\mapsto f[g(x)],\quad \text{或}\quad x\mapsto u\mapsto y,$$

即对 x，通过唯一的 u，有唯一的 $y=f[g(x)]$ 与之对应，于是就建立了以 x 为自变量，y 为因变量的新函数，我们称新函数是由函数 f 和 g 构成的复合函数，u 为中间变量．即我们有如下定义：

定义 1.1.4　设函数 $y=f(u)$ 的定义域是 D_f，函数 $u=g(x)$ 的定义域（或定义域的非空子集）是 D_g，且其值域 $R_g\subset D_f$，则由下式确定的函数

$$y=f[g(x)],\quad x\in D_g$$

称为由函数 $u=g(x)$ 和函数 $y=f(u)$ 构成的复合函数，它的定义域是 D_g，变量 u 称为中间变量．

注　"$R_g\subset D_f$" 是构成复合函数的条件．例如函数 $y=f(u)=\sqrt{u-2}$ 与函数 $u=g(x)=\sin x$ 不能构成复合函数，因为 $R_g=[-1,1]$，而 $D_f=[2,+\infty)$，$R_g\not\subset D_f$，从而 g 和 f 不构成复合函数．

类似地，两个以上的函数也可以构成复合函数，只要它们顺次满足复合函数的条件．

利用复合函数的概念，我们可以将一个复杂的函数看成由几个简单函数复合而成，这样便于对函数进行研究．

因为复合中按照对应的次序是先 g 后 f，故记 x 和 y 的对应关系为 $f\circ g$，这样复合函数又可表示为

$$y=(f\circ g)(x)=f[g(x)],\quad x\in D_g.$$

例 14　指出下列各复合函数的复合过程：

（1）$y=(\cos x)^2+2$；　　（2）$y=\mathrm{e}^{\sqrt{x^3+1}}$.

解　（1）函数 $y=(\cos x)^2+2$ 由 $y=u^2+2$，$u=\cos x$ 复合而成．

（2）函数 $y=\mathrm{e}^{\sqrt{x^3+1}}$ 由函数 $y=\mathrm{e}^u$，$u=\sqrt{v}$ 和 $v=x^3+1$ 复合而成．

例 15　求复合函数 $y=\arcsin\dfrac{x-1}{5}$ 的定义域．

解　函数看成由 $y=\arcsin u$，$u=\dfrac{x-1}{5}$ 复合而成，而 $y=\arcsin u$ 的定义域是 $D=[-1,1]$．根据复合的条件，$u=\dfrac{x-1}{5}$ 的值域应包含于 D，所以有 $\left|\dfrac{x-1}{5}\right|\leqslant 1$，即 $-4\leqslant x\leqslant 6$，故函数 $y=\arcsin\dfrac{x-1}{5}$ 的定义域为 $[-4,6]$.

例 16　设 $f(\mathrm{e}^{x-1})=3x-2$，求 $f(x)$.

解　$f(\mathrm{e}^{x-1})$ 是复合后的函数，要求复合前的函数，可做变量代换．令 $u=\mathrm{e}^{x-1}$，则 $x=\ln u+1$，从而 $f(u)=3(\ln u+1)-2=3\ln u+1$. 将 u 换成 x，得

$$f(x)=3\ln x+1\quad (x>0).$$

例 17　设函数

$$f(x)=\begin{cases}3x+1, & x<1,\\ x, & x\geqslant 1,\end{cases}$$

求 $f[f(x)]$.

解 用 $f(x)$ 代换 x,得到

$$f[f(x)]=\begin{cases}3f(x)+1, & f(x)<1,\\ f(x), & f(x)\geqslant 1.\end{cases}$$

注意到当 $x\geqslant 1$ 时,$f(x)=x\geqslant 1$,所以若 $f(x)<1$ 时,必有 $f(x)=3x+1$,从而求得 $x<0$,故 $3f(x)+1=9x+4$. 当 $f(x)\geqslant 1$ 时,若 $f(x)=3x+1$,则有 $x\geqslant 0$ 且 $x<1$;若 $f(x)=x$,则 $x\geqslant 1$. 综上所述得到

$$f[f(x)]=\begin{cases}9x+4, & x<0,\\ 3x+1, & 0\leqslant x<1,\\ x, & x\geqslant 1.\end{cases}$$

1.1.4 初等函数

1. 基本初等函数

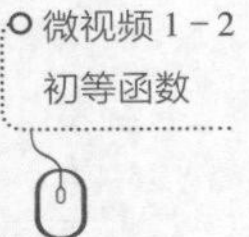

在数学的发展过程中,形成了最简单、最常用的五类函数,即幂函数、指数函数、对数函数、三角函数和反三角函数. 这五类函数统称为基本初等函数. 现对它们的性质作简要的回顾.

(1) 幂函数:

$$y=x^{\mu}\quad (\mu\in\mathbf{R}\text{ 是常数}).$$

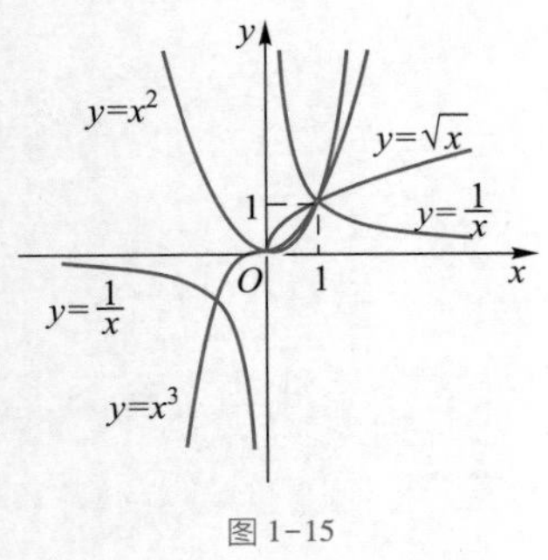

图 1-15

幂函数的定义域随 μ 的不同而不同. 但不论 μ 取何值,它在 $(0,+\infty)$ 内总有定义,且都经过 $(1,1)$ 点. 图 1-15 列举若干典型幂函数的图形,可用来说明幂函数的诸多性态.

(2) 指数函数:

$$y=a^{x}\quad (a>0,a\neq 1).$$

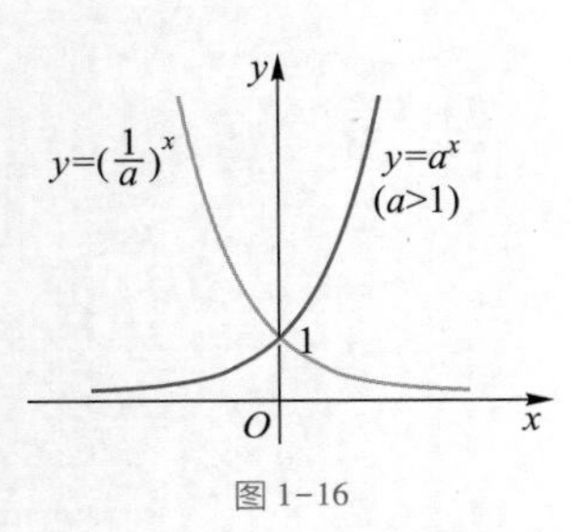

图 1-16

指数函数 $y=a^{x}$ 的定义域为 $(-\infty,+\infty)$,值域为 $(0,+\infty)$. 当 $a>1$ 时,函数单调增加;当 $0<a<1$ 时,函数单调减少. 无论 a 为何值,函数图形都经过 $(0,1)$,且 $y=a^{x}$ 和 $y=\left(\dfrac{1}{a}\right)^{x}$ 的图形关于 y 轴对称(图 1-16).

当 a 为无理数 e(e=2.718 28…)时,e^{x} 称为自然指数函数,它在自

然、物理和经济现象中有十分重要的应用.

（3）对数函数：

$$y=\log_a x \quad (a>0,a\neq 1).$$

对数函数的定义域为$(0,+\infty)$，值域为$(-\infty,+\infty)$. 当 $a>1$ 时，对数函数单调增加；当 $0<a<1$ 时，对数函数单调减少. 无论 a 为何值，函数图形都经过点$(1,0)$. 以 10 为底的对数称为常用对数，以 e 为底的对数称为自然对数. 自然对数通常简记为 $\ln x$. 对数函数和指数函数互为反函数，其图形如图 1–17 所示.

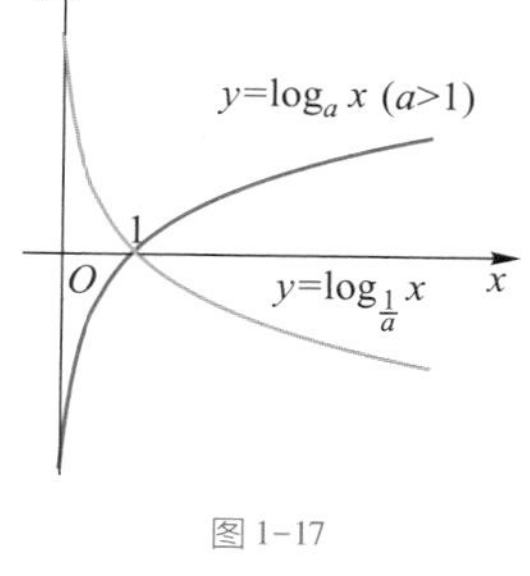

图 1–17

（4）三角函数.

① 正弦函数 $y=\sin x$，余弦函数 $y=\cos x$，它们的定义域为$(-\infty,+\infty)$，值域为$[-1,1]$，周期为 2π. 正弦函数为奇函数，余弦函数为偶函数，它们的图形如图 1–18 所示.

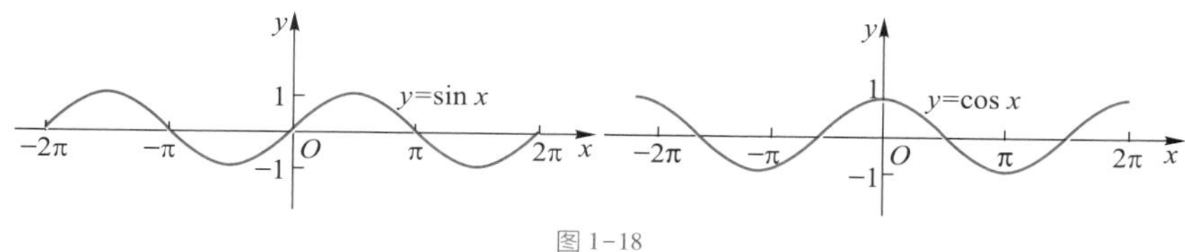

图 1–18

② 正切函数 $y=\tan x$，定义域为$\left\{x \mid x\in\mathbf{R},x\neq n\pi+\dfrac{\pi}{2},n=0,\pm1,\pm2,\cdots\right\}$. 余切函数 $y=\cot x$，定义域为$\{x \mid x\in\mathbf{R},x\neq n\pi,n=0,\pm1,\pm2,\cdots\}$. 两个函数的值域均为$(-\infty,+\infty)$，周期为 π，均为奇函数，其图形如图 1–19 所示.

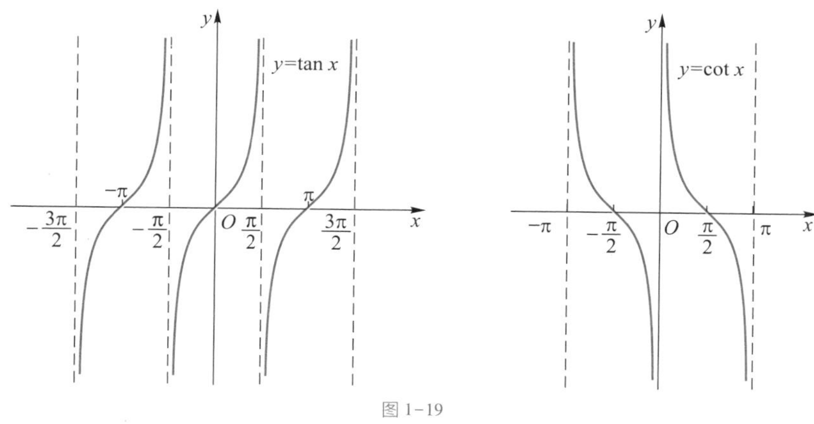

图 1–19

③ 正割函数 $y=\sec x$，因为 $\sec x=\dfrac{1}{\cos x}$，故定义域为$\left\{x \mid x\in\mathbf{R},x\neq n\pi+\dfrac{\pi}{2},n=0,\pm1,\pm2,\cdots\right\}$，周期为 2π. 余割函数 $y=\csc x$，因为 $\csc x=\dfrac{1}{\sin x}$，故

定义域为$\{x \mid x\in \mathbf{R}, x\neq n\pi, n=0,\pm1,\pm2,\cdots\}$,周期为$2\pi$. 正割函数与余割函数的图形如图1-20所示.

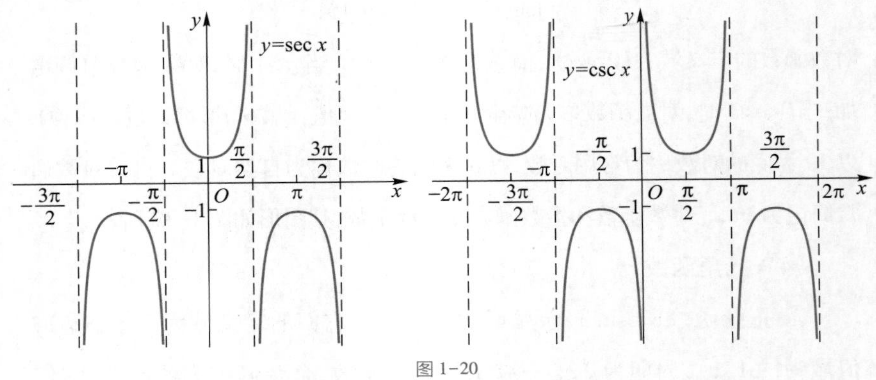

图1-20

注 在微积分中,三角函数的自变量x一般是弧度(弧度$=\frac{\pi}{180}\times$角度). 三角函数有如下常见公式:

$$\sin(x\pm y)=\sin x\cos y\pm\cos x\sin y;$$

$$\cos(x\pm y)=\cos x\cos y\mp\sin x\sin y;$$

$$\sin x+\sin y=2\sin\frac{x+y}{2}\cos\frac{x-y}{2};$$

$$\sin x-\sin y=2\cos\frac{x+y}{2}\sin\frac{x-y}{2};$$

$$\cos x+\cos y=2\cos\frac{x+y}{2}\cos\frac{x-y}{2};$$

$$\cos x-\cos y=-2\sin\frac{x+y}{2}\sin\frac{x-y}{2};$$

$$\sin 2x=2\sin x\cos x=\frac{2\tan x}{1+\tan^2 x};$$

$$\cos 2x=\cos^2 x-\sin^2 x=\frac{1-\tan^2 x}{1+\tan^2 x};$$

$$\tan 2x=\frac{2\tan x}{1-\tan^2 x};$$

$$\cos^2 x+\sin^2 x=1;1+\tan^2 x=\sec^2 x;1+\cot^2 x=\csc^2 x;$$

$$\sin^2 x=\frac{1-\cos 2x}{2};$$

$$\cos^2 x=\frac{1+\cos 2x}{2}.$$

（5）反三角函数．

四个反三角函数分别是反正弦函数 $y=\arcsin x$，反余弦函数 $y=\arccos x$，反正切函数 $y=\arctan x$ 与反余切函数 $y=\operatorname{arccot} x$，它们的基本性质如下：

① 反正弦函数 $y=\arcsin x$，定义域为 $[-1,1]$，值域为 $\left[-\frac{\pi}{2},\frac{\pi}{2}\right]$. 在定义域内严格单调增加，且有 $\arcsin(-x)=-\arcsin x$，即为奇函数．

② 反余弦函数 $y=\arccos x$，定义域为 $[-1,1]$，值域为 $[0,\pi]$. 在定义域内严格单调减少，且有 $\arccos(-x)=\pi-\arccos x$，$\arcsin x+\arccos x=\frac{\pi}{2}$.

③ 反正切函数 $y=\arctan x$，定义域为 $(-\infty,+\infty)$，值域为 $\left(-\frac{\pi}{2},\frac{\pi}{2}\right)$，在定义域内严格单调增加，且 $\arctan(-x)=-\arctan x$，即为奇函数．

④ 反余切函数 $y=\operatorname{arccot} x$，定义域为 $(-\infty,+\infty)$，值域为 $(0,\pi)$，在定义域内严格单调减少，且 $\operatorname{arccot}(-x)=\pi-\operatorname{arccot} x$，$\arctan x+\operatorname{arccot} x=\frac{\pi}{2}$.

反三角函数的图形如图 1-21 与图 1-22 所示．

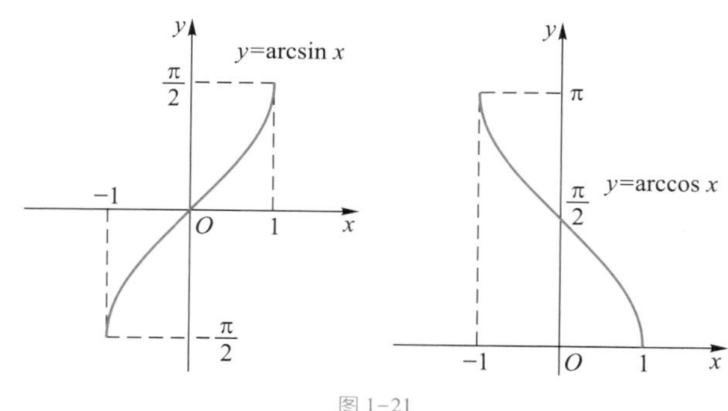

图 1-21

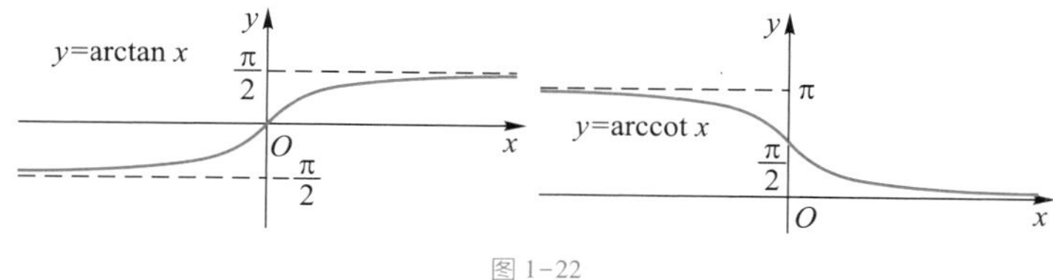

图 1-22

2. 初等函数

由常数和基本初等函数经过有限次的加减乘除四则运算和有限次的函数的复合所生成的并可以用一个式子表示的函数，称为初等函数．例

如,多项式函数

$$y=a_nx^n+a_{n-1}x^{n-1}+\cdots+a_1x+a_0$$

和有理函数

$$y=\frac{a_nx^n+a_{n-1}x^{n-1}+\cdots+a_1x+a_0}{b_mx^m+b_{m-1}x^{m-1}+\cdots+b_1x+b_0}$$

都是初等函数,它们可由幂函数经过四则运算得到.

又如,

$$y=\ln\cos x, y=\sin^3x+\frac{e^x}{x^2-2x}$$

等也是初等函数,它们是基本初等函数经过四则运算和复合运算得到.高等数学中所讨论的函数绝大多数都是初等函数.但也有一些非初等函数,例如前面介绍过的取整函数 $y=[x]$ 以及一般的分段函数如符号函数等都不是初等函数.

习题 1-1

A 题

1. 用集合描述法表示下列集合:

(1) 方程 $\sin x=\frac{\sqrt{3}}{2}$ 全体实数解的集合;

(2) 2 的平方根组成的集合;

(3) 椭圆 $\frac{x^2}{a^2}+\frac{y^2}{b^2}=1$ 内部(不包括椭圆)一切点的集合;

(4) 直线 $y=2x-1$ 与直线 $y=-x+1$ 的交点的集合.

2. 下列写法是否正确?不正确的话,请改正.

(1) 0=空集; (2) $1\subset\{1,2\}$;

(3) $\{1\}\in\{1,2\}$; (4) 空集 $\subset\{1,2\}$.

3. 求下列函数的定义域:

(1) $y=-2^x+3$; (2) $y=\arccos(1-x)$;

(3) $y=\sqrt{9-x^2}-\dfrac{1}{\sqrt{x^2-x-2}}$； (4) $y=\sin(\sin x)$；

(5) $y=\ln(\ln x)$； (6) $y=\sqrt{\cot\dfrac{x}{2}}$.

4. 判断下列函数是否相等,为什么?

(1) $f(x)=\ln(4+x)-\ln(x-3)$, $g(x)=\ln\dfrac{4+x}{x-3}$;

(2) $f(x)=2x-1$, $g(x)=\dfrac{4x^2-1}{2x+1}$;

(3) $f(x)=\arcsin(\sin x)$, $g(x)=x$;

(4) $f(x)=\sqrt[3]{x^4-x^3}$, $g(x)=x\sqrt[3]{x-1}$.

5. 确定函数

$$f(x)=\begin{cases}0, & |x|>1,\\ -\sqrt{1-x^2}, & |x|\leqslant 1\end{cases}$$

的定义域,并求$f\left(\dfrac{1}{2}\right)$, $f(0)$, $f(-1)$, $f\left(-\dfrac{3}{2}\right)$的值,画出图形.

6. 根据图 1-23 写出函数的分段表达式.

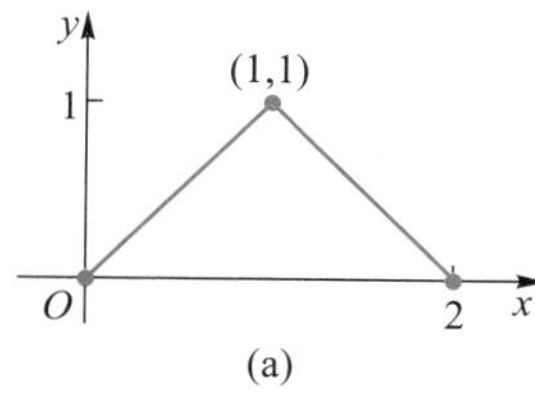

(a)

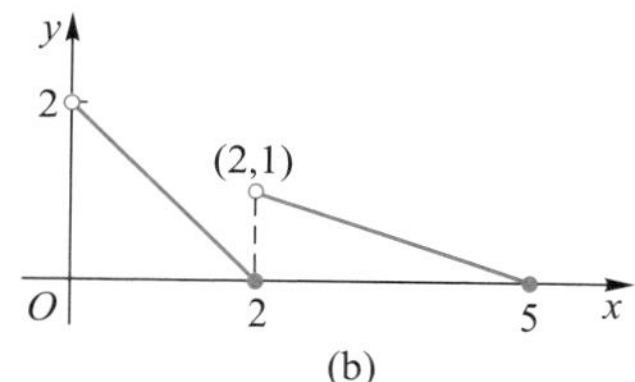

(b)

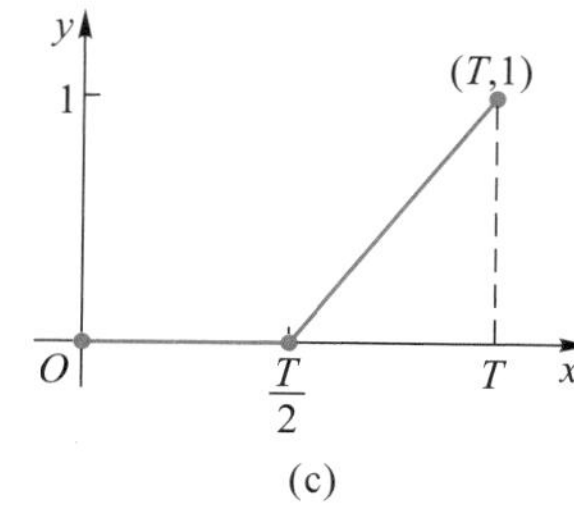

(c)

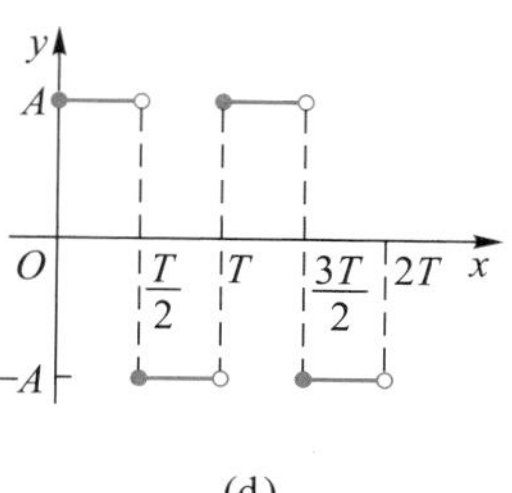

(d)

图 1-23

7. 判断下列函数的奇偶性:

(1) $y=x\sin x$; (2) $y=\ln(x+\sqrt{1+x^2})$;

(3) $y=\dfrac{1}{1+a^x}-\dfrac{1}{2}$; (4) $y=\ln\dfrac{1+x}{1-x}$;

(5) $y=\sin x+\cos x$; (6) $y=\dfrac{e^x+e^{-x}}{2}$.

8. 求下列函数的反函数：

(1) $y=ax+b\quad(a\neq 0)$；　　(2) $y=1-x^2\quad(x<0)$；

(3) $y=1+2\cos 3x\left(0\leqslant x\leqslant\dfrac{\pi}{3}\right)$；　　(4) $y=\sqrt{x+1}$.

9. 求由下列函数构成的复合函数，并指出定义域：

(1) $y=e^u, u=\ln(1+x)$；　　(2) $y=\arccos u, u=\dfrac{x-3}{x+3}$；

(3) $y=\log_2 u, u=\arctan(x^2-1)$；　　(4) $y=\sqrt{u}, u=\dfrac{1}{2}+\sin x$.

10. 求下列函数的表达式：

(1) 设$f(x)=\dfrac{x}{x-1}$，求$f\left(\dfrac{1}{f(x)}\right)$，$x\neq 0, x\neq 1$.

(2) 设$f(x-1)=x^2+4x-1$，求$f(x)$.

(3) 设$f\left(x-\dfrac{1}{x}\right)=\dfrac{x^2}{1+x^4}$，求$f(x)$.

11. 设

$$f(x)=\begin{cases}0, & |x|>1,\\ -\sqrt{1-x^2}, & |x|\leqslant 1,\end{cases}\qquad g(x)=\begin{cases}x^2, & x<0,\\ -x, & x\geqslant 0.\end{cases}$$

求$f[g(x)]$，$g[f(x)]$.

B 题

1. 单项选择题

(1) (考研真题，2001年数学二)设函数$f(x)=\begin{cases}1, & |x|\leqslant 1,\\ 0, & |x|>1,\end{cases}$则$f\{f[f(x)]\}=$(　　).

A. 0　　B. 1

C. $\begin{cases}1, & |x|\leqslant 1\\ 0 & |x|>1\end{cases}$　　D. $\begin{cases}0, & |x|\leqslant 1\\ 1, & |x|>1\end{cases}$

(2) (考研真题，1987年数学二)$f(x)=|x\sin x|e^{\cos x}$，$-\infty<x<+\infty$是(　　).

A. 有界函数　　B. 单调函数

C. 周期函数　　D. 偶函数

2. 严格单调函数一定有反函数存在，反之，存在反函数的函数是否一定严格单调？试举例说明.

3. 设$f(x)=\begin{cases}1-2^x, & x<-1,\\ x^3, & -1\leqslant x\leqslant\sqrt[3]{\dfrac{1}{2}},\end{cases}$求$f(x)$的反函数$g(x)$的表达式.

4. (考研真题,1988 年数学一)设 $f(x)=\mathrm{e}^{x^2}$,$f[\varphi(x)]=1-x$ 且 $\varphi(x)\geqslant 0$,求 $\varphi(x)$ 的定义域.

5. 设 $f(x)=\mathrm{e}^x$,$g(x)=\begin{cases}1, & |x|<1,\\ 0, & |x|=1,\\ -1, & |x|>1,\end{cases}$ 求 $f[g(x)]$,$g[f(x)]$.

6. 证明:定义在对称区间 $(-a,a)$ 内的任何函数 $f(x)$,必可表示成偶函数 $g(x)$ 和奇函数 $h(x)$ 的和的形式,并且这种表示法是唯一的.

1.2 数列的极限

极限的思想渊源已久,早在公元前 300 多年,我国战国时期的《庄子》一书就有记载"一尺之棰,日取其半,万世不竭",这其中蕴含的就是极限的思想.又如,我国古代数学家刘徽、祖冲之等利用"割圆术",即用一系列圆内接正多边形面积来逼近和推算圆的面积,圆的面积就是这一系列正多边形面积的极限,这种方法就是极限的方法.对于单位圆,圆的面积就是圆周率 π,祖冲之利用割圆术率先计算到 π 的小数点后 7 位,取得了领先世界近千年的成就.极限的方法是高等数学中微积分部分研究函数的主要方法,它是高等数学区别于初等数学的显著标志.微积分的两个基本概念导数和积分都是建立在极限概念的基础之上.因此极限的概念是微积分的重要概念,是它的重要基础.

1.2.1 数列极限的定义

1. 数列

所谓数列,就是按某一规律依次排列的无穷多个数

$$x_1, x_2, x_3, \cdots, x_n, \cdots.$$

数列中的每一个数称为数列的项,第 n 项 x_n 称为一般项.数列可简记为 $\{x_n\}$.这里的规律是指项 x_n 和它所在位置 n 的对应关系,不妨记为 f.由于对每一个 $n\in\mathbf{N}^+$,按 f 有唯一的项 x_n 与之对应,故 x_n 是 n 的函数,即 $x_n=$

$f(n)$,这里函数定义域为正整数集. 如果我们能写出 f 的具体表达式,就找到了数列的规律.

以下是数列的例子:

(1) $1,\frac{1}{2},\frac{1}{3},\frac{1}{4},\cdots$,其中 $x_n=\frac{1}{n}$,数列简记为 $\left\{\frac{1}{n}\right\}$;

(2) $3,9,27,81,\cdots$,其中 $x_n=3^n$,数列简记为 $\{3^n\}$;

(3) $0,1,0,1,\cdots$,其中 $x_n=\frac{1+(-1)^n}{2}$,数列简记为 $\left\{\frac{1+(-1)^n}{2}\right\}$;

(4) $0,\frac{3}{2},\frac{2}{3},\frac{5}{4},\cdots$,其中 $x_n=1+\frac{(-1)^n}{n}$,数列简记为 $\left\{1+\frac{(-1)^n}{n}\right\}$.

对于数列,我们关心的是随着项数 n 的增大,x_n 的变化趋势,特别是是否会趋近某个确定的数值. 以上数列各有各的变化趋势. 当 n 无限增大时,数列(1)中的项从 0 的右端无限趋近 0,数列(2)中的项却无限增大,数列(3)的项始终在 0 与 1 两个数值上跳跃,数列(4)中的项从 1 的左右端无限趋近 1. 数列(1)和(4)反映了一类数列的共同的特性,即收敛性. 由此可以得到数列极限的概念.

2. 数列极限的定义

若随着 n 的无限增大(即 $n\to\infty$时),数列 $\{x_n\}$ 无限地趋于某个确定的常数 a,则称 $\{x_n\}$ 收敛于 a,或称 a 为 $\{x_n\}$ 的极限,记为 $\lim\limits_{n\to\infty}x_n=a$ 或 $x_n\to a(n\to\infty)$. 若不存在这样的常数 a,则称数列 $\{x_n\}$ 没有极限或 x_n 是发散的,通常也说 $\lim\limits_{n\to\infty}x_n$ 不存在.

由此,数列(1)和(4)都是收敛的,分别以 0 和 1 为极限,记为

$$\lim_{n\to\infty}\frac{1}{n}=0,\lim_{n\to\infty}\left(1+\frac{(-1)^n}{n}\right)=1;$$

而数列(2)和(3)是发散的,记为 $\lim\limits_{n\to\infty}3^n$ 不存在及 $\lim\limits_{n\to\infty}\frac{1+(-1)^n}{2}$ 不存在. 以上是极限定义的一个非正式的描述,因为“无限增大”和“无限地趋于某个确定的常数”的说法不确切,我们将把它转化为更精确的描述.

由于两个数 a 和 b 之间的距离可以用这两个数之差的绝对值 $|b-a|$ 来度量,故 $|b-a|$ 越小,a 和 b 就越接近.

以数列(1)为例,要说明 $n\to\infty$时,数列 $\{x_n\}$ 的极限为 0,也就是要说明

“n 无限增大时，x_n 无限地趋于 0”．换句话说，“在 n 无限增大的过程中，$|x_n-0|$无限趋近 0”，即“在 n 无限增大的过程中，$|x_n-0|$要多小有多小”．

因为 $|x_n-0|=\left|\frac{1}{n}\right|=\frac{1}{n}$，所以要使 $|x_n-0|<\frac{1}{100}$，即$\frac{1}{n}<\frac{1}{100}$，只需 $n>100$. 即在 100 项以后，可以做到 $|x_n-0|<\frac{1}{100}$；

要使 $|x_n-0|<\frac{1}{1\ 000}$，即$\frac{1}{n}<\frac{1}{1\ 000}$，只需 $n>1\ 000$. 即在 1 000 项以后，可以做到 $|x_n-0|<\frac{1}{1\ 000}$；

……

由于无法用一一举例的方法说明，所以必须改用一般性的语言描述．

从上述过程可以看出，无论给定一个多小的正数，只要项数 n 大于某个数，就能保证 $|x_n-0|$小于这个给定的正数，简单地说，只要项数 n 充分大，就可以做到 $|x_n-0|$任意小．这样，就从数量关系上描述了“n 无限增大时，x_n 无限地趋于零”．

定义 1.2.1　设$\{x_n\}$为一数列，如果存在常数 a，对于任意给定的正数 ε（不论它多么小），总存在正整数 N，使得当 $n>N$ 时，不等式

$$|x_n-a|<\varepsilon$$

都成立，则称常数 a 是数列$\{x_n\}$的极限，或者称数列$\{x_n\}$收敛于 a，记为

$$\lim_{n\to\infty} x_n=a \quad 或 \quad x_n\to a(n\to\infty).$$

在定义 1.2.1 中，ε 用来刻画 x_n 与 a 的接近程度，正整数 N 用来刻画 n 的充分大程度．给定一个 ε，就能找到一个 N（不唯一），因此 N 的选取依赖于 ε. 又因为 ε 是任意的，所以 $|x_n-a|<\varepsilon$ 就刻画了 x_n 与 a 无限接近的过程．定义 1.2.1 也称为数列极限定义的“$\varepsilon-N$”语言描述．

从直观上看，对于任意小的正数 ε，都有一个自然数 N，使得第 N 项后所有的项 x_n 都满足

$$a-\varepsilon<x_n<a+\varepsilon,$$

即落在以直线 $x=a$ 为中心的带形区域中（图 1-24）．

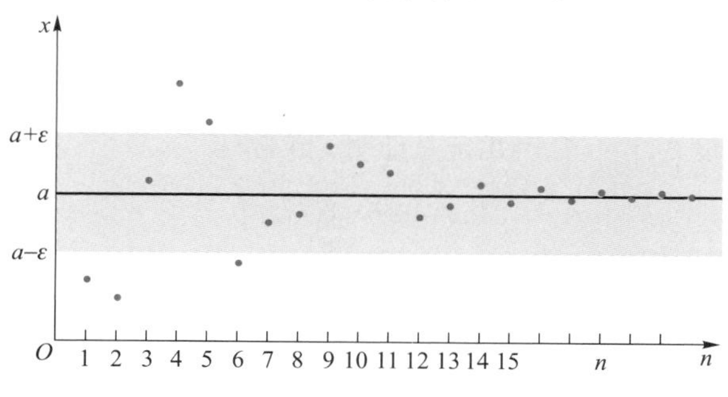

图 1-24

为了表达的方便，引入逻辑记号 $\forall$ 表示“对于任意给定的”或“对于每一个”，记号 $\exists$ 表示“存在”．于是，数列极限 $\lim\limits_{n\to\infty}x_n=a$ 的定义可表达为：

$$\lim_{n\to\infty}x_n=a\Leftrightarrow\forall\varepsilon>0,\exists\text{正整数}N,\text{当}n>N\text{时},\text{有}|x_n-a|<\varepsilon.$$

数列极限的定义并没有直接提供求数列极限的方法，但可以根据它来验证某个常数是不是某个数列的极限．

例 1 利用定义证明数列

$$-1,\frac{1}{2},-\frac{1}{3},\frac{1}{4},\cdots,\frac{(-1)^n}{n},\cdots$$

的极限是 0，即 $\lim\limits_{n\to\infty}\frac{(-1)^n}{n}=0$.

证 首先有

$$|x_n-0|=\left|\frac{(-1)^n}{n}-0\right|=\frac{1}{n}.$$

注 (1) 记号 $\left[\frac{1}{\varepsilon}\right]$ 表示 $\frac{1}{\varepsilon}$ 的整数部分（见 1.1 节例 7）．当 $\varepsilon>1$ 时，$\left[\frac{1}{\varepsilon}\right]=0$. 为保证 N 是自然数，取 $N=\left[\frac{1}{\varepsilon}\right]+1$.

(2) 给出 ε 后，找 N 是证明数列极限问题的关键．由不等式 $|x_n-a|<\varepsilon$ 解出 $n>f(\varepsilon)$，即可找到 N.

(3) N 只要合适就行，不要求最小．例如本题若取 $N=\left[\frac{1}{\varepsilon}\right]+2$ 也是可以的.

因此 $\forall\varepsilon>0$，要使 $|x_n-0|<\varepsilon$，只需要 $\frac{1}{n}<\varepsilon$，即 $n>\frac{1}{\varepsilon}$. 故取正整数 $N=\left[\frac{1}{\varepsilon}\right]+1$，则当 $n>N$ 时，就有

$$\left|\frac{(-1)^n}{n}-0\right|<\varepsilon,$$

即 $\lim\limits_{n\to\infty}\frac{(-1)^n}{n}=0$. 证毕．

类似可证 $\lim\limits_{n\to\infty}\frac{1}{n}=0$，即数列 $\left\{\frac{1}{n}\right\}$ 的极限为 0.

例 2 利用定义证明常数数列

$$c,c,\cdots,c,\cdots$$

的极限是 c，即 $\lim\limits_{n\to\infty}c=c$.

证 $\forall\varepsilon>0$，因为

$$|x_n-c|=|c-c|=0,$$

所以对任意的正整数 n，都有 $|x_n-c|<\varepsilon$，即 $\lim\limits_{n\to\infty}c=c$.

例 3 设 $0<|q|<1$，利用定义证明等比数列

$$1,q,q^2,\cdots,q^{n-1},\cdots$$

的极限为 0，即 $\lim\limits_{n\to\infty}q^{n-1}=0$.

证 由于

$$|x_n-0|=|q^{n-1}-0|=|q|^{n-1},$$

因此 $\forall \varepsilon>0$,要使 $|x_n-0|<\varepsilon$,只要

$$|q|^{n-1}<\varepsilon.$$

两边取自然对数,得

$$(n-1)\ln|q|<\ln \varepsilon.$$

因 $|q|<1,\ln|q|<0$,故

$$n>\frac{\ln \varepsilon}{\ln|q|}+1,$$

当 $\varepsilon>1$ 时,$\dfrac{\ln \varepsilon}{\ln|q|}$是负数,这时可取 $N=1$. 当 $\varepsilon<1$ 时,取

$$N=\left[\frac{\ln \varepsilon}{\ln|q|}+1\right],$$

则当 $n>N$ 时,就有

$$|q^{n-1}-0|<\varepsilon,$$

即$\lim\limits_{n\to\infty}q^{n-1}=0$. 证毕.

注 在例 3 中,我们区分 ε 的范围来决定 N 的取值. 为简便起见,今后不妨一开始就假定 $0<\varepsilon<1$. 这是因为对较小的 $\varepsilon<1$ 找到的 N,一定也适用于较大的 ε.

在用定义证明数列极限时,有时要从 $|x_n-a|<\varepsilon$ 推导出 $n>f(\varepsilon)$ 比较困难,这时可以将 $|x_n-a|$适当放大,使放大后的式子小于 ε,从中求出相应的 N,这个 N 依然符合要求.

例 4 设 $x_n=\sqrt{1+\dfrac{1}{n^k}}\,(k\in\mathbf{N}^+)$,用定义证明$\lim\limits_{n\to\infty}x_n=1$.

证 首先,

$$|x_n-1|=\left|\sqrt{1+\frac{1}{n^k}}-1\right|=\sqrt{1+\frac{1}{n^k}}-1=\frac{\frac{1}{n^k}}{\sqrt{1+\frac{1}{n^k}}+1}<\frac{1}{2n^k}<\frac{1}{n}.$$

因此 $\forall\, 0<\varepsilon<1$,要使 $|x_n-1|<\varepsilon$,只要$\dfrac{1}{n}<\varepsilon$,即 $n>\dfrac{1}{\varepsilon}$. 故取正整数 $N=\left[\dfrac{1}{\varepsilon}\right]$,

则当 $n>N$ 时,就有$\dfrac{1}{n}<\varepsilon$,从而有

$$\left|\sqrt{1+\frac{1}{n^k}}-1\right|<\varepsilon,$$

即$\lim\limits_{n\to\infty}x_n=1$,证毕.

1.2.2 收敛数列的性质

定理 1.2.1(极限的唯一性) 如果数列$\{x_n\}$收敛,那么它的极限唯一.

证 用反证法．设$\lim\limits_{n\to\infty}x_n=a$，$\lim\limits_{n\to\infty}x_n=b$，且$a<b$．根据数列极限的定义有

$$令\ \varepsilon_0=\frac{b-a}{2}>0,\begin{cases}\exists N_1\in\mathbf{N}^+,\ \forall n>N_1,有\ |x_n-a|<\varepsilon_0,\\ \exists N_2\in\mathbf{N}^+,\ \forall n>N_2,有\ |x_n-b|<\varepsilon_0.\end{cases}$$

取$N=\max\{N_1,N_2\}$，则$\forall n>N$，同时有

$$|x_n-a|<\varepsilon_0\quad 与\quad |x_n-b|<\varepsilon_0,$$

即同时有$x_n<a+\varepsilon_0=\dfrac{a+b}{2}$与$x_n>b-\varepsilon_0=\dfrac{a+b}{2}$，这是不可能的．所以假设$a<b$不成立．同理可证假设$a>b$也不成立，从而$a=b$，即极限是唯一的．证毕．

下面先介绍数列有界性的概念，然后证明收敛数列的有界性．

对于数列$\{x_n\}$，若存在正数M，使得对于一切的x_n都满足不等式

$$|x_n|\leqslant M,$$

则称数列$\{x_n\}$是有界的；若这样的正数M不存在，则称数列$\{x_n\}$是无界的．

例如，数列$\left\{\dfrac{n}{n+1}\right\}$是有界的，因为可取$M=1$，对一切的正整数$n$，有

$$\left|\frac{n}{n+1}\right|\leqslant 1.$$

而数列$\{3^n\}$是无界的，因为当n无限增大时，3^n可以超过任何的正数．

定理1.2.2（收敛数列的有界性） 如果数列$\{x_n\}$收敛，那么数列$\{x_n\}$一定有界．

证 设$\lim\limits_{n\to\infty}x_n=a$，根据数列极限的定义，取$\varepsilon_0=1$，则存在正整数$N$，当$n>N$时，有不等式

$$|x_n-a|<1.$$

于是，当$n>N$时，

$$|x_n|=|(x_n-a)+a|\leqslant|x_n-a|+|a|<1+|a|.$$

取$M=\max\{|x_1|,|x_2|,\cdots,|x_N|,1+|a|\}$，则对一切$x_n$，都有

$$|x_n|\leqslant M.$$

即数列$\{x_n\}$有界．证毕．

注 （1）定理1.2.2的逆否命题成立，即若数列$\{x_n\}$无界，则数列$\{x_n\}$一定发散．例如数列$\{3^n\}$是发散的．

（2）数列$\{x_n\}$有界，则不一定能断定$\{x_n\}$一定收敛．这是因为数列$\{x_n\}$有界是收敛的必要条件，而非充分条件．例如，前面提到的数列（3）

$$0,1,0,1,\cdots,\frac{1+(-1)^n}{2},\cdots$$

有界，但它却是发散数列．

定理1.2.3（收敛数列的保号性） 如果$\lim\limits_{n\to\infty}x_n=a$，且$a>0$（或$a<0$），那么存在正整数$N$，当$n>N$时，都有$x_n>0$（或$x_n<0$）．

证 当 $a>0$ 时,根据数列极限的定义,取 $\varepsilon_0=\frac{a}{2}$,则存在正整数 N,当 $n>N$ 时,有

$$|x_n-a|<\frac{a}{2},$$

从而

$$x_n>a-\frac{a}{2}=\frac{a}{2}>0.$$

类似可证 $a<0$ 的情形. 证毕.

推论 如果数列 $\{x_n\}$ 从某项起有 $x_n\geqslant 0$(或 $x_n\leqslant 0$),且 $\lim\limits_{n\to\infty}x_n=a$,那么 $a\geqslant 0$ (或 $a\leqslant 0$).

证 设数列 $\{x_n\}$ 从第 N_1 项起,即当 $n>N_1$ 时有 $x_n\geqslant 0$,下面用反证法证明. 如果 $\lim\limits_{n\to\infty}x_n=a<0$,则由定理 1.2.3 知,存在正整数 N_2,当 $n>N_2$ 时有 $x_n<0$. 取 $N=\max\{N_1,N_2\}$,当 $n>N$ 时有 $x_n\geqslant 0$ 和 $x_n<0$ 同时成立,这是矛盾的,所以必有 $a\geqslant 0$. 数列 $\{x_n\}$ 从某项起 $x_n\leqslant 0$ 的情形同理可证. 证毕.

在讨论数列极限时,常常会涉及数列的子数列的概念.

在数列 $\{x_n\}$ 中任意抽取无限多项并保持这些项在原数列 $\{x_n\}$ 中的先后次序,这样得到的一个数列称为原数列 $\{x_n\}$ 的子数列(或子列).

设在数列 $\{x_n\}$ 中,第一次抽取 x_{n_1},第二次在 x_{n_1} 后抽取 x_{n_2},第三次在 x_{n_2} 后抽取 x_{n_3},这样无休止地抽取下去,得到一个数列

$$x_{n_1},x_{n_2},\cdots,x_{n_k},\cdots,$$

这个数列 $\{x_{n_k}\}$ 就是数列 $\{x_n\}$ 的子列.

注 子列中的第 k 项 x_{n_k} 在原数列中是第 n_k 项,根据挑选的次序,有

$$n_k\geqslant k,\quad n_{k_1}\geqslant n_{k_2}\ (k_1\geqslant k_2).$$

例如,在数列 $\{x_n\}$ 中抽取偶数项组成的子列是

$$\{x_{2k}\}:x_2,x_4,\cdots,x_{2k},\cdots;$$

抽取奇数项组成的子列是

$$\{x_{2k-1}\}:x_1,x_3,\cdots,x_{2k-1},\cdots.$$

定理 1.2.4(收敛数列与子列的关系) 如果数列 $\{x_n\}$ 收敛于 a,那么它的任一子列也收敛,且极限也是 a.

注 可以用定理 1.2.4 的逆否命题来判定一个数列是否发散:若一个数列至少有一个子列发散或存在收敛于不同数值的子列,则该数列必发散.

例如数列(3):$0,1,0,1,\cdots,\frac{1+(-1)^n}{2},\cdots$的子列 $\{x_{2k}\}$ 收敛于 1,子列 $\{x_{2k-1}\}$ 收敛于 0,从而该数列发散. 同时此例也说明了即使是发散数列也可能有收敛的子列.

证 设数列 $\{x_{n_k}\}$ 是数列 $\{x_n\}$ 的子列,$\lim\limits_{n\to\infty}x_n=a$. 根据数列极限的定义,$\forall\,\varepsilon>0$,存在正整数 N,当 $n>N$ 时,有不等式

$$|x_n-a|<\varepsilon.$$

由于 $n_k \geqslant k$，故当 $k>N$ 时，有 $n_k \geqslant k>N$，从而有

$$|x_{n_k}-a|<\varepsilon,$$

即 $\lim\limits_{k\to\infty} x_{n_k}=a$，证毕.

1.2.3 数列极限的运算法则

利用数列极限的定义可以得到数列极限的运算法则(证明从略). 有了这些法则，就可以用一些已知的简单数列的极限来求复杂数列的极限.

定理 1.2.5 设数列 $\{x_n\}$ 和 $\{y_n\}$ 都收敛，则它们的和、差、积、商(分母的极限不为 0)的数列也收敛. 即设

$$\lim_{n\to\infty} x_n=A,\quad \lim_{n\to\infty} y_n=B,$$

那么

注 法则(1)(2)可以推广到求有限个数列和或乘积的极限.

(1) $\lim\limits_{n\to\infty}(x_n \pm y_n)=A\pm B$；

(2) $\lim\limits_{n\to\infty}(x_n \cdot y_n)=A\cdot B$；

(3) 当 $y_n\neq 0(n=1,2,\cdots)$ 且 $B\neq 0$ 时，$\lim\limits_{n\to\infty}\dfrac{x_n}{y_n}=\dfrac{A}{B}$.

特别地，若 $\lim\limits_{n\to\infty} x_n=a$，因为 $\lim\limits_{n\to\infty} c=c$，则有

$$\lim_{n\to\infty} cx_n=\lim_{n\to\infty} c\cdot\lim_{n\to\infty} x_n=ca;\quad \lim_{n\to\infty}(x_n)^k=(\lim_{n\to\infty} x_n)^k=a^k \quad (k\in\mathbf{N}^+).$$

又如，$\lim\limits_{n\to\infty}\dfrac{c}{n^k}=c\cdot\left(\lim\limits_{n\to\infty}\dfrac{1}{n}\right)^k=c\cdot 0=0$.

例 5 求极限 $\lim\limits_{n\to\infty}\dfrac{2n+1}{n^3-3}$.

解 分子、分母同除以 n^3，再应用求极限的除法法则：

注 例5中分子、分母的极限不存在，所以不能直接用求极限的除法法则.

$$\lim_{n\to\infty}\frac{2n+1}{n^3-3}=\lim_{n\to\infty}\frac{\dfrac{2}{n^2}+\dfrac{1}{n^3}}{1-\dfrac{3}{n^3}}=\frac{\lim\limits_{n\to\infty}\left(\dfrac{2}{n^2}+\dfrac{1}{n^3}\right)}{\lim\limits_{n\to\infty}\left(1-\dfrac{3}{n^3}\right)}$$

$$=\frac{\lim\limits_{n\to\infty}\dfrac{2}{n^2}+\lim\limits_{n\to\infty}\dfrac{1}{n^3}}{\lim\limits_{n\to\infty}1-\lim\limits_{n\to\infty}\dfrac{3}{n^3}}=\frac{0}{1}=0.$$

例 6 求极限 $\lim\limits_{n\to\infty}\dfrac{4n^2+3n-1}{2n^2+1}$.

解 分子、分母是同次的多项式,同除以 n^2,再应用求极限的除法法则:

$$\lim_{n\to\infty}\frac{4n^2+3n-1}{2n^2+1}=\lim_{n\to\infty}\frac{4+\frac{3}{n}-\frac{1}{n^2}}{2+\frac{1}{n^2}}=\frac{\lim\limits_{n\to\infty}\left(4+\frac{3}{n}-\frac{1}{n^2}\right)}{\lim\limits_{n\to\infty}\left(2+\frac{1}{n^2}\right)}$$

$$=\frac{\lim\limits_{n\to\infty}4+\lim\limits_{n\to\infty}\frac{3}{n}-\lim\limits_{n\to\infty}\frac{1}{n^2}}{\lim\limits_{n\to\infty}2+\lim\limits_{n\to\infty}\frac{1}{n^2}}=\frac{4}{2}=2.$$

例 7 求极限 $\lim\limits_{n\to\infty}\frac{1+2+\cdots+n}{n^2}$.

解

$$\lim_{n\to\infty}\frac{1+2+\cdots+n}{n^2}=\lim_{n\to\infty}\left[\frac{1}{n^2}\cdot\frac{1}{2}n(n+1)\right]=\lim_{n\to\infty}\frac{1}{2}\left(1+\frac{1}{n}\right)$$

$$=\frac{1}{2}\left(\lim_{n\to\infty}1+\lim_{n\to\infty}\frac{1}{n}\right)=\frac{1}{2}.$$

注 例 7 中 $\frac{1+2+\cdots+n}{n^2}$ 随着 n 增大,项数会无限增多,故其中的加法运算不是有限次运算,不能应用求极限的加法法则,即

$$\lim_{n\to\infty}\frac{1+2+\cdots+n}{n^2}\neq\lim_{n\to\infty}\frac{1}{n^2}+\lim_{n\to\infty}\frac{2}{n^2}+\cdots+\lim_{n\to\infty}\frac{n}{n^2}.$$

例 8 求极限 $\lim\limits_{n\to\infty}\frac{3^n+4^n}{3^{n+1}+4^{n+1}}$.

解 由例 3 知 $\lim\limits_{n\to\infty}\left(\frac{3}{4}\right)^n=0$,故

$$\lim_{n\to\infty}\frac{3^n+4^n}{3^{n+1}+4^{n+1}}=\lim_{n\to\infty}\frac{4^n\left[\left(\frac{3}{4}\right)^n+1\right]}{4^{n+1}\left[\left(\frac{3}{4}\right)^{n+1}+1\right]}$$

$$=\frac{1}{4}\,\frac{\lim\limits_{n\to\infty}\left[\left(\frac{3}{4}\right)^n+1\right]}{\lim\limits_{n\to\infty}\left[\left(\frac{3}{4}\right)^{n+1}+1\right]}=\frac{1}{4}.$$

1.2.4 数列极限存在的判别定理

微视频 1-3
数列极限存在的判别定理

一个数列不是收敛就是发散,怎么判别数列是收敛还是发散呢?下面给出两个数列极限存在的重要判别定理:

定理 1.2.6(夹逼定理) 如果数列 $\{x_n\}$,$\{y_n\}$ 及 $\{z_n\}$ 满足下列条件:

(1) 从某项起,即 $\exists N_0\in\mathbf{N}^+$,当 $n>N_0$ 时,有

$$y_n \leqslant x_n \leqslant z_n;$$

（2）$\lim\limits_{n\to\infty} y_n = a, \lim\limits_{n\to\infty} z_n = a,$

那么数列$\{x_n\}$的极限存在，且$\lim\limits_{n\to\infty} x_n = a.$

证　因为$\lim\limits_{n\to\infty} y_n = a, \lim\limits_{n\to\infty} z_n = a$，所以根据数列极限的定义，

$$\forall \varepsilon>0, \begin{cases} \exists N_1 \in \mathbf{N}^+, \forall n>N_1, \text{有} |y_n-a|<\varepsilon, \\ \exists N_2 \in \mathbf{N}^+, \forall n>N_2, \text{有} |z_n-a|<\varepsilon. \end{cases}$$

取$N=\max\{N_0, N_1, N_2\}$，则$\forall n>N$，有

$$|y_n-a|<\varepsilon, \quad |z_n-a|<\varepsilon$$

同时成立，即

$$a-\varepsilon<y_n<a+\varepsilon, \quad a-\varepsilon<z_n<a+\varepsilon$$

同时成立．由$y_n \leqslant x_n \leqslant z_n (n>N_0)$，所以当$n>N$时，有

$$a-\varepsilon<y_n \leqslant x_n \leqslant z_n<a+\varepsilon,$$

即

$$|x_n-a|<\varepsilon,$$

故$\lim\limits_{n\to\infty} x_n = a$．证毕．

推论　若存在一个正整数N，当$n>N$时，有$a \leqslant x_n \leqslant y_n$（或$y_n \leqslant x_n \leqslant a$），且$\lim\limits_{n\to\infty} y_n = a$，则$\lim\limits_{n\to\infty} x_n = a.$

例9　证明$\lim\limits_{n\to\infty}\left(\dfrac{1}{\sqrt{n^2+1}}+\dfrac{1}{\sqrt{n^2+2}}+\cdots+\dfrac{1}{\sqrt{n^2+n}}\right)=1.$

证　因为

$$\frac{n}{\sqrt{n^2+n}} \leqslant \frac{1}{\sqrt{n^2+1}}+\frac{1}{\sqrt{n^2+2}}+\cdots+\frac{1}{\sqrt{n^2+n}} \leqslant \frac{n}{\sqrt{n^2+1}},$$

注　例9中$\lim\limits_{n\to\infty}\sqrt{1+\dfrac{1}{n^k}}=1$（$k\in\mathbf{N}^+$）也可以通过夹逼定理证明．事实上，

$$1 \leqslant \sqrt{1+\frac{1}{n^k}} \leqslant 1+\frac{1}{n^k},$$

而

$$\lim_{n\to\infty}\left(1+\frac{1}{n^k}\right)=1+\lim_{n\to\infty}\left(\frac{1}{n}\right)^k=1.$$

由例4知$\lim\limits_{n\to\infty}\sqrt{1+\dfrac{1}{n^k}}=1(k\in\mathbf{N}^+)$，

$$\lim_{n\to\infty}\frac{n}{\sqrt{n^2+n}}=\lim_{n\to\infty}\frac{1}{\sqrt{1+\dfrac{1}{n}}}=\frac{1}{\lim\limits_{n\to\infty}\sqrt{1+\dfrac{1}{n}}}=1,$$

$$\lim_{n\to\infty}\frac{n}{\sqrt{n^2+1}}=\lim_{n\to\infty}\frac{1}{\sqrt{1+\dfrac{1}{n^2}}}=\frac{1}{\lim\limits_{n\to\infty}\sqrt{1+\dfrac{1}{n^2}}}=1,$$

故由夹逼定理知

$$\lim_{n\to\infty}\left(\frac{1}{\sqrt{n^2+1}}+\frac{1}{\sqrt{n^2+2}}+\cdots+\frac{1}{\sqrt{n^2+n}}\right)=1.$$

例 10　证明$\lim\limits_{n\to\infty}\sqrt[n]{a}=1$($a>0$ 为常数).

证　(1) 当 $a\geqslant 1$ 时,设$\sqrt[n]{a}=1+h_n$($h_n\geqslant 0$),下面先证$\lim\limits_{n\to\infty}h_n=0$.

由牛顿二项式展开公式得

$$a=(1+h_n)^n=1+nh_n+\frac{n(n-1)}{2!}h_n^2+\cdots+h_n^n,$$

所以 $a\geqslant 1+nh_n$,从而

$$0\leqslant h_n\leqslant\frac{a-1}{n}.$$

而$\lim\limits_{n\to\infty}\frac{a-1}{n}=0$,故由夹逼定理知$\lim\limits_{n\to\infty}h_n=0$. 于是

$$\lim_{n\to\infty}\sqrt[n]{a}=\lim_{n\to\infty}(1+h_n)=1+0=1.$$

(2) 当 $0<a<1$ 时,$\frac{1}{a}>1$,根据(1)有$\lim\limits_{n\to\infty}\sqrt[n]{\frac{1}{a}}=1$,故

$$\lim_{n\to\infty}\sqrt[n]{a}=\lim_{n\to\infty}\frac{1}{\sqrt[n]{\frac{1}{a}}}=\frac{1}{\lim\limits_{n\to\infty}\sqrt[n]{\frac{1}{a}}}=1.$$

证毕.

注　例10也可以直接用定义证明. 它是常用的结论，需要记住.

如果数列$\{x_n\}$满足条件

$$x_1\leqslant x_2\leqslant\cdots\leqslant x_n\leqslant x_{n+1}\leqslant\cdots,$$

则称数列$\{x_n\}$是单调增加的;如果数列$\{x_n\}$满足条件

$$x_1\geqslant x_2\geqslant\cdots\geqslant x_n\geqslant x_{n+1}\geqslant\cdots,$$

则称数列$\{x_n\}$是单调减少的;单调增加和单调减少数列统称为单调数列.

由定理 1.2.2 知收敛的数列一定有界,有界的数列不一定收敛. 但是如果数列不仅有界并且是单调的,那么该数列的极限必定存在,也就是该数列一定收敛.

定理 1.2.7(单调有界定理)　单调有界数列必有极限.

证明从略.

下面利用定理 1.2.7 证明一个重要数列极限的存在问题.

例 11　设 $x_n=\left(1+\frac{1}{n}\right)^n$,证明数列$\{x_n\}$收敛.

证　（1）单调性．由牛顿二项式展开公式，有

$$x_n=\left(1+\frac{1}{n}\right)^n$$

$$=1+C_n^1\cdot\frac{1}{n}+C_n^2\cdot\frac{1}{n^2}+C_n^3\cdot\frac{1}{n^3}+\cdots+C_n^n\cdot\frac{1}{n^n}$$

$$=1+\frac{n}{1!\cdot n}+\frac{n(n-1)}{2!\cdot n^2}+\frac{n(n-1)(n-2)}{3!\cdot n^3}+\cdots+\frac{n(n-1)\cdots(n-n+1)}{n!\cdot n^n}$$

$$=1+1+\frac{1}{2!}\left(1-\frac{1}{n}\right)+\frac{1}{3!}\left(1-\frac{1}{n}\right)\left(1-\frac{2}{n}\right)+\cdots+\frac{1}{n!}\left(1-\frac{1}{n}\right)\left(1-\frac{2}{n}\right)\cdots\left(1-\frac{n-1}{n}\right);$$

类似地，

$$x_{n+1}=1+1+\frac{1}{2!}\left(1-\frac{1}{n+1}\right)+\frac{1}{3!}\left(1-\frac{1}{n+1}\right)\left(1-\frac{2}{n+1}\right)+\cdots+$$
$$\frac{1}{n!}\left(1-\frac{1}{n+1}\right)\left(1-\frac{2}{n+1}\right)\cdots\left(1-\frac{n-1}{n+1}\right)+$$
$$\frac{1}{(n+1)!}\left(1-\frac{1}{n+1}\right)\left(1-\frac{2}{n+1}\right)\cdots\left(1-\frac{n}{n+1}\right).$$

因为

$$\left(1-\frac{1}{n}\right)<\left(1-\frac{1}{n+1}\right),\left(1-\frac{2}{n}\right)<\left(1-\frac{2}{n+1}\right),\cdots,\left(1-\frac{n-1}{n}\right)<\left(1-\frac{n-1}{n+1}\right),$$

所以从第三项起，x_n 的每一项都比 x_{n+1} 的对应项小，并且 x_{n+1} 还多了最后一项，其值是正值．于是

$$x_n<x_{n+1},\quad \forall n,$$

即 $\{x_n\}$ 单调增加．

（2）有界性．

$$0<x_n<1+1+\frac{1}{2!}+\frac{1}{3!}+\cdots+\frac{1}{n!}$$
$$<1+1+\frac{1}{2}+\frac{1}{2^2}+\cdots+\frac{1}{2^{n-1}}$$
$$=1+\frac{1-\frac{1}{2^n}}{1-\frac{1}{2}}=3-\frac{1}{2^{n-1}}<3,$$

从而 $\{x_n\}$ 是有界数列．

由单调有界定理得到数列 $\{x_n\}$ 收敛，其极限值记为 e，即

注　（1）式（1-1）是个重要且用途广泛的极限，必须熟记．

（2）e 是无理数，可以通过近似计算求出 e≈2.718 281 8⋯，它是指数函数 $y=e^x$ 和自然对数 $y=\ln x$ 中的底数．

$$\lim_{n\to\infty}\left(1+\frac{1}{n}\right)^n=\mathrm{e}. \tag{1-1}$$

例 12 求极限$\lim\limits_{n\to\infty}\left(1+\frac{1}{n}\right)^{n+1}$.

解

$$\begin{aligned}\lim_{n\to\infty}\left(1+\frac{1}{n}\right)^{n+1}&=\lim_{n\to\infty}\left[\left(1+\frac{1}{n}\right)^n\cdot\left(1+\frac{1}{n}\right)\right]\\&=\lim_{n\to\infty}\left(1+\frac{1}{n}\right)^n\cdot\lim_{n\to\infty}\left(1+\frac{1}{n}\right)=\mathrm{e}\cdot 1=\mathrm{e}.\end{aligned}$$

习题 1-2

A 题

1. 根据数列极限的定义证明：

（1）$\lim\limits_{n\to\infty}\frac{1}{n^2}=0$； （2）$\lim\limits_{n\to\infty}\frac{2n}{3n+1}=\frac{2}{3}$；

（3）$\lim\limits_{n\to\infty}\frac{2n+3}{n+1}=2$； （4）$\lim\limits_{n\to\infty}\frac{1+\cos n}{n}=0$.

2. 求解下列各题：

（1）按定义证明，若 $x_n\to a(n\to\infty)$，则对任一自然数 k，$x_{n+k}\to a(n\to\infty)$.

（2）按定义证明，若 $x_n\to a(n\to\infty)$，则 $|x_n|\to|a|(n\to\infty)$. 反之是否成立？

（3）若 $|x_n|\to 0(n\to\infty)$，试问 $x_n\to 0(n\to\infty)$是否一定成立？为什么？

3. 求下列数列极限：

（1）$\lim\limits_{n\to\infty}\frac{n+(-1)^n}{3n}$； （2）$\lim\limits_{n\to\infty}\frac{5n^3+2n}{1-4n^2+2n^3}$；

（3）$\lim\limits_{n\to\infty}\frac{(-2)^n+3^n}{(-2)^{n+1}+3^{n+1}}$； （4）$\lim\limits_{n\to\infty}\left(1+\frac{1}{2}+\cdots+\frac{1}{2^n}\right)$；

（5）$\lim\limits_{n\to\infty}\left[1+\frac{1}{1\cdot 2}+\frac{1}{2\cdot 3}+\cdots+\frac{1}{n(n+1)}\right]$；

（6）$\lim\limits_{n\to\infty}\sqrt{n}(\sqrt{n+1}-\sqrt{n})$； （7）$\lim\limits_{n\to\infty}(\sqrt[n]{3}+\sqrt[n]{5}+\sqrt[n]{7}+\cdots+\sqrt[n]{17})$；

（8）$\lim\limits_{n\to\infty}\frac{3n+1}{n^2+7}$； （9）$\lim\limits_{n\to\infty}\left(1+\frac{1}{n}\right)^{2n}$；

（10）$\lim\limits_{n\to\infty}\left(1+\frac{1}{n+1}\right)^n$.

4. 利用夹逼定理求下列极限：

（1）$\lim\limits_{n\to\infty}\sqrt[m]{1+\frac{a}{n^k}}\,(m,k\in\mathbf{N}^+,a\in\mathbf{R})$；

（2）$\lim\limits_{n\to\infty}\sqrt[n]{1+3^n+5^n}$；

（3）$\lim\limits_{n\to\infty}\left(\frac{1}{\sqrt[3]{n^3+\pi}}+\frac{1}{\sqrt[3]{n^3+2\pi}}+\cdots+\frac{1}{\sqrt[3]{n^3+n\pi}}\right)$；

（4）$\lim\limits_{n\to\infty}\left[\frac{1}{n^2}+\frac{1}{(n+1)^2}+\cdots+\frac{1}{(2n)^2}\right]$.

5. 设 $x_1=\sqrt{2}$，$x_{n+1}=\sqrt{2+x_n}$，利用单调有界定理证明数列 $\{x_n\}$ 的极限存在，并求 $\lim\limits_{n\to\infty}x_n$.

B 题

1. 根据极限定义证明 $\lim\limits_{n\to\infty}\sqrt[n]{n}=1$.

2.（考研真题，1999 年数学二）“对任意给定的 $\varepsilon\in(0,1)$，总存在正整数 N，当 $n\geqslant N$ 时，恒有 $|x_n-a|<2\varepsilon$”是数列 $\{x_n\}$ 收敛于 a 的（　　）.

A. 充分但非必要条件　　B. 必要但非充分条件

C. 充分必要条件　　D. 既非充分也非必要条件

3.（考研真题，2014 年数学三）设 $\lim\limits_{n\to\infty}a_n=a$，且 $a\neq0$，则当 n 充分大时有（　　）.

A. $|a_n|>\frac{|a|}{2}$　　B. $|a_n|<\frac{|a|}{2}$

C. $a_n>a-\frac{1}{n}$　　D. $a_n<a+\frac{1}{n}$

4.（考研真题，2015 年数学三）设 $\{x_n\}$ 是数列，下列命题中不正确的是（　　）.

A. 若 $\lim\limits_{n\to\infty}x_n=a$，则 $\lim\limits_{n\to\infty}x_{2n}=\lim\limits_{n\to\infty}x_{2n+1}=a$

B. 若 $\lim\limits_{n\to\infty}x_{2n}=\lim\limits_{n\to\infty}x_{2n+1}=a$，则 $\lim\limits_{n\to\infty}x_n=a$

C. 若 $\lim\limits_{n\to\infty}x_n=a$，则 $\lim\limits_{n\to\infty}x_{3n}=\lim\limits_{n\to\infty}x_{2n+1}=a$

D. 若 $\lim\limits_{n\to\infty}x_{3n}=\lim\limits_{n\to\infty}x_{3n+1}=a$，则 $\lim\limits_{n\to\infty}x_n=a$

5. 对于数列 $\{x_n\}$，若子数列 $\{x_{2k}\}$ 和 $\{x_{2k-1}\}$ 都收敛于同一实数 a，试证明数列 $\{x_n\}$ 也必收敛于 a.

6.（考研真题，2002 年数学二）设 $0<x_1<3$，$x_{n+1}=\sqrt{x_n(3-x_n)}\,(n=1,2,\cdots)$，证明数列 $\{x_n\}$ 的极限存在，并求该极限.

1.3 函数的极限

1.3.1 函数极限的定义

上一节我们讨论了数列的极限，数列 $\{x_n\}$ 可看作定义在正整数集上的函数：$x_n=f(n)$，$n\in\mathbf{N}^+$. 数列 $\{x_n\}$ 的极限为 a，就是：当自变量 n 取正整数且无限增大时，对应的函数值 $f(n)$ 无限接近于确定的数 a. 数列的自变量 n 的变化是离散的，它的变化过程只有一种，即 $n\to\infty$. 但对于一般函数，自变量 x 是连续的，它有多种变化过程. 由此推广开去，我们可以得到定义在实数集上的一般函数 $y=f(x)$ 极限的概念：在自变量 x 的某个变化过程中，如果对应的函数值 $f(x)$ 无限地接近于某个确定的数，那么这个确定的数就叫作在这一变化过程中的函数极限. 自变量的变化过程不同，函数的极限就表现为不同的形式. 对函数的极限，我们按自变量的不同变化过程，分两种情况讨论.

PPT 课件 1-3
函数的极限

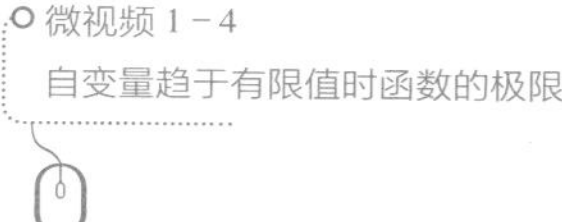

1. 自变量趋于有限值时函数的极限

首先看一个例子.

例 1　函数 $y=\dfrac{x^2-1}{x-1}$，$x\in(-\infty,1)\cup(1,+\infty)$，函数的图像是挖掉点 $(1,2)$ 的直线 $y=x+1$，观察函数在 $x=1$ 附近的性态.

为此，列表如表 1-2 所示.

表 1-2

x	0.9	1.1	0.99	1.01	0.999	1.001	0.999 999	1.000 001
y	1.9	2.1	1.99	2.01	1.999	2.001	1.999 999	2.000 001

不难看出，x 越接近 1，对应的函数值 $f(x)$ 越靠近 2. 也就是当自变量 x 无限趋于 1 时，对应的函数值 $f(x)$ 无限趋近于 2，这时称 2 是函数 $f(x)$ 当 $x\to1$ 时的极限. 同时我们也看到，研究 x 趋于 1 时函数 $f(x)$ 的极限，是指 x 无限趋于 1 时 $f(x)$ 的变化趋势，而不是求 $x=1$ 时 $f(x)$ 的函数值. 因

此，研究 x 趋于 1 时函数的极限问题，与 $x=1$ 时函数 $f(x)$ 是否有定义无关．

下面我们给出函数极限的一个非正式描述：假定函数 $f(x)$ 在 x_0 某个去心邻域内是有定义的，如果自变量 x 趋近于 $x_0(x\neq x_0)$ 时，对应的函数值 $f(x)$ 无限地接近于某个确定的数 A，则称函数 $f(x)$ 在 $x\to x_0$ 时的极限为 A.

同数列极限的定义类似，现在从数量关系上描述函数极限定义．“x 无限趋近于常数 x_0 时，对应的函数值 $f(x)$ 无限地接近于数 A”，也就是“x 无限趋近于 x_0 的过程中，$|f(x)-A|$ 无限趋于 0”；进一步，“x 无限趋近于 x_0 的过程中，$|f(x)-A|$ 可以要多小有多小．”

以例 1 中的函数 $y=\dfrac{x^2-1}{x-1}$ 为例，要使 $|f(x)-2|=\left|\dfrac{x^2-1}{x-1}-2\right|=|x-1|<0.1$，只要 $0<|x-1|<0.1$. 即当 x 落在 $x_0=1$ 的半径为 0.1 的去心邻域 $(0.9,1)\cup(1,1.1)$ 时，就可以保证对应的函数值 $f(x)$ 满足 $|f(x)-2|<0.1$.

同样，要使 $|f(x)-2|<0.01$，只要 $0<|x-1|<0.01$. 即当 $x\in(0.99,1)\cup(1,1.01)$ 时，就有 $|f(x)-2|<0.01$.

如此继续，可以得到：无论给定一个多么小的正数，只要自变量 x 落在 $x_0=1$ 的足够小的去心邻域，就能保证 $|f(x)-2|$ 小于这个给定的正数．简单地说，只要 $|x-1|$ 足够小，$|f(x)-2|$ 就可以做到任意小．这样，就从数量关系上描述了“2 是函数 $y=\dfrac{x^2-1}{x-1}$ 在 $x\to 1$ 时的极限”.

定义 1.3.1　设函数 $f(x)$ 在点 x_0 的某一去心邻域内有定义．如果存在常数 A，对于任意给定正数 ε（不论它多么小），总存在正数 δ，使得当 x 满足不等式 $0<|x-x_0|<\delta$ 时，对应的函数值 $f(x)$ 都满足不等式

$$|f(x)-A|<\varepsilon,$$

那么常数 A 就叫作函数 $f(x)$ 当 $x\to x_0$ 时的极限，记为

$$\lim_{x\to x_0}f(x)=A \text{ 或 } f(x)\to A(x\to x_0).$$

定义 1.3.1 的 ε 用来刻画 $f(x)$ 与 A 的接近程度，δ 用来刻画 x 与 x_0 的接近程度．给定一个 ε，就能找到一个 δ（不唯一），因此 δ 的选取依赖于 ε. 又因为 ε 是任意的，所以 $|f(x)-A|<\varepsilon$ 就刻画了 $f(x)$ 与 A 无限接近的过程．

另外，$0<|x-x_0|$ 表示 $x\neq x_0$，所以 $x\to x_0$ 时 $f(x)$ 有没有极限，与 $f(x)$ 在点 x_0 是否有定义没有关系．

定义 1.3.1 简单地表述为：

$$\lim_{x\to x_0}f(x)=A\Leftrightarrow \forall\,\varepsilon>0,\ \exists\,\delta>0,\text{当 } 0<|x-x_0|<\delta \text{ 时，} |f(x)-A|<\varepsilon.$$

$\lim\limits_{x\to x_0}f(x)=A$ 的几何意义是：对于任意给定的正数 ε，不论它多么小，即

不论二直线

$$y=A+\varepsilon \text{ 与 } y=A-\varepsilon$$

间的带形区域多么狭窄，总可以找到 $\delta>0$，当 x 落入 x_0 的 δ 去心邻域 $(x_0-\delta,x_0)\cup(x_0,x_0+\delta)$ 时，对应的 $y=f(x)$ 的图形处于带形区域内，ε 越小，带形区域越狭窄，如图 1-25 所示．

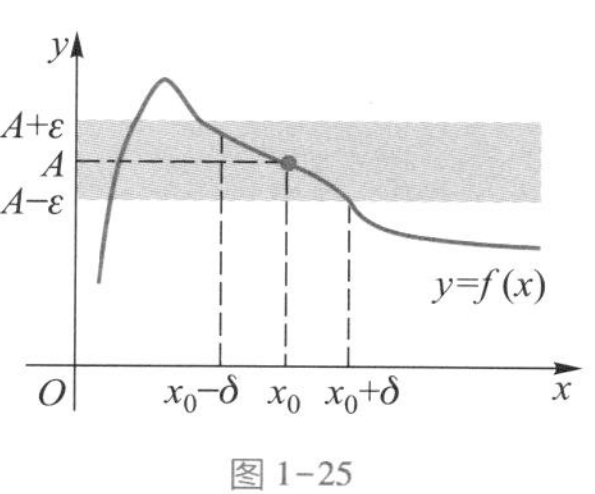

图 1-25

例 2　证明 $\lim\limits_{x\to x_0}c=c$.

证　首先 $|f(x)-A|=|c-c|=0$. 故 $\forall\,\varepsilon>0$，任取 $\delta>0$，当 $0<|x-x_0|<\delta$ 时，有 $|f(x)-A|=0<\varepsilon$，所以 $\lim\limits_{x\to x_0}c=c$.

例 3　证明 $\lim\limits_{x\to x_0}x=x_0$.

证　首先 $|f(x)-A|=|x-x_0|$. 故 $\forall\,\varepsilon>0$，取 $\delta=\varepsilon$，当 $0<|x-x_0|<\delta$ 时，有 $|f(x)-A|<\varepsilon$，即 $\lim\limits_{x\to x_0}x=x_0$.

例 4　利用定义证明 $\lim\limits_{x\to 1}(3x-2)=1$.

证　$|f(x)-A|=|(3x-2)-1|=3|x-1|$.

注　给出 ε 后，找 δ 是证明函数极限问题的关键．将 $|f(x)-A|$ 进行化简或应用放大的技巧转化为关于 $|x-x_0|$ 的函数 $\varphi(|x-x_0|)$，再求解不等式 $\varphi(|x-x_0|)<\varepsilon$ 就可以找到 δ.

$\forall\,\varepsilon>0$，要使 $|f(x)-A|<\varepsilon$，只要 $3|x-1|<\varepsilon$，即 $|x-1|<\dfrac{1}{3}\varepsilon$，故取 $\delta=\dfrac{\varepsilon}{3}$，则当 $0<|x-1|<\delta$ 时，有

$$|(3x-2)-1|<3\cdot\frac{\varepsilon}{3}=\varepsilon.$$

即 $\lim\limits_{x\to 1}(3x-2)=1$.

例 5　证明：当 $x_0>0$ 时，$\lim\limits_{x\to x_0}\sqrt{x}=\sqrt{x_0}$.

证　$|f(x)-A|=|\sqrt{x}-\sqrt{x_0}|=\left|\dfrac{x-x_0}{\sqrt{x}+\sqrt{x_0}}\right|\leqslant\dfrac{1}{\sqrt{x_0}}|x-x_0|$.

$\forall\,\varepsilon>0$，要使 $|f(x)-A|<\varepsilon$，只要 $\dfrac{1}{\sqrt{x_0}}|x-x_0|<\varepsilon$，即 $|x-x_0|<\sqrt{x_0}\,\varepsilon$. 同时由于 $\sqrt{x}$ 的定义域是 $x\geqslant 0$，这可用 $|x-x_0|\leqslant x_0$ 保证．故取 $\delta=\min\{x_0,\sqrt{x_0}\,\varepsilon\}$，则当 $0<|x-x_0|<\delta$ 时，有 $x\geqslant 0$，且

$$|\sqrt{x}-\sqrt{x_0}|<\varepsilon.$$

从而 $\lim\limits_{x\to x_0}\sqrt{x}=\sqrt{x_0}$.

注　类似可以证明：当 $x_0>0$ 时，$\lim\limits_{x\to x_0}\sqrt[n]{x}=\sqrt[n]{x_0}$.

在定义 1.3.1 中，x 既可以从 x_0 左侧，也可以从 x_0 右侧趋于 x_0. 但有时只需考察当 x 从 x_0 的一侧趋于 x_0 时，对应的函数值 $f(x)$ 的变化趋势，

由此得到单侧极限的概念.

定义 1.3.2 如果当 x 从 x_0 的左侧($x<x_0$)趋于 x_0 时(记作 $x\to x_0^-$),对应的函数值 $f(x)$ 无限趋于常数 A,即对于任意给定的正数 ε,总存在正数 δ,使得当 $x_0-\delta<x<x_0$ 时,对应的函数值 $f(x)$ 都满足不等式 $|f(x)-A|<\varepsilon$,则称 A 是函数 $f(x)$ 在 x_0 处的左极限,记为

$$\lim_{x\to x_0^-}f(x)=A, f(x_0-0)=A \text{ 或 } f(x_0^-)=A.$$

如果当 x 从 x_0 的右侧($x>x_0$)趋于 x_0 时(记作 $x\to x_0^+$),对应的函数值 $f(x)$ 无限趋于常数 A,即对于任意给定的正数 ε,总存在正数 δ,使得当 $x_0<x<x_0+\delta$ 时,对应的函数值 $f(x)$ 都满足不等式 $|f(x)-A|<\varepsilon$,则称 A 是函数 $f(x)$ 在 x_0 处的右极限,记为

$$\lim_{x\to x_0^+}f(x)=A, f(x_0+0)=A \text{ 或 } f(x_0^+)=A.$$

因此,即使函数的左、右极限 $f(x_0^-)$,$f(x_0^+)$ 都存在,但若不相等,则 $\lim\limits_{x\to x_0}f(x)$ 也不存在.

定理 1.3.1 $\lim\limits_{x\to x_0}f(x)=A$ 成立的充分必要条件是函数的左、右极限存在并且相等,即

$$\lim_{x\to x_0^+}f(x)=\lim_{x\to x_0^-}f(x)=A.$$

证明从略.

例 6 考察函数

$$f(x)=\begin{cases}3-x, & x<2,\\ \dfrac{x}{2}+1, & x>2\end{cases}$$

在 $x=2$ 处的单侧极限(图 1-26).

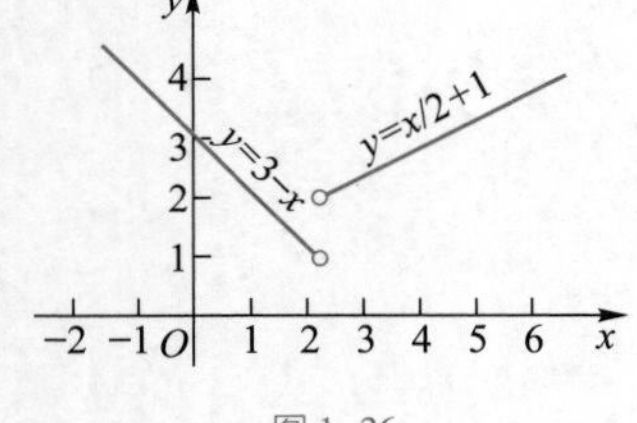

图 1-26

解 从图 1-26 中可以看出,当 x 从 2 的左侧趋于 2 时,$f(x)$ 趋于 1;而当 x 从 2 的右侧趋于 2 时,$f(x)$ 趋于 2,因此,函数 $f(x)$ 在 $x=2$ 处的左右极限分别为 1 和 2,即

$$\lim_{x\to 2^-}f(x)=1,\quad \lim_{x\to 2^+}f(x)=2.$$

因为 $f(2^+)\neq f(2^-)$,所以 $\lim\limits_{x\to 2}f(x)$ 不存在.

2. 自变量趋于无穷大时函数的极限

观察函数 $f(x)=\dfrac{1}{x}(x\neq 0)$(图 1-15),当 x 沿 x 轴正(或负)向无限增大时,对应的函数值 $f(x)$ 无限地接近于零,这时我们称 x 趋于无穷大时,$f(x)=\dfrac{1}{x}$ 以零为极限.

"当$|x|$无限增大时,$f(x)$无限地接近于零"意味着"只要$|x|$充分大,$|f(x)-0|$可以任意小". 与数列极限定义类似,可以得到这类情形函数极限的准确定义:

定义 1.3.3 设函数$f(x)$当$|x|$大于某一正数时有定义. 如果存在常数A,对于任意给定的正数ε(不论它多么小),总存在着正数X,使得当x满足不等式$|x|>X$时,对应的函数值$f(x)$满足不等式

$$|f(x)-A|<\varepsilon,$$

那么常数A叫作函数$f(x)$当$x\to\infty$时的极限,记为

$$\lim_{x\to\infty}f(x)=A \text{ 或 } f(x)\to A(x\to\infty).$$

注 定义 1.3.3 中,ε 刻画了 $f(x)$ 与 A 的接近程度,X 刻画 $|x|$ 充分大的程度. 给定一个 ε,就能找到一个 X(不唯一),因此 X 随 ε 而确定. 又 ε 是任意的,从而 $|f(x)-A|$ 就刻画了 $f(x)$ 与 A 无限接近的过程.

定义 1.3.3 可简单地表述为:

$$\lim_{x\to\infty}f(x)=A\Leftrightarrow\forall\varepsilon>0,\exists X>0,\text{当}|x|>X\text{时,有}|f(x)-A|<\varepsilon.$$

从几何上看,$\lim\limits_{x\to\infty}f(x)=A$ 的意义是:对于任意给定的正数ε,不论它多么小,即不论二直线$y=A+\varepsilon$与$y=A-\varepsilon$间的带形区域多么狭窄,总可以找到正数X,当$x>X$或$x<-X$时,函数$y=f(x)$的图形全部处于带形区域内(图 1-27). 这时,直线$y=A$称为函数$y=f(x)$的图形的水平渐近线.

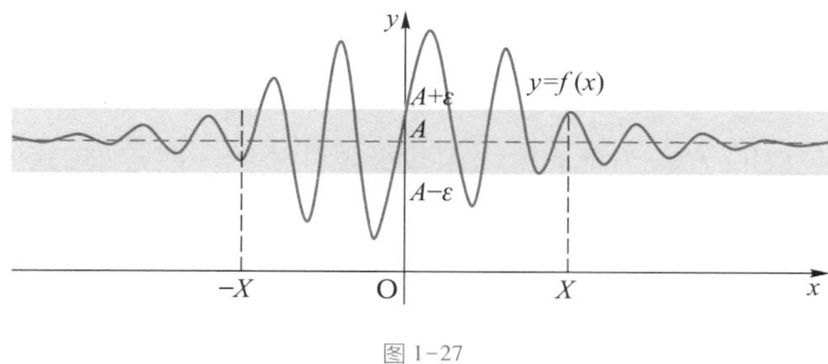

图 1-27

例 7 利用定义证明$\lim\limits_{x\to\infty}\dfrac{1}{x}=0$.

证 $|f(x)-A|=\left|\dfrac{1}{x}-0\right|=\dfrac{1}{|x|}$.

$\forall\varepsilon>0$,要使$|f(x)-A|<\varepsilon$,只要$\dfrac{1}{|x|}<\varepsilon$,即$|x|>\dfrac{1}{\varepsilon}$. 故取$X=\dfrac{1}{\varepsilon}$,则当$|x|>X$时,有$\dfrac{1}{|x|}<\varepsilon$,于是有

$$\left|\frac{1}{x}-0\right|<\varepsilon.$$

从而$\lim\limits_{x\to\infty}\dfrac{1}{x}=0$.

直线 $y=0$ 是函数 $y=\dfrac{1}{x}$ 的图形的水平渐近线.

如果 $x>0$ 且无限增大,称 x 趋于正无穷大,记为 $x\to+\infty$,此时函数极限记为

$$\lim_{x\to+\infty}f(x)=A,$$

在定义中,只需将 $|x|>X$ 改成 $x>X$;如果 $x<0$ 而 $|x|$ 无限增大,称 x 趋于负无穷大,记为 $x\to-\infty$,函数极限为

$$\lim_{x\to-\infty}f(x)=A,$$

在定义中,只需将 $|x|>X$ 改成 $x<-X$.

注　$x\to\infty$ 是要求自变量 x 沿 x 轴的正向与负向同时无限增大，因此 $x\to\infty$ 的过程实际包含了 $x\to+\infty$ 和 $x\to-\infty$ 两个过程.

例如从图 1-16 中可见 $\lim\limits_{x\to+\infty}a^{-x}=0$, $\lim\limits_{x\to-\infty}a^{x}=0(a>1)$.

1.3.2　函数极限的性质

函数极限具有类似数列极限的性质. 根据自变量的不同变化过程,我们给出了两类六种函数极限,即

$$\lim_{x\to x_0}f(x),\qquad \lim_{x\to x_0^+}f(x),\qquad \lim_{x\to x_0^-}f(x);$$

$$\lim_{x\to\infty}f(x),\qquad \lim_{x\to+\infty}f(x),\qquad \lim_{x\to-\infty}f(x).$$

下面仅以 $\lim\limits_{x\to x_0}f(x)$ 为代表给出函数极限性质的一些定理,其他形式的极限性质是类似的.

定理 1.3.2(函数极限唯一性)　如果 $\lim\limits_{x\to x_0}f(x)$ 存在,那么该极限唯一.

定理 1.3.3(函数极限的局部有界性)　如果 $\lim\limits_{x\to x_0}f(x)=A$,那么存在常数 $M>0$ 和 $\delta>0$,使得当 $0<|x-x_0|<\delta$ 时,有 $|f(x)|\leqslant M$.

证　因为 $\lim\limits_{x\to x_0}f(x)=A$,所以取 $\varepsilon=1$,则 $\exists\delta>0$,当 $0<|x-x_0|<\delta$ 时,有 $|f(x)-A|<1$,因此,

$$|f(x)|=|f(x)-A+A|\leqslant|f(x)-A|+|A|<1+|A|.$$

记 $M=|A|+1$,于是有

$$|f(x)|\leqslant M.$$

定理 1.3.4(函数极限的局部保号性)　如果 $\lim\limits_{x\to x_0}f(x)=A$,而 $A>0$(或 $A<0$),那么存在常数 $\delta>0$,使当 $0<|x-x_0|<\delta$ 时,有 $f(x)>0$(或 $f(x)<0$).

证　仅就 $A>0$ 的情形证明. 因为 $\lim\limits_{x\to x_0}f(x)=A$,所以给定 $\varepsilon=\dfrac{A}{2}$,

$\exists\ \delta>0$，当 $0<|x-x_0|<\delta$ 时，有

$$|f(x)-A|<\frac{A}{2},$$

从而

$$f(x)>-\frac{A}{2}+A=\frac{A}{2}>0.$$

推论　如果在 x_0 的某一去心邻域内 $f(x)\geqslant 0$（或 $f(x)\leqslant 0$），而且 $\lim\limits_{x\to x_0}f(x)=A$，那么 $A\geqslant 0$（或 $A\leqslant 0$）.

证　仅就 $f(x)\geqslant 0$ 的情形证明．假设 $A<0$，那么由定理 1.3.4 知必存在 x_0 的某一去心邻域，在该邻域内 $f(x)<0$，这与 $f(x)\geqslant 0$ 矛盾，所以 $A\geqslant 0$.

下面给出函数极限的运算性质，利用它们可以方便地计算某些函数的极限．

定理 1.3.5（四则运算）　如果 $\lim\limits_{x\to x_0}f(x)=A$，$\lim\limits_{x\to x_0}g(x)=B$，那么

（1）$\lim\limits_{x\to x_0}[f(x)\pm g(x)]=\lim\limits_{x\to x_0}f(x)\pm\lim\limits_{x\to x_0}g(x)=A\pm B$；

（2）$\lim\limits_{x\to x_0}f(x)\cdot g(x)=\lim\limits_{x\to x_0}f(x)\cdot\lim\limits_{x\to x_0}g(x)=A\cdot B$；

（3）当 $B\neq 0$ 时，$\lim\limits_{x\to x_0}\dfrac{f(x)}{g(x)}=\dfrac{\lim\limits_{x\to x_0}f(x)}{\lim\limits_{x\to x_0}g(x)}=\dfrac{A}{B}$.

证　（1）因为 $\lim\limits_{x\to x_0}f(x)=A$，$\lim\limits_{x\to x_0}g(x)=B$，所以

$$\forall\ \varepsilon>0,\begin{cases}\exists\ \delta_1>0,\text{当 }0<|x-x_0|<\delta_1,\text{有 }|f(x)-A|<\dfrac{\varepsilon}{2},\\[2ex] \exists\ \delta_2>0,\text{当 }0<|x-x_0|<\delta_2,\text{有 }|g(x)-B|<\dfrac{\varepsilon}{2}.\end{cases}$$

故取 $\delta=\min\{\delta_1,\delta_2\}$，当 $0<|x-x_0|<\delta$ 时，有

$$|f(x)-A|<\frac{\varepsilon}{2}\text{ 且 }|g(x)-B|<\frac{\varepsilon}{2},$$

于是

$$|[f(x)\pm g(x)]-(A\pm B)|\leqslant|f(x)-A|+|g(x)-B|<\frac{\varepsilon}{2}+\frac{\varepsilon}{2}=\varepsilon,$$

故

$$\lim_{x\to x_0}[f(x)\pm g(x)]=\lim_{x\to x_0}f(x)\pm\lim_{x\to x_0}g(x)=A\pm B.$$

（2）、（3）的证明从略．

注　结论（1）（2）可以推广到有限个函数的情形．

推论1　若$\lim\limits_{x\to x_0}f(x)$存在，而$c$为常数，则

$$\lim_{x\to x_0}[cf(x)]=c\lim_{x\to x_0}f(x).$$

即求极限时，常数因子可以提到极限符号的外面.

推论2　若$\lim\limits_{x\to x_0}f(x)$存在，而$n$是正整数，则

$$\lim_{x\to x_0}[f(x)]^n=[\lim_{x\to x_0}f(x)]^n.$$

推论3　设$P(x)=a_nx^n+a_{n-1}x^{n-1}+\cdots+a_1x+a_0$为一多项式函数，则有

$$\lim_{x\to x_0}P(x)=a_nx_0^n+a_{n-1}x_0^{n-1}+\cdots+a_1x_0+a_0=P(x_0).$$

证　应用例2和例3的结论和求极限的加法和乘积运算法则，可以得到

$$\begin{aligned}\lim_{x\to x_0}P(x)&=\lim_{x\to x_0}(a_nx^n+a_{n-1}x^{n-1}+\cdots+a_1x+a_0)\\&=\lim_{x\to x_0}(a_nx^n)+\lim_{x\to x_0}(a_{n-1}x^{n-1})+\cdots+\lim_{x\to x_0}(a_1x)+\lim_{x\to x_0}a_0\\&=a_n\lim_{x\to x_0}x^n+a_{n-1}\lim_{x\to x_0}x^{n-1}+\cdots+a_1\lim_{x\to x_0}x+\lim_{x\to x_0}a_0\\&=a_n(\lim_{x\to x_0}x)^n+a_{n-1}(\lim_{x\to x_0}x)^{n-1}+\cdots+a_1\lim_{x\to x_0}x+\lim_{x\to x_0}a_0\\&=a_nx_0^n+a_{n-1}x_0^{n-1}+\cdots+a_1x_0+a_0=P(x_0).\end{aligned}$$

推论4　设两个多项式函数是$P(x)=a_nx^n+a_{n-1}x^{n-1}+\cdots+a_1x+a_0$和$Q(x)=b_mx^m+b_{m-1}x^{m-1}+\cdots+b_1x+b_0$，并且$Q(x_0)\neq0$，则有

$$\lim_{x\to x_0}\frac{P(x)}{Q(x)}=\frac{a_nx_0^n+a_{n-1}x_0^{n-1}+\cdots+a_1x_0+a_0}{b_mx_0^m+b_{m-1}x_0^{m-1}+\cdots+b_1x_0+b_0}=\frac{P(x_0)}{Q(x_0)}.$$

证　因为$\lim\limits_{x\to x_0}P(x)=P(x_0)$，$\lim\limits_{x\to x_0}Q(x)=Q(x_0)$，并且$Q(x_0)\neq0$，应用求极限的除法法则，有

$$\lim_{x\to x_0}\frac{P(x)}{Q(x)}=\frac{\lim\limits_{x\to x_0}P(x)}{\lim\limits_{x\to x_0}Q(x)}=\frac{P(x_0)}{Q(x_0)}.$$

例如，

$$\lim_{x\to2}(3x+5)=3\cdot2+5=11,$$

$$\lim_{x\to1}\frac{x^3+1}{x^2+2x-5}=\frac{1^3+1}{1^2+2\times1-5}=-1.$$

但当分式函数的分母极限为零时，求极限的除法法则不能应用.

例8　求极限$\lim\limits_{x\to1}\dfrac{x^2-1}{x^2-5x+4}$.

解　因为$\lim\limits_{x\to1}(x^2-5x+4)=0$，不能应用求极限的除法法则. 但注意到

分子、分母有公因式 $x-1$，且 $x=1$ 时，$x-4\neq0$，故可以约去这个公因式，从而有

$$\lim_{x\to1}\frac{x^2-1}{x^2-5x+4}=\lim_{x\to1}\frac{(x-1)(x+1)}{(x-1)(x-4)}=\lim_{x\to1}\frac{x+1}{x-4}=-\frac{2}{3}.$$

例 9 求极限 $\lim\limits_{x\to-1}\left(\frac{1}{x+1}-\frac{x^2-2x}{x^3+1}\right)$.

解 当 $x\to-1$ 时，$\frac{1}{x+1}$，$\frac{x^2-2x}{x^3+1}$ 分母极限均为零，不能应用求极限的加法法则，但当 $x\neq-1$ 时，

$$\frac{1}{x+1}-\frac{x^2-2x}{x^3+1}=\frac{x+1}{(x+1)(x^2-x+1)}=\frac{1}{x^2-x+1},$$

并且 $\lim\limits_{x\to-1}(x^2-x+1)=3\neq0$，所以

$$\lim_{x\to-1}\left(\frac{1}{x+1}-\frac{x^2-2x}{x^3+1}\right)=\lim_{x\to-1}\frac{1}{x^2-x+1}=\frac{1}{3}.$$

求函数极限时，经常要应用换元法则，即如下的定理：

定理 1.3.6（复合函数的极限运算法则） 设函数 $y=f[g(x)]$ 是由函数 $y=f(u)$ 与函数 $u=g(x)$ 复合而成，$f[g(x)]$ 在点 x_0 的某去心邻域内有定义．若 $\lim\limits_{x\to x_0}g(x)=u_0$，$\lim\limits_{u\to u_0}f(u)=A$，且在 x_0 的某去心邻域内 $g(x)\neq u_0$，则

$$\lim_{x\to x_0}f[g(x)]=\lim_{u\to u_0}f(u)=A.$$

本定理的证明从略．

注 （1）定理 1.3.6 表明，如果函数 $f(u)$ 和 $g(x)$ 满足该定理的条件，那么作代换 $u=g(x)$ 可把求 $\lim\limits_{x\to x_0}f[g(x)]$ 转化成求 $\lim\limits_{u\to u_0}f(u)$，这里 $\lim\limits_{x\to x_0}g(x)=u_0$．它是利用换元求极限的依据．

（2）把定理中 $\lim\limits_{x\to x_0}g(x)=u_0$ 换成 $\lim\limits_{x\to\infty}g(x)=u_0$ 结论仍然成立．同样把 $\lim\limits_{x\to x_0}g(x)=u_0$ 换成 $\lim\limits_{x\to x_0}g(x)=\infty$ 或 $\lim\limits_{x\to\infty}g(x)=\infty$，而把 $\lim\limits_{u\to u_0}f(u)=A$ 换成 $\lim\limits_{u\to\infty}f(u)=A$，也可得类似结果．

例 10 求 $\lim\limits_{x\to3}\sqrt{x+2}$.

解 作变量代换，令 $x+2=t$，则 $\sqrt{x+2}$ 可看成由 $\sqrt{t}$ 和 $t=x+2$ 复合而成．当 $x\to3$ 时，$t\to5$，故利用定理 1.3.6 和例 5 的结论得到

$$\lim_{x\to3}\sqrt{x+2}=\lim_{t\to5}\sqrt{t}=\sqrt{5}.$$

例 11 求 $\lim\limits_{x\to\infty}e^{\frac{1}{x}}$.

解 作变量代换，令 $\frac{1}{x}=t$，则 $e^{\frac{1}{x}}$ 可看成由 e^t 和 $t=\frac{1}{x}$ 复合而成．当 $x\to\infty$ 时，由例 7 知，$t\to0$，故利用定理 1.3.6 及 $y=e^x$ 的函数图形，得到

$$\lim_{x\to\infty}e^{\frac{1}{x}}=\lim_{t\to0}e^t=1.$$

数列极限是函数极限的特殊情形，它们之间的关系可用以下定理论述：

定理 1.3.7（海涅定理） 如果极限$\lim\limits_{x \to x_0} f(x)$存在，$\{x_n\}$是函数$f(x)$的定义域内任一收敛于$x_0$的数列，且满足：$x_n \neq x_0 (n \in \mathbf{N}^+)$，那么相应的函数值数列$f(x_n)$必收敛，且

$$\lim_{n \to \infty} f(x_n) = \lim_{x \to x_0} f(x).$$

本定理的证明从略．用本定理的逆否命题可以证明某些函数的极限不存在．

例 12 证明$\lim\limits_{x \to 0} \sin \dfrac{1}{x}$不存在．

证 取两个数列$\{x_n'\}$，$\{x_n''\}$，其中

$$x_n' = \frac{1}{2n\pi}, \quad x_n'' = \frac{1}{2n\pi + \frac{\pi}{2}},$$

则有

$$x_n' \neq 0, x_n'' \neq 0 (\forall n), \lim_{n \to \infty} x_n' = \lim_{n \to \infty} x_n'' = 0.$$

因为

$$\lim_{n \to \infty} f(x_n') = \lim_{n \to \infty} \sin \frac{1}{x_n'} = \lim_{n \to \infty} \sin 2n\pi = 0,$$

$$\lim_{n \to \infty} f(x_n'') = \lim_{n \to \infty} \sin \frac{1}{x_n''} = \lim_{n \to \infty} \sin \left(2n\pi + \frac{\pi}{2}\right) = 1,$$

这说明当$\{x_n\}$取不同数列趋于0时，对应的函数值数列趋于不同的值，所以应用海涅定理知$\lim\limits_{x \to 0} \sin \dfrac{1}{x}$不存在（图 1-28）．

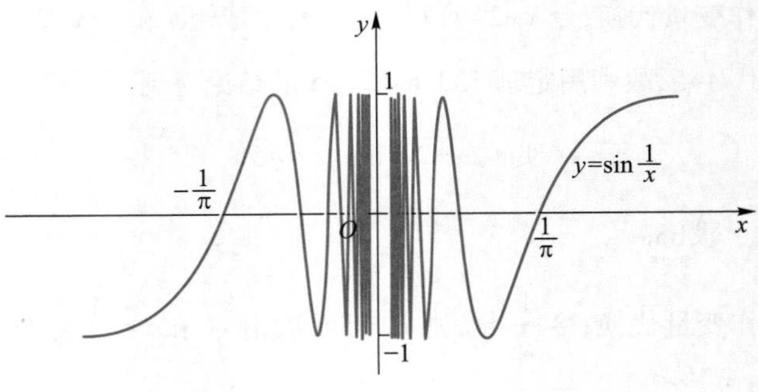

图 1-28

1.3.3 函数极限的判别定理、重要极限

1. 夹逼定理

同数列极限类似，判别函数极限的存在也可用夹逼定理.

定理 1.3.8（夹逼定理） 如果函数 $f(x)$, $g(x)$ 及 $h(x)$ 满足下列条件：

(1) 当 $x\in \mathring{U}(x_0,r)$（或 $|x|>M$）时，

$$g(x)\leqslant f(x)\leqslant h(x);$$

(2) $\lim\limits_{\substack{x\to x_0\\(x\to\infty)}} g(x)=A$, $\lim\limits_{\substack{x\to x_0\\(x\to\infty)}} h(x)=A$,

那么 $\lim\limits_{\substack{x\to x_0\\(x\to\infty)}} f(x)$ 存在且等于 A.

利用海涅定理和数列极限的夹逼定理可以证明本定理.

例 13 证明 $\lim\limits_{x\to 0}\sqrt[n]{1+x}=1$.

证 当 $x>0$ 时，$1<\sqrt[n]{1+x}<1+x$；而当 $-1<x<0$ 时，$1+x<\sqrt[n]{1+x}<1$. 又 $\lim\limits_{x\to 0}1=1$, $\lim\limits_{x\to 0}(1+x)=1$，故由夹逼定理得到

$$\lim_{x\to 0}\sqrt[n]{1+x}=1.$$

2. 两个常用不等式

(1) $|\sin x|\leqslant |x|$, $\forall x\in \mathbf{R}$;

(2) $|x|\leqslant |\tan x|$, $\forall x\in\left(-\dfrac{\pi}{2},\dfrac{\pi}{2}\right)$.

以上两不等式当且仅当 $x=0$ 时取等号.

证 显然，$x=0$ 时有 $|\sin x|=|x|=|\tan x|$. 当 $x\neq 0$ 时，如图 1-29 所示，作单位圆，$CA\perp OA$. 圆心角 $\angle AOB=x$（弧度）. 当 $0<x<\dfrac{\pi}{2}$ 时，$x=\overset{\frown}{AB}$, $\tan x=AC$. 因为

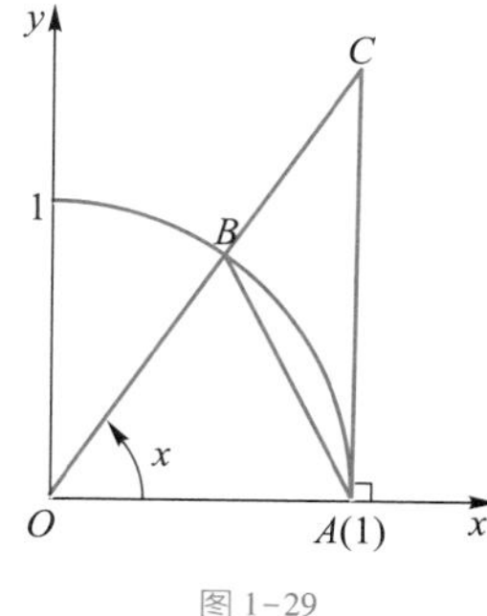

图 1-29

$$S_{\triangle AOB}<S_{扇形AOB}<S_{\triangle AOC},$$

所以

$$\frac{1}{2}\sin x<\frac{1}{2}x<\frac{1}{2}\tan x,$$

即

$$\sin x<x<\tan x.$$

当$-\frac{\pi}{2}<x<0$时，$0<-x<\frac{\pi}{2}$，由上面得到

$$\sin(-x)<-x<\tan(-x) \quad 或 \quad -\sin x<-x<-\tan x,$$

即当$0<|x|<\frac{\pi}{2}$时，

$$|\sin x|<|x|<|\tan x|.$$

而当$|x|\geqslant\frac{\pi}{2}$时，

$$|\sin x|\leqslant 1<\frac{\pi}{2}\leqslant|x|.$$

3. 两个重要极限

（1）$\lim\limits_{x\to 0}\frac{\sin x}{x}=1.$

证　当$x\neq 0$时，函数$\frac{\sin x}{x}$有定义．因为

$$|\sin x|<|x|<|\tan x| \quad \left(-\frac{\pi}{2}<x<\frac{\pi}{2}\right),$$

不等式两边同除以$|\sin x|$，得到

$$1<\left|\frac{x}{\sin x}\right|<\frac{1}{|\cos x|},$$

由于当$-\frac{\pi}{2}<x<\frac{\pi}{2}$时，$\frac{x}{\sin x}>0$，$\frac{1}{\cos x}>0$，从而有

$$1<\frac{x}{\sin x}<\frac{1}{\cos x} \quad 或 \quad 1>\frac{\sin x}{x}>\cos x.$$

于是有

$$0<1-\frac{\sin x}{x}<1-\cos x=2\sin^2\frac{x}{2}\leqslant 2\left(\frac{x}{2}\right)^2=\frac{1}{2}x^2, \tag{1-2}$$

而$\lim\limits_{x\to 0}\frac{1}{2}x^2=0$，所以由夹逼定理得到

$$\lim_{x\to 0}\left(1-\frac{\sin x}{x}\right)=0,$$

即（图 1-30）

$$\lim_{x\to 0}\frac{\sin x}{x}=1.$$

注　由式（1-2）结合夹逼定理同样可以得到$\lim\limits_{x\to 0}(1-\cos x)=0$，即

$$\lim_{x\to 0}\cos x=1.$$

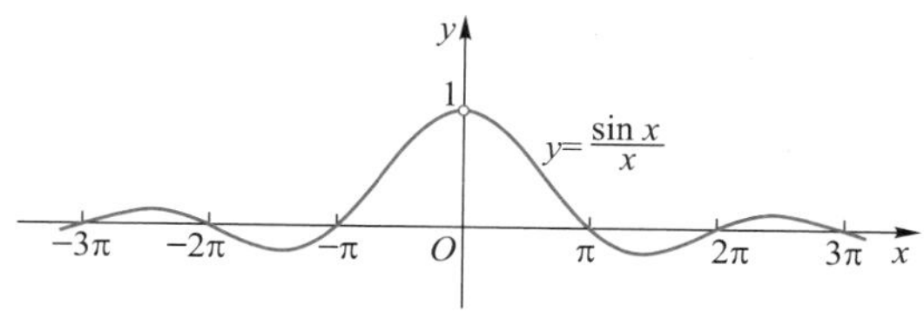

图 1-30

例 14 求极限$\lim\limits_{x\to 0}\frac{\sin 3x}{\sin 5x}$.

解
$$\lim_{x\to 0}\frac{\sin 3x}{\sin 5x}=\lim_{x\to 0}\frac{3x\cdot\frac{\sin 3x}{3x}}{5x\cdot\frac{\sin 5x}{5x}},$$

又令 $3x=t$,则当 $x\to 0$ 时,有 $t\to 0$,故有

$$\lim_{x\to 0}\frac{\sin 3x}{3x}=\lim_{t\to 0}\frac{\sin t}{t}=1;$$

同理$\lim\limits_{x\to 0}\frac{\sin 5x}{5x}=1$,所以得到

$$\lim_{x\to 0}\frac{\sin 3x}{\sin 5x}=\frac{3}{5}\cdot\frac{\lim\limits_{x\to 0}\frac{\sin 3x}{3x}}{\lim\limits_{x\to 0}\frac{\sin 5x}{5x}}=\frac{3}{5}.$$

例 15 求极限$\lim\limits_{x\to 0}\frac{\tan x}{x}$.

解 $\lim\limits_{x\to 0}\frac{\tan x}{x}=\lim\limits_{x\to 0}\frac{\sin x}{x}\cdot\frac{1}{\cos x}=\lim\limits_{x\to 0}\frac{\sin x}{x}\cdot\lim\limits_{x\to 0}\frac{1}{\cos x}=1\times 1=1.$

例 16 求极限$\lim\limits_{x\to 0}\frac{1-\cos x}{x^2}$.

解
$$\lim_{x\to 0}\frac{1-\cos x}{x^2}=\lim_{x\to 0}\frac{2\sin^2\frac{x}{2}}{x^2}=\frac{1}{2}\lim_{x\to 0}\frac{\sin^2\frac{x}{2}}{\left(\frac{x}{2}\right)^2}$$

$$=\frac{1}{2}\left(\lim_{x\to 0}\frac{\sin\frac{x}{2}}{\frac{x}{2}}\right)^2=\frac{1}{2}\left(\lim_{t\to 0}\frac{\sin t}{t}\right)^2$$

$$=\frac{1}{2}\times 1^2=\frac{1}{2}.$$

例 17 求极限$\lim\limits_{x\to\infty}x\sin\dfrac{1}{x}$.

解
$$\lim_{x\to\infty}x\sin\frac{1}{x}=\lim_{x\to\infty}\frac{\sin\dfrac{1}{x}}{\dfrac{1}{x}}=\lim_{t\to0}\frac{\sin t}{t}=1.$$

(2) $\lim\limits_{x\to\infty}\left(1+\dfrac{1}{x}\right)^{x}=\mathrm{e}$.

证 对 $x\to+\infty$的情形:对任意正实数 x,总有非负整数 n,使得 $n\leqslant x<n+1$,从而有

$$1+\frac{1}{n+1}<1+\frac{1}{x}\leqslant1+\frac{1}{n},$$

$$\left(1+\frac{1}{n+1}\right)^{n}<\left(1+\frac{1}{x}\right)^{x}<\left(1+\frac{1}{n}\right)^{n+1},$$

且 n 和 x 同时趋于$+\infty$,由于

$$\lim_{n\to\infty}\left(1+\frac{1}{n+1}\right)^{n}=\lim_{n\to\infty}\frac{\left(1+\dfrac{1}{n+1}\right)^{n+1}}{1+\dfrac{1}{n+1}}=\mathrm{e},$$

$$\lim_{n\to\infty}\left(1+\frac{1}{n}\right)^{n+1}=\lim_{n\to\infty}\left[\left(1+\frac{1}{n}\right)^{n}\cdot\left(1+\frac{1}{n}\right)\right]=\mathrm{e},$$

应用夹逼定理,得到

$$\lim_{x\to+\infty}\left(1+\frac{1}{x}\right)^{x}=\mathrm{e}.$$

对 $x\to-\infty$的情形:令 $x=-(t+1)$,则 $x\to-\infty$时,$t\to+\infty$. 从而

$$\begin{aligned}\lim_{x\to-\infty}\left(1+\frac{1}{x}\right)^{x}&=\lim_{t\to+\infty}\left(1-\frac{1}{t+1}\right)^{-(t+1)}=\lim_{t\to+\infty}\left(\frac{t}{t+1}\right)^{-(t+1)}\\&=\lim_{t\to+\infty}\left(1+\frac{1}{t}\right)^{t+1}=\lim_{t\to+\infty}\left[\left(1+\frac{1}{t}\right)^{t}\cdot\left(1+\frac{1}{t}\right)\right]\\&=\lim_{t\to+\infty}\left(1+\frac{1}{t}\right)^{t}\cdot\lim_{t\to+\infty}\left(1+\frac{1}{t}\right).\end{aligned}$$

因为$\lim\limits_{t\to+\infty}\left(1+\dfrac{1}{t}\right)^{t}=\mathrm{e}$,$\lim\limits_{t\to+\infty}\left(1+\dfrac{1}{t}\right)=1+\lim\limits_{t\to+\infty}\dfrac{1}{t}=1$,所以

$$\lim_{x\to-\infty}\left(1+\frac{1}{x}\right)^{x}=\mathrm{e}.$$

综上所述,有

$$\lim_{x\to\infty}\left(1+\frac{1}{x}\right)^x=\mathrm{e}. \tag{1-3}$$

例 18 求极限$\lim\limits_{x\to\infty}\left(1-\frac{1}{x}\right)^x$.

解 令 $t=-x$,则当 $x\to\infty$时,$t\to\infty$. 于是

$$\lim_{x\to\infty}\left(1-\frac{1}{x}\right)^x=\lim_{t\to\infty}\left(1+\frac{1}{t}\right)^{-t}=\lim_{t\to\infty}\frac{1}{\left(1+\frac{1}{t}\right)^t}=\frac{1}{\mathrm{e}}.$$

注 作变量代换,令$\frac{1}{x}=z$,则$x\to\infty$时,$z\to0$,故利用复合函数的极限运算法则有

$$\lim_{x\to\infty}\left(1+\frac{1}{x}\right)^x=\lim_{z\to0}(1+z)^{\frac{1}{z}}=\mathrm{e},$$

从而得到式(1-3)的另一形式

$$\lim_{z\to0}(1+z)^{\frac{1}{z}}=\mathrm{e}.$$

相应于单调有界数列必有极限的判定定理,函数极限也有类似的结论. 对于自变量的不同变化过程($x\to x_0^-$, $x\to x_0^+$, $x\to-\infty$, $x\to+\infty$),判定定理有不同的形式. 现以 $x\to x_0^-$ 为例,将相应的判定定理叙述如下:

定理 1.3.9 设函数 $f(x)$ 在点 x_0 的某个左邻域内单调并且有界,则 $f(x)$ 在 x_0 的左极限 $f(x_0^-)$ 必定存在.

习题 1-3

A 题

1. 根据函数极限的定义证明:

(1) $\lim\limits_{x\to2}(4x-5)=3$; (2) $\lim\limits_{x\to x_0}\sin x=\sin x_0$;

(3) $\lim\limits_{x\to\infty}\frac{1}{x^2}=0$; (4) $\lim\limits_{x\to+\infty}\mathrm{e}^{-x}=0$.

2. 求函数$f(x)=\frac{\sin x}{|x|}$,$g(x)=\operatorname{sgn} x$ 当 $x\to0$ 时的左、右极限,并说明它们在 $x\to0$ 时的极限是否存在.

3. 已知$\lim\limits_{x\to1}f(x)$存在,且$f(x)=x^2+3x\lim\limits_{x\to1}f(x)$,求函数$f(x)$.

4. 求下列函数的极限:

(1) $\lim\limits_{x\to2}\frac{x^2+1}{2x^2-1}$; (2) $\lim\limits_{x\to\infty}\left(2-\frac{1}{x}+\frac{1}{x^2}\right)$;

(3) $\lim\limits_{x\to-1}\frac{x^2-1}{x^2+5x+4}$; (4) $\lim\limits_{x\to\infty}\left(1+\frac{1}{x}\right)\left(2-\frac{1}{x^5}\right)$;

(5) $\lim\limits_{x\to0}\frac{(a+x)^2-a^2}{x}$; (6) $\lim\limits_{x\to1}\left(\frac{1}{x-1}-\frac{2}{x^2-1}\right)$;

(7) $\lim\limits_{x\to1}\dfrac{\sqrt{3-x}-\sqrt{1+x}}{x^2+x-2}$; (8) $\lim\limits_{x\to1}\dfrac{x-1}{\sqrt[3]{x}-1}$.

5. 求下列函数的极限:

(1) $\lim\limits_{x\to0}(1+3x)^{\frac{1}{x}}$; (2) $\lim\limits_{x\to\infty}\left(\dfrac{x}{1+x}\right)^x$;

(3) $\lim\limits_{x\to\infty}x\sin\dfrac{3}{2x}$; (4) $\lim\limits_{x\to0}\dfrac{x\sin x}{1-\cos 2x}$;

(5) $\lim\limits_{x\to0}\dfrac{\sin ax}{\tan bx}$; (6) $\lim\limits_{x\to\infty}\left(1-\dfrac{1}{x}\right)^{2x}$;

(7) $\lim\limits_{n\to\infty}\dfrac{1}{n}\tan\dfrac{1}{n}$; (8) $\lim\limits_{n\to\infty}2^n\sin\dfrac{1}{2^n}$.

B 题

1. 单项选择题

(1) (考研真题,2008年数学一)设函数 $y=f(x)$ 在 $(-\infty,+\infty)$ 内单调有界,$\{x_n\}$ 为数列,则下面命题正确的是( ).

A. 若 $\{x_n\}$ 收敛,则 $\{f(x_n)\}$ 收敛 B. 若 $\{x_n\}$ 单调,则 $\{f(x_n)\}$ 收敛

C. 若 $\{f(x_n)\}$ 收敛,则 $\{x_n\}$ 收敛 D. 若 $\{f(x_n)\}$ 单调,则 $\{x_n\}$ 收敛

(2) (考研真题,1990年数学二)已知 $\lim\limits_{x\to\infty}\left(\dfrac{x^2}{x+1}-ax-b\right)=0$,其中 a,b 是常数,则( ).

A. $a=1,b=1$ B. $a=-1,b=1$

C. $a=1,b=-1$ D. $a=-1,b=-1$

2. (考研真题,2006年数学二)曲线 $y=\dfrac{x+4\sin x}{5x-2\cos x}$ 的水平渐近线是________.

3. (考研真题,1987年数学三)判断下面命题是否正确:

$$\lim_{x\to0}e^{\frac{1}{x}}=\infty.$$

4. (考研真题,2000年数学一)求 $\lim\limits_{x\to0}\left(\dfrac{2+e^{\frac{1}{x}}}{1+e^{\frac{4}{x}}}+\dfrac{\sin x}{|x|}\right)$.

5. 设 $f(x)=\dfrac{2x+|x|}{4x-3|x|}$,求:

(1) $\lim\limits_{x\to+\infty}f(x)$; (2) $\lim\limits_{x\to-\infty}f(x)$;

(3) $\lim\limits_{x\to0^+}f(x)$; (4) $\lim\limits_{x\to0^-}f(x)$;

(5) $\lim\limits_{x\to0}f(x)$.

6. 根据函数极限的定义证明:函数 $f(x)$ 当 $x\to x_0$ 时极限存在的充分必要条件是左

极限、右极限各自存在并且相等.

7. (考研真题,2021 年数学三)已知$\lim\limits_{x\to 0}\left[\alpha\arctan\dfrac{1}{x}+(1+|x|)^{\frac{1}{x}}\right]$存在,求 α 的值.

1.4 无穷大和无穷小

1.4.1 无穷小

定义 1.4.1 若函数$f(x)$当$x\to x_0$(或$x\to\infty$)时的极限为零,则称函数$f(x)$为当$x\to x_0$(或$x\to\infty$)时的无穷小量,简称无穷小. 特别地,若$\lim\limits_{n\to\infty}x_n=0$,则称数列$\{x_n\}$是$n\to\infty$的无穷小.

例如,因为$\lim\limits_{n\to\infty}\dfrac{1}{n^2}=0$, $\lim\limits_{x\to\infty}\dfrac{1}{x}=0$, $\lim\limits_{x\to a}(x-a)=0$,所以$\left\{\dfrac{1}{n^2}\right\}$是$n\to\infty$的无穷小;$\dfrac{1}{x}$是$x\to\infty$的无穷小,$x-a$是$x\to a$时的无穷小.

注 在上节函数极限的定义 1.3.1 和 1.3.3 中令 $A=0$,就可得到无穷小的精确定义. 由此知,0 是任何变化过程的无穷小,这是因为若$f(x)\equiv 0$,则对于任意给定的正数 ε,总有 $|f(x)|<\varepsilon$. 但是,由于无穷小是一个可以任意小的变量,所以除 0 外,任何一个具体的数,无论有多小,都不是无穷小.

对于自变量其他变化过程,如$x\to x_0^+$, $x\to-\infty$等,也有类似的定义,如$\sqrt{x-2}$是$x\to 2^+$的无穷小.

下面的定理说明无穷小和函数极限的关系.

定理 1.4.1 在自变量的同一变化过程$x\to x_0$(或$x\to\infty$)中,函数$f(x)$具有极限 A 的充分必要条件是$f(x)=A+\alpha$,其中 α 是无穷小.

证 先证必要性. 设$\lim\limits_{x\to x_0}f(x)=A$,则有$\lim\limits_{x\to x_0}(f(x)-A)=0$. 令 $\alpha=f(x)-A$,则有$\lim\limits_{x\to x_0}\alpha=0$,故 α 是 $x\to x_0$ 时的无穷小,且$f(x)=A+\alpha$,即$f(x)$等于它的极限值与一个无穷小之和.

再证充分性. 若$f(x)=A+\alpha$,其中 A 是常数,α 是 $x\to x_0$ 时的无穷小,即$\lim\limits_{x\to x_0}\alpha=0$,于是有

$$\lim_{x\to x_0}f(x)=\lim_{x\to x_0}(A+\alpha)=A+\lim_{x\to x_0}\alpha=A,$$

即 A 是$f(x)$当 $x\to x_0$ 时的极限.

注 定理 1.4.1 表明任何形式的函数极限都可表为极限值与无穷小的和,反之亦然. 通常在论证问题时,应用此性质将极限符号去掉.

类似地可证明 $x\to\infty$时的情形.

利用极限的运算法则易证无穷小具有如下的运算性质:

性质1　有限个无穷小的和仍是无穷小．

性质2　有限个无穷小的乘积仍是无穷小．

性质3　有界函数和无穷小的乘积是无穷小．

证　设函数 $u(x)$ 在 x_0 的某一去心邻域 $\mathring{U}(x_0,\delta_1)$ 内是有界的，即 $\exists M>0$ 使得 $|u(x)|\leqslant M$ 对一切 $x\in\mathring{U}(x_0,\delta_1)$ 成立．又设 α 是当 $x\to x_0$ 时的无穷小，即 $\forall\varepsilon>0$，$\exists\delta_2>0$，当 $x\in\mathring{U}(x_0,\delta_2)$ 时，有

$$|\alpha|<\frac{\varepsilon}{M}.$$

取 $\delta=\min\{\delta_1,\delta_2\}$，则当 $x\in\mathring{U}(x_0,\delta)$ 时，

$$|u|\leqslant M \text{ 和 } |\alpha|<\frac{\varepsilon}{M}$$

同时成立．从而

$$|u\alpha|=|u||\alpha|<M\cdot\frac{\varepsilon}{M}=\varepsilon.$$

即

$$\lim_{x\to x_0}u\alpha=0.$$

例1　求 $\lim\limits_{x\to0}x\sin\dfrac{1}{x}$.

注　考虑与极限 $\lim\limits_{x\to\infty}x\sin\dfrac{1}{x}$ 的区别.

解　因为当 $x\neq0$ 时，$\left|\sin\dfrac{1}{x}\right|\leqslant1$，而 $\lim\limits_{x\to0}x=0$，故由性质3得到

$$\lim_{x\to0}x\sin\frac{1}{x}=0.$$

微视频 1－5
无穷大的概念

1.4.2　无穷大

如果一个函数在自变量变化过程中函数值不是趋于某个确定的常数，而是它的绝对值无限增大，那么称函数是这个变化过程的无穷大量，简称无穷大．按极限的定义，这个函数的极限不存在．但为了叙述的方便，我们也称函数的极限为无穷大，并记为

$$\lim_{\substack{x\to x_0\\(x\to\infty)}}f(x)=\infty.$$

它的精确定义如下：

定义1.4.2　设函数 $f(x)$ 在 x_0 的某一去心邻域有定义（或 $|x|$ 大于某一正数时有定义）．如果对任意给定的正数 M（不论它有多大），总存在正数 δ（或正数 X），只要 x 适合不等式 $0<|x-x_0|<\delta$（或 $|x|>X$），对应的函数

值$f(x)$总满足不等式

$$|f(x)|>M,$$

那么称函数$f(x)$是$x\to x_0$(或$x\to\infty$)时的无穷大.

若在自变量变化过程中,函数值为正且无限增大,则称函数是这个变化过程的正无穷大,记为

$$\lim_{\substack{x\to x_0\\(x\to\infty)}} f(x)=+\infty;$$

相反地,若函数值为负且绝对值无限增大,则称函数是这个变化过程的负无穷大,记为

$$\lim_{\substack{x\to x_0\\(x\to\infty)}} f(x)=-\infty.$$

在定义中,只需把$|f(x)|>M$换成$f(x)>M$或$f(x)<-M$.

对于自变量的其他变化过程,如$x\to x_0^+$,$x\to+\infty$等,可相仿定义无穷大.

例如,由函数的图形我们知道一些函数的极限:

$\lim\limits_{x\to0}\dfrac{1}{x}=\infty$,$\lim\limits_{x\to\infty}x^n=\infty$,$\lim\limits_{x\to+\infty}a^x=+\infty(a>1)$,$\lim\limits_{x\to-\infty}a^x=+\infty(0<a<1)$,$\lim\limits_{x\to\frac{\pi}{2}^-}\tan x=+\infty$,$\lim\limits_{x\to\frac{\pi}{2}^+}\tan x=-\infty$,$\lim\limits_{x\to0^+}\ln x=-\infty$,等等. 它们都是常见的无穷大.

一般地,若$\lim\limits_{x\to x_0}f(x)=\infty$,则直线$x=x_0$是函数$y=f(x)$的图形的垂直渐近线.

例如直线$x=0$是$y=\dfrac{1}{x}$的图形的垂直渐近线,直线$x=\pm\dfrac{\pi}{2}$是$y=\tan x$的图形的垂直渐近线.

注　无穷大是一个可以任意大的变量,不是指某个很大的数,它和极限过程有关. 例如$f(x)=\dfrac{1}{x}$是$x\to0$时的无穷大,但当$x\to1$时就不是无穷大.

利用无穷小和无穷大的定义,易得无穷大和无穷小的关系:

定理 1.4.2　在自变量的同一变化过程中,

(1) 若$f(x)$为无穷大,则$\dfrac{1}{f(x)}$为无穷小;

(2) 若$f(x)$为无穷小,且$f(x)\neq0$,则$\dfrac{1}{f(x)}$为无穷大.

证　只证(2). 设$\lim\limits_{x\to x_0}f(x)=0$,且$f(x)\neq0$.

任给一个正数M,要使$\left|\dfrac{1}{f(x)}\right|>M$,只需$|f(x)|<\dfrac{1}{M}$. 取$\varepsilon=\dfrac{1}{M}$,由无穷小的定义,存在$\delta>0$,当$0<|x-x_0|<\delta$时,有$|f(x)|<\dfrac{1}{M}$,从而有

$$\left|\frac{1}{f(x)}\right|>M.$$

因此$\frac{1}{f(x)}$是$x\to x_0$时的无穷大．同理可证$x\to\infty$的情形．

例如，当$x\to 0$时，x^n是无穷小，则$\frac{1}{x^n}$是无穷大．当$x\to+\infty$时，x^n是无穷大，则$\frac{1}{x^n}$是无穷小．

例2　求极限$\lim\limits_{x\to 1}\frac{2x^2+x-1}{x-1}$.

解　因为$\lim\limits_{x\to 1}(x-1)=0$，故不能应用商的极限运算法则．但因为

$$\lim_{x\to 1}\frac{x-1}{2x^2+x-1}=\frac{1-1}{2+1-1}=0,$$

故由定理1.4.2得

$$\lim_{x\to 1}\frac{2x^2+x-1}{x-1}=\infty.$$

例3　求极限$\lim\limits_{x\to\infty}\frac{x^3-1}{2x^3-x-1}$.

解　用x^3去除分子和分母，然后取极限：

$$\lim_{x\to\infty}\frac{x^3-1}{2x^3-x-1}=\lim_{x\to\infty}\frac{1-\frac{1}{x^3}}{2-\frac{1}{x^2}-\frac{1}{x^3}}=\frac{1}{2},$$

这是因为

$$\lim_{x\to\infty}\frac{a}{x^n}=a\lim_{x\to\infty}\frac{1}{x^n}=a\left(\lim_{x\to\infty}\frac{1}{x}\right)^n=0.$$

例4　求极限$\lim\limits_{x\to\infty}\frac{x^2+1}{2x^4-1}$.

解　用x^4去除分子和分母，然后取极限：

$$\lim_{x\to\infty}\frac{x^2+1}{2x^4-1}=\lim_{x\to\infty}\frac{\frac{1}{x^2}+\frac{1}{x^4}}{2-\frac{1}{x^4}}=\frac{0}{2}=0.$$

一般地，对于有理分式函数有如下结论：当$a_n\neq 0, b_m\neq 0$，m和n为非负整数时，有

$$\lim_{x\to\infty}\frac{a_nx^n+a_{n-1}x^{n-1}+\cdots+a_1x+a_0}{b_mx^m+b_{m-1}x^{m-1}+\cdots+b_1x+b_0}=\begin{cases}\frac{a_n}{b_m}, & n=m,\\ 0, & n<m,\\ \infty, & n>m.\end{cases}$$

例5　求极限$\lim\limits_{x\to\infty}\frac{2x^4-1}{x^2+1}$.

解　因为$\lim\limits_{x\to\infty}\frac{x^2+1}{2x^4-1}=0$，所以根据定理1.4.2得

$$\lim_{x\to\infty}\frac{2x^4-1}{x^2+1}=\infty.$$

1.4.3 无穷小的比较

先看个例子．当 $x\to 0$ 时，$x,3x,x^2$ 都是无穷小，但它们趋于 0 的速度却不一样．列表比较，如表 1-3 所示．

表 1-3

x	1	0.5	0.1	0.01	0.001	…
$3x$	3	1.5	0.3	0.03	0.003	…
x^3	1	0.125	0.001	0.000 001	0.000 000 001	…

可以看到，上述无穷小趋于 0 的速度，x^3 最快，$3x$ 次之，x 最慢．但这只是直观的描述，为比较两个无穷小趋于 0 的速度，有必要引进无穷小阶的概念．

定义 1.4.3 设 α,β 是同一变化过程的两个无穷小，且 $\alpha\neq 0$，$\lim\dfrac{\beta}{\alpha}$ 也是在这个变化过程中的极限．

（1）若 $\lim\dfrac{\beta}{\alpha}=0$，则称 β 是比 α 高阶的无穷小，记为 $\beta=o(\alpha)$；若 $\lim\dfrac{\beta}{\alpha}=\infty$，则称 β 是比 α 低阶的无穷小．

（2）若 $\lim\dfrac{\beta}{\alpha}=c\neq 0$，则称 β 与 α 是同阶的无穷小．特别地，若 $\lim\dfrac{\beta}{\alpha}=1$，则称 β 与 α 是等价的无穷小，记为 $\alpha\sim\beta$.

（3）若 $\lim\dfrac{\beta}{\alpha^k}=c\neq 0,k>0$，则称 β 是关于 α 的 k 阶无穷小.

例如：因为 $\lim\limits_{x\to 0}\dfrac{x}{3x}=\dfrac{1}{3}$，所以当 $x\to 0$ 时，x 与 $3x$ 是同阶的无穷小，也就是 x 和 $3x$ 趋于 0 的速度差不多；而 $\lim\limits_{x\to 0}\dfrac{x^3}{x}=0$，所以当 $x\to 0$ 时，x^3 是比 x 高阶的无穷小，记为 $x^3=o(x)\,(x\to 0)$，即 x^3 趋于 0 的速度比 x 更快．

又如 $\lim\limits_{x\to 0}\dfrac{1-\cos x}{x^2}=\dfrac{1}{2}$，所以当 $x\to 0$ 时，$1-\cos x$ 是 x 的二阶无穷小．

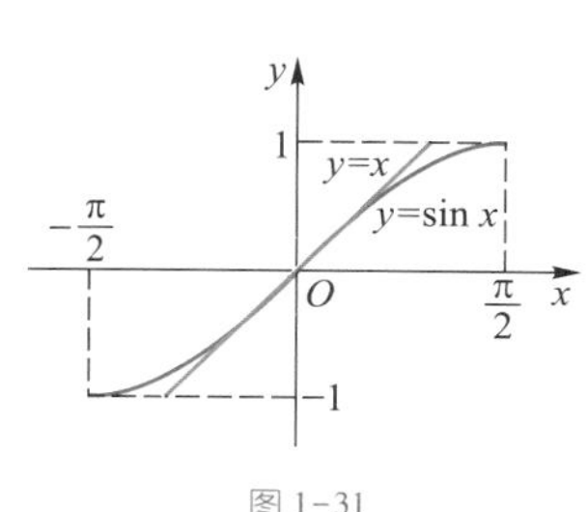

图 1-31

因为$\lim\limits_{x\to0}\dfrac{\sin x}{x}=1$，所以当 $x\to0$ 时，$\sin x$ 和 x 是等价的无穷小，记为 $\sin x\sim x(x\to0)$．从图形上看在 $x=0$ 附近，两者的图形十分接近（图 1-31）．

下面我们再给出一个等价无穷小的例子．

例 6 证明：当 $x\to0$ 时，$\sqrt[n]{1+x}-1\sim\dfrac{1}{n}x$．

证 应用公式

$$a^n-b^n=(a-b)(a^{n-1}+a^{n-2}b+a^{n-3}b^2+\cdots+ab^{n-2}+b^{n-1}),$$

将分子有理化得

例 6 用到了下式，它利用了极限运算法则、复合函数求极限的方法及上节例 5 的注：

$$\lim_{x\to0}\sqrt[n]{(1+x)^k}=(\lim_{x\to0}\sqrt[n]{1+x})^k=(\lim_{t\to1}\sqrt[n]{t})^k=1$$

$(k=n-1,n-2,\cdots,1)$

$$\begin{aligned}\lim_{x\to0}\frac{\sqrt[n]{1+x}-1}{\frac{1}{n}x}&=\lim_{x\to0}\frac{(\sqrt[n]{1+x})^n-1}{\frac{1}{n}x[\sqrt[n]{(1+x)^{n-1}}+\sqrt[n]{(1+x)^{n-2}}+\cdots+1]}\\&=\lim_{x\to0}\frac{n}{\sqrt[n]{(1+x)^{n-1}}+\sqrt[n]{(1+x)^{n-2}}+\cdots+1}\\&=\lim_{x\to0}\frac{n}{n}=1.\end{aligned}$$

定理 1.4.3 α 和 β 是等价无穷小的充分必要条件是

$$\beta=\alpha+o(\alpha).$$

证 先证必要性．设 $\alpha\sim\beta$，则

$$\lim\frac{\beta-\alpha}{\alpha}=\lim\left(\frac{\beta}{\alpha}-1\right)=\lim\frac{\beta}{\alpha}-1=1-1=0,$$

因此

$$\beta-\alpha=o(\alpha),$$

即

$$\beta=\alpha+o(\alpha).$$

注 若 $\beta=\alpha+o(\alpha)$，则称 α 是 β 的线性主部．

再证充分性．设 $\beta=\alpha+o(\alpha)$，则

$$\lim\frac{\beta}{\alpha}=\lim\frac{\alpha+o(\alpha)}{\alpha}=\lim\left(1+\frac{o(\alpha)}{\alpha}\right)=1,$$

因此 $\alpha\sim\beta$.

例如，因为 $\sin x\sim x(x\to0)$，所以可记为 $\sin x=x+o(x)(x\to0)$．

定理 1.4.4 设 $\alpha\sim\alpha'$，$\beta\sim\beta'$，且 $\lim\dfrac{\beta'}{\alpha'}$存在，则

$$\lim\frac{\beta}{\alpha}=\lim\frac{\beta'}{\alpha'}.$$

证

$$\begin{aligned}\lim\frac{\beta}{\alpha}&=\lim\left(\frac{\beta}{\beta'}\cdot\frac{\beta'}{\alpha'}\cdot\frac{\alpha'}{\alpha}\right)\\&=\lim\frac{\beta}{\beta'}\cdot\lim\frac{\beta'}{\alpha'}\cdot\lim\frac{\alpha'}{\alpha}=\lim\frac{\beta'}{\alpha'}.\end{aligned}$$

注 （1）求两个无穷小的商的极限时，为简化计算，应用该定理，分子、分母可以用简单的等价的无穷小来代替．

（2）当 $x\to0$ 时，已证的等价无穷小有

$$\sin x\sim x,\tan x\sim x,1-\cos x\sim\frac{1}{2}x^2,\ \sqrt[n]{1+x}-1\sim\frac{1}{n}x,$$

此外，常见的等价无穷小还有

$$\arcsin x\sim x,\arctan x\sim x,\ln(1+x)\sim x,\mathrm{e}^x-1\sim x,(1+x)^\alpha-1\sim\alpha x.$$

其中，最后一个是将 $(1+x)^n-1\sim nx\ (n\in\mathbf{N}^+)$ 推广到 $\alpha\in\mathbf{R}$. 它们将在下一节利用函数的连续性给予证明．

（3）一般地，若 $x\to0$ 时，有 $\varphi(x)\to0$，应用复合函数的极限运算法则有

$$\sin\varphi(x)\sim\varphi(x),$$

同理，其他等价无穷小也有类似的结果．

例 7 求极限 $\lim\limits_{x\to0}\dfrac{\sin mx}{\sin nx}(n\neq0)$.

解 因为当 $x\to0$ 时，有 $mx\to0$，$nx\to0$，从而有

$$\sin mx\sim mx,\quad \sin nx\sim nx,$$

所以

$$\lim_{x\to0}\frac{\sin mx}{\sin nx}=\lim_{x\to0}\frac{mx}{nx}=\frac{m}{n}.$$

例 8 求极限 $\lim\limits_{x\to0}\dfrac{\sqrt[3]{1+\sin^2x}-1}{x\tan x}$.

解 因为由 1.3 节习题 1 知 $\lim\limits_{x\to0}\sin x=\sin 0=0$，故当 $x\to0$ 时，$\sin^2x\to0$，从而 $\sqrt[3]{1+\sin^2x}-1\sim\dfrac{1}{3}\sin^2x$；同时 $\tan x\sim x$，因此 $x\tan x\sim x^2$，于是

$$\lim_{x\to0}\frac{\sqrt[3]{1+\sin^2x}-1}{x\tan x}=\lim_{x\to0}\frac{\frac{1}{3}\sin^2x}{x^2}=\frac{1}{3}\left(\lim_{x\to0}\frac{\sin x}{x}\right)^2=\frac{1}{3}.$$

例 9 求极限 $\lim\limits_{x\to0}\dfrac{\tan x-\sin x}{x^3}$.

注 等价无穷小代换时，只可以代换分子或分母的因子，不能对加减项进行代换．例如，本题中若分别对分子中的两个加项进行代换就会得到错误的结果：

$$\lim_{x\to0}\frac{\tan x-\sin x}{x^3}=\lim_{x\to0}\frac{x-x}{x^3}=0.$$

究其原因，在于当 $x\to0$ 时，$\tan x-\sin x$ 不等价于 $x-x$.

解　首先有

$$\lim_{x\to0}\frac{\tan x-\sin x}{x^3}=\lim_{x\to0}\frac{\sin x(1-\cos x)}{x^3\cos x}.$$

其次，当 $x\to0$ 时，$\sin x\sim x, 1-\cos x\sim\frac{1}{2}x^2$，所以

$$\lim_{x\to0}\frac{\tan x-\sin x}{x^3}=\lim_{x\to0}\frac{x\cdot\frac{1}{2}x^2}{x^3\cos x}=\frac{1}{2}\lim_{x\to0}\frac{1}{\cos x}=\frac{1}{2}.$$

习题 1-4

A 题

1. 函数 $y=\frac{1}{(x-1)^2}$ 与 $y=e^x$ 在什么变化过程中是无穷大？在什么变化过程中是无穷小？

2. 两个无穷小的商一定是无穷小吗？试举例说明．

3. 计算下列极限：

(1) $\lim\limits_{x\to1}\frac{x+2}{(x-1)^2}$；　(2) $\lim\limits_{x\to\infty}\frac{x^3+3x-2}{x^2+4}$；

(3) $\lim\limits_{x\to\infty}(x^2-7x+1)$；　(4) $\lim\limits_{x\to\infty}\frac{x^3+3x}{x^3-1}$；

(5) $\lim\limits_{x\to0}x^2\cos\frac{1}{x}$；　(6) $\lim\limits_{x\to\infty}\frac{\arctan x}{x}$.

4. 证明当 $x\to0$ 时，有

(1) $\arcsin x\sim x$；　(2) $\arctan x\sim x$.

5. 利用等价无穷小的性质，求下列极限：

(1) $\lim\limits_{x\to0}\frac{\ln(1+2x)}{\tan 3x}$；　(2) $\lim\limits_{x\to0}\frac{\sin x^n}{\sin^m x}$；

(3) $\lim\limits_{x\to0^+}\frac{\cos\sqrt{x}-1}{\arctan x}$；　(4) $\lim\limits_{x\to1}\frac{\sin(x^2-1)}{x-1}$；

(5) $\lim\limits_{x\to0}\frac{x(\sqrt{1+x^2}-1)}{\tan x-\sin x}$；　(6) $\lim\limits_{x\to0}\frac{\sqrt{\cos x}-1}{x\arcsin x}$；

(7) $\lim\limits_{x\to0}\frac{1-e^{x^2}}{\ln\cos x}$；　(8) $\lim\limits_{x\to\infty}2x(e^{\frac{1}{x}}-1)$.

B 题

1. 单项选择题

(1) (考研真题,2013 年数学二)设 $\cos x-1=x\sin\alpha(x)$,其中 $|\alpha(x)|<\frac{\pi}{2}$,则当 $x\to0$ 时,$\alpha(x)$ 是( ).

A. 比 x 高阶的无穷小　　B. 比 x 低阶的无穷小

C. 与 x 同阶但不等价的无穷小　　D. 与 x 等价的无穷小

(2) (考研真题,2013 年数学三)当 $x\to0$ 时,用"$o(x)$"表示比 x 高阶的无穷小,则下列式子中错误的是( ).

A. $xo(x^2)=o(x^3)$　　B. $o(x)\cdot o(x^2)=o(x^3)$

C. $o(x^2)+o(x^2)=o(x^2)$　　D. $o(x)+o(x^2)=o(x^2)$

(3) (考研真题,2007 年数学一)当 $x\to0^+$ 时,与$\sqrt{x}$等价的无穷小量是( ).

A. $1-e^{\sqrt{x}}$　　B. $\ln\frac{1+x}{1-\sqrt{x}}$

C. $\sqrt{1+\sqrt{x}}-1$　　D. $1-\cos\sqrt{x}$

(4) (考研真题,2001 年数学二)设当 $x\to0$ 时,$(1-\cos x)\ln(1+x^2)$ 是比$x\sin x^n$高阶的无穷小,$x\sin x^n$ 是比 $e^{x^2}-1$ 高阶的无穷小, 则正整数 n 等于( ).

A. 1　　B. 2

C. 3　　D. 4

2. 填空题

(1) (考研真题,2005 年数学二)当 $x\to0$ 时,$\alpha(x)=kx^2$ 与 $\beta(x)=\sqrt{1+x\arcsin x}-\sqrt{\cos x}$是等价无穷小,则 $k=$________.

(2) (考研真题,2005 年数学三)极限$\lim\limits_{x\to\infty}x\sin\frac{2x}{x^2+1}=$________.

(3) (考研真题,2003 年数学二)当 $x\to0$ 时,$(1-ax^2)^{\frac{1}{4}}-1$ 与 $x\sin x$ 是等价无穷小,则 $a=$________.

3. (考研真题,2009 年数学三)求极限$\lim\limits_{x\to0}\frac{e-e^{\cos x}}{\sqrt[3]{1+x^2}-1}$.

4. (考研真题,2006 年数学一)求极限$\lim\limits_{x\to0}\frac{x\ln(1+x)}{1-\cos x}$.

1.5　连续函数

PPT 课件 1-5
连续函数

在自然界中有许多事物,例如气温、压力、物体运动的路程等,都是随着时间连续变化而发生变化的,即当时间变化很微小时,事物的变化也很微小,这种现象反映在数学上就是函数的连续性. 它是微积分中一个重要的概念.

1.5.1　函数的连续性

首先观察图 1-4 和图 1-18,可以看到函数 $y=\sin x$ 的图形是一条连续的曲线,而函数 $y=\operatorname{sgn} x$ 的图形在 $x=0$ 处断开了. 由此我们说 $y=\sin x$ 是连续的函数,而 $y=\operatorname{sgn} x$ 在 $x=0$ 处是间断的. 但究竟如何刻画连续,单看图形是不行的,因为许多函数是无法用图形表示的. 我们注意到,对函数 $y=\sin x$ 曲线上的任一点 $(x_0,\sin x_0)$ 而言,x 从左右两侧越接近 x_0,两侧的函数值 $\sin x$ 越接近 $\sin x_0$,直至最后在 $x=x_0$ 处左右两侧的曲线"连接"起来,这个无限接近的过程用极限的方法来刻画就是 $\sin x_0$ 恰好就是 $\sin x$ 在 $x\to x_0$ 时极限值. 而函数 $y=\operatorname{sgn} x$ 在 $x=0$ 处就没有这种性质.

因此我们可以用极限来描述连续的确切定义. 下面先给出函数在一点连续的概念.

定义 1.5.1　设函数 $y=f(x)$ 在点 x_0 的某一个邻域内有定义,若

$$\lim_{x\to x_0}f(x)=f(x_0), \tag{1-4}$$

则称函数 $f(x)$ 在点 x_0 处连续.

上述定义用"$\varepsilon-\delta$"语言表述如下:

$f(x)$ 在点 x_0 处连续 $\Leftrightarrow \forall\varepsilon>0$,$\exists\delta>0$,当 $|x-x_0|<\delta$ 时,有 $|f(x)-f(x_0)|<\varepsilon$.

注　(1) 因为 $x\to x_0$ 包含 $x\to x_0^+$ 与 $x\to x_0^-$,所以式(1-4)实际包含

$$\lim_{x\to x_0^-}f(x)=\lim_{x\to x_0^+}f(x)=f(x_0).$$

(2) 函数在 x_0 处连续和存在极限 A 的 $\varepsilon-\delta$ 定义不同在于

$$|x-x_0|<\delta \quad 与 \quad 0<|x-x_0|<\delta,$$

后者不一定要求 $f(x)$ 在 x_0 处有定义,而前者要求一定要有定义. 于是有

$$|f(x)-f(x_0)|<\varepsilon$$

与

$$|f(x)-A|<\varepsilon$$

的不同,即后者的极限值可以是别的值 A,而前者的极限值一定是函数值 $f(x_0)$.

为应用方便起见,函数的连续性也可以通过改变量(或称增量)来定义.

将自变量的差 $x-x_0$ 称为自变量在 x_0 处的改变量,记为 Δx;相应地函数值的差 $f(x)-f(x_0)$ 称为函数在 x_0 处的改变量,记为 Δy,如图 1-32 所示. 即

$$\Delta x=x-x_0,\Delta y=f(x)-f(x_0).$$

Δx 可正可负，当 Δx 为正时，自变量从 x_0 变到 x 是增大的；当 Δx 为负时，自变量从 x_0 变到 x 是减小的.

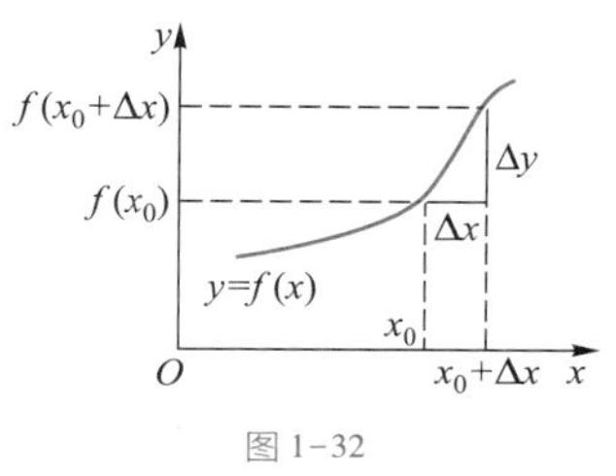

图 1-32

设 $x=x_0+\Delta x$，则 $f(x)=f(x_0+\Delta x)$. 当 $x\to x_0$ 时，有 $\Delta x\to 0$，从而

$$\lim_{x\to x_0}f(x)=f(x_0)\Leftrightarrow\lim_{x\to x_0}[f(x)-f(x_0)]=0$$
$$\Leftrightarrow\lim_{\Delta x\to 0}[f(x_0+\Delta x)-f(x_0)]=0$$
$$\Leftrightarrow\lim_{\Delta x\to 0}\Delta y=0.$$

于是得到函数在一点连续的等价定义：

定义 1.5.2 设函数 $y=f(x)$ 在点 x_0 的某一个邻域内有定义，若

$$\lim_{\Delta x\to 0}\Delta y=\lim_{\Delta x\to 0}[f(x_0+\Delta x)-f(x_0)]=0,$$

则称函数 $f(x)$ 在点 x_0 连续.

下面说明左连续和右连续的概念.

若 $\lim\limits_{x\to x_0^-}f(x)=f(x_0)$，则称 $y=f(x)$ 在点 x_0 处左连续，若 $\lim\limits_{x\to x_0^+}f(x)=f(x_0)$，则称 $y=f(x)$ 在点 x_0 处右连续.

根据函数极限存在的充要条件，可以得到：

函数 $y=f(x)$ 在点 x_0 处连续 $\Leftrightarrow$ 函数 $y=f(x)$ 在点 x_0 处左连续且右连续.

若函数 $y=f(x)$ 在区间上每一点都连续，则称 $f(x)$ 是该区间上的连续函数，或者说函数在该区间上连续. 如果区间包含端点，那么函数在右端点连续是指左连续，在左端点连续是指右连续.

连续函数的图形是一条连续而不间断的曲线.

对于多项式函数 $P(x)$ 和有理分式函数 $F(x)=\dfrac{P(x)}{Q(x)}$，由定理 1.3.5 推论 3 与推论 4 知，

$$\lim_{x\to x_0}P(x)=P(x_0),$$
$$\lim_{x\to x_0}\frac{P(x)}{Q(x)}=\frac{P(x_0)}{Q(x_0)}\quad(Q(x_0)\neq 0),$$

所以它们在其定义域内是连续的. 又如由 1.3 节的例 5 知函数 $y=\sqrt{x}$ 在定义域内也是连续的.

例 1 证明函数 $y=\sin x$ 在区间 $(-\infty,+\infty)$ 内是连续的.

证 设 x 是区间 $(-\infty,+\infty)$ 内任意一点，当 x 取得改变量 Δx 时，对应函数的改变量是 $\Delta y=\sin(x+\Delta x)-\sin x$. 因为

$$\sin(x+\Delta x)-\sin x=2\sin\frac{\Delta x}{2}\cos\left(x+\frac{\Delta x}{2}\right),$$

同时

$$\left|\cos\left(x+\frac{\Delta x}{2}\right)\right|\leqslant 1,$$

于是得到

$$|\Delta y|=|\sin(x+\Delta x)-\sin x|\leqslant 2\left|\sin\frac{\Delta x}{2}\right|.$$

因为对任意的角度 α，当 $\alpha\neq 0$ 时有 $|\sin\alpha|<|\alpha|$，所以

$$0\leqslant|\Delta y|=|\sin(x+\Delta x)-\sin x|<2\cdot\frac{|\Delta x|}{2}=|\Delta x|.$$

同理可证函数 $y=\cos x$ 在区间 $(-\infty,+\infty)$ 内是连续的.

故当 $\Delta x\to 0$ 时，由夹逼定理知 $|\Delta y|\to 0$，从而 $\Delta y\to 0$，即函数在 x 处连续．由 x 的任意性得到 $y=\sin x$ 在 $(-\infty,+\infty)$ 内连续．

例 2 讨论绝对值函数

$$y=|x|=\begin{cases}x, & x\geqslant 0,\\ -x, & x<0\end{cases}$$

在 $x=0$ 处的连续性．

解 因为

$$\lim_{x\to 0^-}|x|=\lim_{x\to 0^-}(-x)=0,\quad \lim_{x\to 0^+}|x|=\lim_{x\to 0^+}x=0,$$

从而

$$\lim_{x\to 0}|x|=0=y(0),$$

所以 $y=|x|$ 在 $x=0$ 处连续(图 1-5).

微视频 1-6 函数的间断点

1.5.2 函数的间断点

由定义 1.5.1 知函数 $f(x)$ 在点 x_0 连续必须同时满足以下三个条件：

(1) $f(x)$ 在点 x_0 有定义；

(2) $\lim\limits_{x\to x_0}f(x)$ 存在；

(3) $\lim\limits_{x\to x_0}f(x)=f(x_0)$.

上述三个条件有任何一个得不到满足，都会造成函数 $f(x)$ 在点 x_0 不连续，这时将点 x_0 称为函数 $f(x)$ 的不连续点或间断点．

设 x_0 是函数 $y=f(x)$ 的间断点，按函数在 x_0 处左、右两侧极限是否存

在的情形，将间断点分为两类：

1. 第一类间断点

若 x_0 的左、右两侧极限 $f(x_0^+)$，$f(x_0^-)$ 都存在，则称 x_0 是第一类间断点．它又分为两种情形：

（1）若 $f(x_0^+)=f(x_0^-)$，即 $\lim\limits_{x\to x_0}f(x)$ 存在，但 $\lim\limits_{x\to x_0}f(x)\neq f(x_0)$ 或 $f(x_0)$ 无定义，因为可以通过改变或重新定义 $f(x)$ 在 x_0 处的值使它等于 $f(x)$ 在这点的极限，这样新的函数在 x_0 就连续了，所以称 x_0 是可去间断点．

（2）若 $f(x_0^+)\neq f(x_0^-)$，即 $\lim\limits_{x\to x_0}f(x)$ 不存在，这时称 x_0 是跳跃间断点．

2. 第二类间断点

若 x_0 的左、右两侧极限 $f(x_0^+)$，$f(x_0^-)$ 至少有一个不存在，则称 x_0 是第二类间断点．它包含振荡间断点以及无穷间断点，其中若 $f(x_0^+)=\infty$，$f(x_0^-)=\infty$ 至少有一个成立，则称 x_0 是无穷间断点．

例 3　讨论函数 $y=\dfrac{x^3-1}{x-1}$ 的间断点及其类型．

解　因为函数在 $x=1$ 处没有定义，所以 $x=1$ 是间断点．又因为 $\lim\limits_{x\to 1}\dfrac{x^3-1}{x-1}=3$，即极限存在，所以 $x=1$ 是第一类间断点中的可去间断点（图 1-33）．

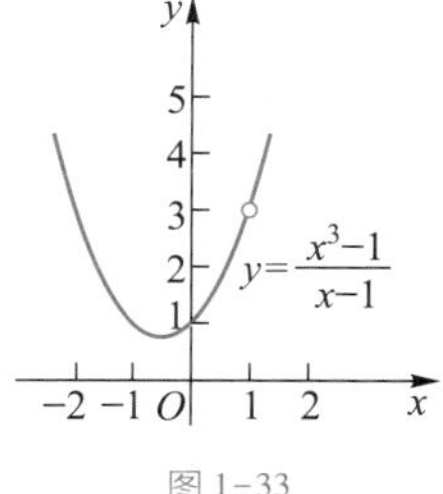

图 1-33

注　通过补充定义，令

$$f(x)=\begin{cases}\dfrac{x^3-1}{x-1}, & x\neq 1,\\ 3, & x=1,\end{cases}$$

则函数 $f(x)$ 在 $x=1$ 处连续．

若

$$f(x)=\begin{cases}\dfrac{x^3-1}{x-1}, & x\neq 1,\\ 2, & x=1,\end{cases}$$

则 $f(x)$ 在 $x=1$ 处有定义，但是

$$\lim_{x\to 1}f(x)=3\neq f(1)=2,$$

所以这时 $x=1$ 仍是可去间断点．同样只要将 $f(1)=2$ 改为 $f(1)=3$，所得

函数便在 $x=1$ 连续了.

例 4 讨论函数

$$f(x)=\begin{cases} x\sin\dfrac{1}{x}, & x>0, \\ 1+x^2, & x\leqslant 0 \end{cases}$$

的间断点及类型.

注 符号函数 $\operatorname{sgn} x$ 的间断点是 $x=0$，也是跳跃间断点；取整函数 $y=[x]$ 的间断点是所有的整数点，均为跳跃间断点（图 1-6）.

解 因为

$$f(0^+)=\lim_{x\to0^+}x\sin\frac{1}{x}=0,\quad f(0^-)=\lim_{x\to0^-}(1+x^2)=1,$$

从而 $f(0^+)\neq f(0^-)$，所以 $x=0$ 是第一类间断点中的跳跃间断点.

例 5 讨论函数 $y=\tan x$ 在 $x=\dfrac{\pi}{2}$ 处的连续性.

解 因为 $\lim\limits_{x\to\frac{\pi}{2}}\tan x=\infty$，所以 $x=\dfrac{\pi}{2}$ 是第二类间断点中的无穷间断点（图 1-19）.

例 6 讨论函数 $y=\sin\dfrac{1}{x}$ 在点 $x=0$ 处的连续性.

注 又如狄利克雷函数 $f(x)=\begin{cases}1, & x\in\mathbf{Q},\\ 0, & x\notin\mathbf{Q},\end{cases}$ 任意点 x 都是振荡间断点.

解 由 1.3 节例 12 知 $\lim\limits_{x\to0}\sin\dfrac{1}{x}$ 不存在，且当 $x\to0$ 时，函数值在 -1 和 $+1$ 之间变动无限多次，所以 $x=0$ 是第二类间断点中的振荡间断点（图 1-28）.

1.5.3 连续函数的运算和初等函数的连续性

1. 连续函数的运算法则

定理 1.5.1 设函数 $f(x)$ 和 $g(x)$ 在点 x_0 连续，则函数 $f(x)\pm g(x)$，$f(x)\cdot g(x)$，$\dfrac{f(x)}{g(x)}$（当 $g(x_0)\neq0$ 时）在点 x_0 也连续.

由连续的定义和极限的运算法则可证本定理. 例如

$$\lim_{x\to x_0}[f(x)\pm g(x)]=\lim_{x\to x_0}f(x)\pm\lim_{x\to x_0}g(x)=f(x_0)\pm g(x_0).$$

例 7 $\sin x$ 和 $\cos x$ 都在区间 $(-\infty,+\infty)$ 内连续，而

$$\tan x=\frac{\sin x}{\cos x},\cot x=\frac{\cos x}{\sin x},\sec x=\frac{1}{\cos x},\csc x=\frac{1}{\sin x},$$

由定理 1.5.1 知 $\tan x,\cot x,\sec x,\csc x$ 在它们的定义域内是连续的.

定理 1.5.2(反函数的连续性)　如果函数 $f(x)$ 在区间 I_x 上严格单调增加(或严格单调减少)且连续,那么它的反函数 $x=f^{-1}(y)$ 也在对应的区间 $I_y=\{y\mid y=f(x),x\in I_x\}$ 上严格单调增加(或严格单调减少)且连续.

本定理证明从略.

例 8　因为 $y=\sin x$ 在区间 $\left[-\dfrac{\pi}{2},\dfrac{\pi}{2}\right]$ 上严格单调增加且连续,所以它的反函数 $y=\arcsin x$ 在区间 $[-1,1]$ 上也是严格单调增加且连续的. 同理 $y=\arccos x$ 在区间 $[-1,1]$ 上也是严格单调减少且连续,$y=\arctan x$ 在区间 $(-\infty,+\infty)$ 内严格单调增加且连续,$y=\operatorname{arccot} x$ 在区间 $(-\infty,+\infty)$ 内严格单调减少且连续.

总之,反三角函数 $\arcsin x,\arccos x,\arctan x,\operatorname{arccot} x$ 在它们的定义域内都是连续的.

定理 1.5.3　设函数 $y=f[g(x)]$ 由函数 $y=f(u)$ 与函数 $u=g(x)$ 复合而成. 若 $\lim\limits_{x\to x_0}g(x)=u_0$,而函数 $y=f(u)$ 在 u_0 处连续,则

$$\lim_{x\to x_0}f[g(x)]=\lim_{u\to u_0}f(u)=f(u_0). \tag{1-5}$$

证　作代换 $u=g(x)$,则 $x\to x_0$ 时,有 $u\to u_0$;又 $y=f(u)$ 在点 $u=u_0$ 连续,所以

$$\lim_{x\to x_0}f[g(x)]=\lim_{u\to u_0}f(u)=f(u_0).$$

进一步,如果内层函数 $u=g(x)$ 在 x_0 处连续,那么复合函数 $f[g(x)]$ 在 x_0 处连续,即我们有

定理 1.5.4(复合函数的连续性)　设函数 $y=f[g(x)]$ 由函数 $y=f(u)$ 与函数 $u=g(x)$ 复合而成,$u=g(x)$ 在 x_0 处连续,且 $u_0=g(x_0)$. 若函数 $y=f(u)$ 在 u_0 处连续,则复合函数 $y=f[g(x)]$ 在点 x_0 处连续,即

$$\lim_{x\to x_0}f[g(x)]=f(u_0)=f[g(x_0)].$$

例 9　求极限 $\lim\limits_{x\to\infty}\left(1+\dfrac{1}{x}\right)^{\frac{x}{2}}$.

解　$y=\left(1+\dfrac{1}{x}\right)^{\frac{x}{2}}$ 可看成 $y=\sqrt{u}$ 和 $u=\left(1+\dfrac{1}{x}\right)^{x}$ 复合而成,因为

$$\lim_{x\to\infty}\left(1+\frac{1}{x}\right)^{x}=\mathrm{e},$$

注　(1)式(1-5)可写成 $\lim\limits_{x\to x_0}f[g(x)]=f[\lim\limits_{x\to x_0}g(x)]$. 即求复合函数 $f[g(x)]$ 的极限时,连续函数符号 f 与极限号可以交换次序,这将给极限的计算带来很大的方便.

(2)把定理中的 $x\to x_0$ 换成 $x\to\infty$,可得类似的定理.

而函数 $y=\sqrt{u}$ 在点 $u=\mathrm{e}$ 处连续，所以由定理 1.5.3 得到

$$\lim_{x\to\infty}\left(1+\frac{1}{x}\right)^{\frac{x}{2}}=\sqrt{\lim_{x\to\infty}\left(1+\frac{1}{x}\right)^{x}}=\sqrt{\mathrm{e}}.$$

例 10　讨论函数 $y=\sin\dfrac{1}{x}$ 的连续性.

解　$y=\sin\dfrac{1}{x}$ 可看成 $y=\sin u$ 和 $u=\dfrac{1}{x}$ 复合而成. $\dfrac{1}{x}$ 在区间 $(-\infty,0)\cup(0,+\infty)$ 内连续，$\sin u$ 在区间 $(-\infty,+\infty)$ 内连续，根据定理 1.5.4 知 $y=\sin\dfrac{1}{x}$ 在 $(-\infty,0)\cup(0,+\infty)$ 内连续.

2. 初等函数的连续性

在前面我们已经证明了三角函数及反三角函数在它们的定义域内是连续的.

类似可以证明指数函数 $y=a^x(a>0$ 且 $a\neq1)$ 对于一切实数 x 都有定义，且在区间 $(-\infty,+\infty)$ 内是单调和连续的，它的值域是 $(0,+\infty)$.

由指数函数的单调性和连续性，应用定理 1.5.2 可得它的反函数——对数函数 $y=\log_a x(a>0$ 且 $a\neq1)$ 在定义域 $(0,+\infty)$ 内是连续的.

幂函数 $y=x^\mu$ 在定义域内随 μ 的值而异，但无论 μ 为何值，在区间 $(0,+\infty)$ 内幂函数总有定义.

例 11　证明函数 $y=x^\mu$ 在 $(0,+\infty)$ 内是连续的.

证　设 $x>0$，则

$$y=x^\mu=a^{\log_a x^\mu}=a^{\mu\log_a x},$$

即 x^μ 可看成由 $y=a^u$，$u=\mu\log_a x$ 这两个连续函数复合而成的，根据定理 1.5.4 得到 x^μ 在 $(0,+\infty)$ 内是连续的.

如果对于 μ 取各种不同值分别讨论，可以证明（证明从略）幂函数在它的定义域内是连续的.

由上面讨论可得到如下结论：基本初等函数在它们的定义域内都是连续的. 根据初等函数的定义，基本初等函数的连续性以及连续函数的运算性质（定理 1.5.1 和定理 1.5.4）可得到下列重要结论：

一切初等函数在其定义区间内都是连续的. 所谓定义区间，就是包

含在定义域内的区间.

3. 初等函数连续性在求函数极限中的应用

若 x_0 是初等函数 $f(x)$ 的定义区间内的点,则 $f(x)$ 在 x_0 处连续,即有

$$\lim_{x\to x_0} f(x)=f(x_0).$$

例 12 求极限 $\lim\limits_{x\to 3}\dfrac{\ln(1+x)}{x^2-2x}$.

解 因为 $x=3$ 是初等函数 $f(x)=\dfrac{\ln(1+x)}{x^2-2x}$ 的一个定义区间 $(2,+\infty)$ 内的点,所以

$$\lim_{x\to 3}\frac{\ln(1+x)}{x^2-2x}=\frac{\ln(1+3)}{3^2-2\times 3}=\frac{\ln 4}{3}.$$

若 x_0 不是初等函数 $f(x)$ 的定义区间内的点,则不能直接利用初等函数的连续性,见以下例子.

例 13 求极限 $\lim\limits_{x\to 0}\dfrac{\sqrt{1+x}-1}{x}$.

解 将分子有理化,并消去产生的公因式 x,再利用初等函数的连续性,即得

$$\begin{aligned}\lim_{x\to 0}\frac{\sqrt{1+x}-1}{x}&=\lim_{x\to 0}\frac{(\sqrt{1+x}-1)(\sqrt{1+x}+1)}{x(\sqrt{1+x}+1)}\\&=\lim_{x\to 0}\frac{x}{x(\sqrt{1+x}+1)}\\&=\lim_{x\to 0}\frac{1}{\sqrt{1+x}+1}=\frac{1}{\sqrt{1+0}+1}=\frac{1}{2}.\end{aligned}$$

例 14 求极限 $\lim\limits_{x\to 0}\dfrac{\log_a(1+x)}{x}$.

解 因为

$$\frac{\log_a(1+x)}{x}=\log_a(1+x)^{\frac{1}{x}},$$

而函数 $\log_a(1+x)^{\frac{1}{x}}$ 可看成由 $\log_a u$ 与 $u=(1+x)^{\frac{1}{x}}$ 复合而成. 因为对数函数是连续的,所以应用定理 1.5.3 交换对数函数符号和极限号,得到

注　当 $a=\mathrm{e}$ 时，有 $\lim\limits_{x\to0}\frac{\ln(1+x)}{x}=1$.

$$\lim_{x\to0}\frac{\log_a(1+x)}{x}=\lim_{x\to0}\log_a(1+x)^{\frac{1}{x}}$$

$$=\log_a\lim_{x\to0}(1+x)^{\frac{1}{x}}=\log_a\mathrm{e}=\frac{\ln \mathrm{e}}{\ln a}=\frac{1}{\ln a}.$$

例 15　求极限 $\lim\limits_{x\to0}\frac{a^x-1}{x}$.

注　由例 15 知，$\lim\limits_{x\to0}\frac{a^x-1}{x\ln a}=1$，特别地，$\lim\limits_{x\to0}\frac{\mathrm{e}^x-1}{x}=1$.

解　利用变量替换，令 $a^x-1=t$，则 $x=\log_a(1+t)$；当 $x\to0$ 时，$t\to0$，于是

$$\lim_{x\to0}\frac{a^x-1}{x}=\lim_{t\to0}\frac{t}{\log_a(1+t)}=\lim_{t\to0}\frac{1}{\frac{\log_a(1+t)}{t}}=\ln a.$$

例 16　求极限 $\lim\limits_{x\to0}\frac{(1+x)^\alpha-1}{\alpha x}(\alpha\in\mathbf{R})$.

解　令 $(1+x)^\alpha-1=t$，则 $x=\mathrm{e}^{\frac{1}{\alpha}\ln(1+t)}-1$，且当 $x\to0$ 时 $t\to0$. 于是有

$$\lim_{x\to0}\frac{(1+x)^\alpha-1}{\alpha x}=\lim_{t\to0}\frac{t}{\alpha\left[\mathrm{e}^{\frac{1}{\alpha}\ln(1+t)}-1\right]},$$

由于 $t\to0$ 时，$\frac{1}{\alpha}\ln(1+t)\to0$，故

$$\mathrm{e}^{\frac{1}{\alpha}\ln(1+t)}-1\sim\frac{1}{\alpha}\ln(1+t),$$

应用等价无穷小代换，得到

$$\lim_{x\to0}\frac{(1+x)^\alpha-1}{\alpha x}=\lim_{t\to0}\frac{t}{\alpha\left[\frac{1}{\alpha}\ln(1+t)\right]}=1.$$

注　例 17 中三个 lim 都表示自变量在同一变化过程中的极限.

例 17　证明对于幂指函数 $y=u(x)^{v(x)}(u(x)>0,u(x)\neq1)$，如果 $\lim u(x)=a>0,\lim v(x)=b$，那么有

$$\lim u(x)^{v(x)}=a^b.$$

证　应用复合函数的连续性得

$$\lim u(x)^{v(x)}=\lim \mathrm{e}^{\ln u(x)^{v(x)}}=\lim \mathrm{e}^{v(x)\ln u(x)}=\mathrm{e}^{\lim(v(x)\ln u(x))}$$

$$=\mathrm{e}^{\lim v(x)\cdot\lim\ln u(x)}=\mathrm{e}^{b\cdot\ln\lim u(x)}$$

$$=\mathrm{e}^{b\ln a}=a^b.$$

例 18　求极限 $\lim\limits_{x\to\infty}\left(\frac{2x+3}{2x+1}\right)^{x+1}$.

解　注意到

$$\lim_{x\to\infty}\frac{2x+3}{2x+1}=1,\lim_{x\to\infty}(x+1)=\infty,$$

故不能直接应用例 17 的结论. 因为

$$\left(\frac{2x+3}{2x+1}\right)^{x+1}=\left(1+\frac{2}{2x+1}\right)^{\frac{2x+1}{2}\cdot\frac{2x+2}{2x+1}}=\left[\left(1+\frac{2}{2x+1}\right)^{\frac{2x+1}{2}}\right]^{\frac{2x+2}{2x+1}},$$

而

$$\lim_{x\to\infty}\left(1+\frac{2}{2x+1}\right)^{\frac{2x+1}{2}}=\lim_{t\to0}(1+t)^{\frac{1}{t}}=\mathrm{e},\quad \lim_{x\to\infty}\frac{2x+2}{2x+1}=1,$$

所以

$$\lim_{x\to\infty}\left(\frac{2x+3}{2x+1}\right)^{x+1}=\lim_{x\to\infty}\left[\left(1+\frac{2}{2x+1}\right)^{\frac{2x+1}{2}}\right]^{\frac{2x+2}{2x+1}}=\mathrm{e}^1=\mathrm{e}.$$

本节我们证得三个常用的等价无穷小：当 $x\to0$ 时,

$$\ln(1+x)\sim x;\mathrm{e}^x-1\sim x;(1+x)^{\alpha}-1\sim\alpha x.$$

1.5.4 闭区间上连续函数的性质

微视频 1－7
连续函数的性质

定义 1.5.3 如果函数 $y=f(x)$ 在开区间 (a,b) 内连续,在右端点 b 左连续,在左端点 a 右连续,那么就称函数 $f(x)$ 在闭区间 $[a,b]$ 上连续.

闭区间上的连续函数具有一些重要性质. 从几何上看,这些性质都十分明显,现不加证明地介绍如下：

定理 1.5.5(有界性定理) 在闭区间上连续的函数一定在该区间上有界.

即如果函数 $y=f(x)$ 在闭区间 $[a,b]$ 上连续,那么存在常数 $M>0$,使得对任意一点 $x\in[a,b]$,满足 $|f(x)|\leqslant M$.

对于区间 I 上有定义的函数 $f(x)$,若存在 $x_0\in I$,使得

$$f(x)\leqslant f(x_0)\quad (f(x)\geqslant f(x_0)),\quad \forall x\in I,$$

则称 $f(x_0)$ 是函数 $f(x)$ 在区间 I 上的最大值(最小值). 最大值与最小值统称最值.

注 函数的最大（小）值和函数的上、下界概念不同之处在于，最大（小）值要求是函数在某点的值，而上、下界不要求是某点的值. 最大（小）值一定是函数的上（下）界之一，而上（下）界却不一定是最大（小）值.

定理 1.5.6(最大值和最小值定理) 在闭区间上连续的函数在该区间上一定能取得它的最大值和最小值.

换句话说,如果函数 $y=f(x)$ 在闭区间 $[a,b]$ 上连续,那么至少有两点 $\xi_1,\xi_2\in[a,b]$,使得对 $[a,b]$ 内的一切 x,有 $f(\xi_1)\leqslant f(x)\leqslant f(\xi_2)$(图 1-34).

注 若函数在开区间内连续,或者函数在闭区间上有间断点,则函数

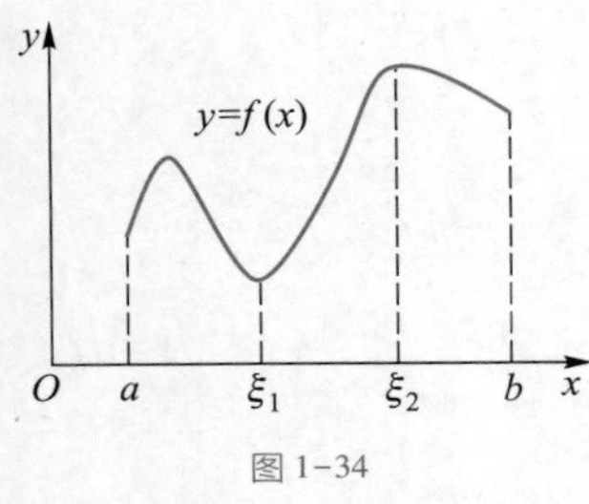

图 1-34

在该区间未必有界,也未必有最值．例如函数 $y=\tan x$ 在 $\left(-\frac{\pi}{2},\frac{\pi}{2}\right)$ 内连续,但它在 $\left(-\frac{\pi}{2},\frac{\pi}{2}\right)$ 内是无界的,也没有最大值和最小值．又如函数

$$f(x)=\begin{cases}\frac{1}{x}, & x\in[-1,0)\cup(0,1],\\ 0, & x=0,\end{cases}$$

在闭区间 $[-1,1]$ 上有无穷间断点 $x=0$,它在 $[-1,1]$ 上无界,也没有最大值和最小值．所以要使结论成立,闭区间和连续两者缺一不可．

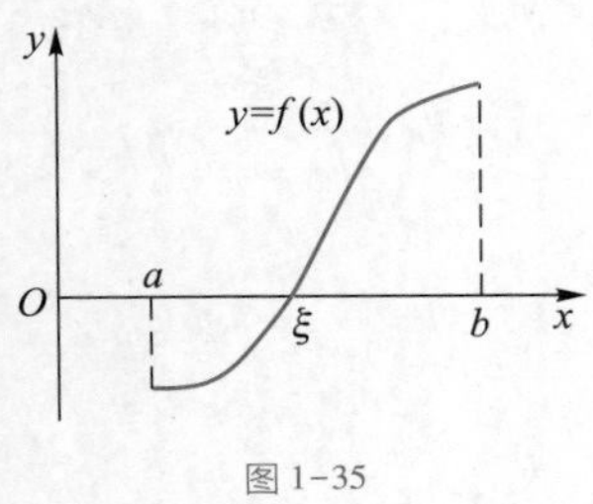

图 1-35

定理 1.5.7(零点存在定理)　设函数 $y=f(x)$ 在闭区间 $[a,b]$ 上连续,且 $f(a)$ 与 $f(b)$ 异号,那么在开区间 (a,b) 内至少有一点 ξ,使 $f(\xi)=0$(图 1-35).

满足 $f(x)=0$ 的点 ξ 称为函数 $f(x)$ 的零点．从几何上看,若连续曲线 $y=f(x)$ 的两个端点分别位于 x 轴的两侧,则这段曲线与 x 轴至少有一个交点．

定理 1.5.8(介值定理)　设函数 $y=f(x)$ 在闭区间 $[a,b]$ 上连续,且在这区间的端点取不同的函数值 $f(a)=A$ 及 $f(b)=B$,那么对于 A 与 B 之间的任意一个数 C,在开区间 (a,b) 内至少有一点 ξ,使得 $f(\xi)=C$.

定理 1.5.8 的几何意义是：连续曲线 $y=f(x)$ 与数 A 和数 B 之间的任一条水平直线 $y=C$ 至少有一个交点(图 1-36).

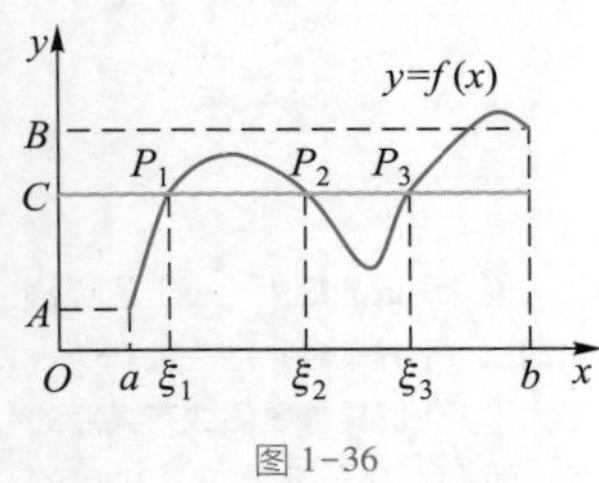

图 1-36

证　构造辅助函数,设 $\varphi(x)=f(x)-C$,则 $\varphi(x)$ 在闭区间 $[a,b]$ 上连续,且 $\varphi(a)=A-C$ 与 $\varphi(b)=B-C$ 异号(C 在 A 与 B 之间),所以由零点定理知,在开区间 (a,b) 内至少有一点 ξ,使 $\varphi(\xi)=0$. 而 $\varphi(\xi)=f(\xi)-C$,于是得到

$$f(\xi)=C(a<\xi<b).$$

推论　在闭区间上连续的函数必取得介于最大值 M 与最小值 m 之间的任何值．

设 $m=f(x_1)$,$M=f(x_2)$,$m\neq M$,在闭区间 $[x_1,x_2]$(或 $[x_2,x_1]$)上使用介值定理,即可推得．

零点存在定理常用于判断方程有无根及根存在的区间,举例如下：

例 19　证明方程 $x^3+3x^2-1=0$ 在区间 $(0,1)$ 内至少有一个根．

证　函数 $f(x)=x^3+3x^2-1$ 在闭区间 $[0,1]$ 上连续．又 $f(0)=-1<0$, $f(1)=3>0$,故根据零点定理,在 $(0,1)$ 内至少有一点 ξ,使得 $f(\xi)=0$,即

$$\xi^3+3\xi^2-1=0\quad(0<\xi<1).$$

因此方程 $x^3+3x^2-1=0$ 在区间 $(0,1)$ 内至少有一个根是 ξ.

习题 1-5

A 题

1. 证明函数 $y=\cos x$ 在 $(-\infty,+\infty)$ 内是连续函数.

2. 设函数

$$f(x)=\begin{cases}1-x^2, & 0\leqslant x\leqslant 1,\\ x-1, & 1<x\leqslant 2,\end{cases}$$

试讨论 $f(x)$ 在 $x=1$ 处的连续性,并画出图形.

3. 设函数

$$f(x)=\begin{cases}\dfrac{\ln\cos(x-1)}{\sin^2(x-1)}, & x\neq 1,\\ 1, & x=1,\end{cases}$$

问函数 $f(x)$ 在 $x=1$ 处是否连续?若不连续,改变函数在 $x=1$ 处的定义,使之连续.

4. 求下列函数间断点,并指出间断点的类型:

(1) $y=\dfrac{x^2-4}{x^2+5x+6}$;　　(2) $y=\dfrac{x}{\tan x}$;

(3) $y=\cos^2\dfrac{1}{x}$;　　(4) $y=\dfrac{2}{e^{\frac{1}{x}}-e}$;

(5) $y=\dfrac{x}{\ln x}$;　　(6) $y=\operatorname{sgn}|x|$.

5. 证明当 $x\to 0$ 时有 $\sec x-1\sim\dfrac{x^2}{2}$.

6. 求下列函数的极限:

(1) $\lim\limits_{x\to-2}\sqrt{\dfrac{x^2-5x}{2-x}}$;　　(2) $\lim\limits_{x\to e}\dfrac{\arcsin^2\ln x}{x-1}$;

(3) $\lim\limits_{x\to 0}\dfrac{\sqrt{1+x}-\sqrt{1-x}}{\tan x}$;　　(4) $\lim\limits_{x\to+\infty}\sqrt{x^2+x}-\sqrt{x^2-x}$;

（5）$\lim\limits_{x\to a}\dfrac{\sin x-\sin a}{x-a}$；　　（6）$\lim\limits_{x\to 0}(1+5x)^{\frac{2}{\sin x}}$；

（7）$\lim\limits_{x\to\infty}\left(\dfrac{3+x}{6+x}\right)^{\frac{x-1}{2}}$；　　（8）$\lim\limits_{x\to 0}\left(\dfrac{a^x+b^x+c^x}{3}\right)^{\frac{1}{x}}$　$(a>0,b>0,c>0)$.

7. 证明下列方程在指定区间内至少有一实根.

（1）$\sin x+x+1=0,\left(-\dfrac{\pi}{2},\dfrac{\pi}{2}\right)$；

（2）$3x-2^x=0,(0,1)$.

8. 设函数 $f(x)$ 在 $[0,1]$ 上连续，并且对 $[0,1]$ 上的任一点有 $0\leqslant f(x)\leqslant 1$，求证：在 $[0,1]$ 上一定存在一点 ξ，使得 $\xi=f(\xi)$（ξ 称为函数 $f(x)$ 的不动点）.

B 题

1. 单项选择题

（1）（考研真题，2000 年数学二）设函数 $f(x)=\dfrac{x}{a+\mathrm{e}^{bx}}$ 在 $(-\infty,+\infty)$ 内连续且 $\lim\limits_{x\to-\infty}f(x)=0$，则常数 a,b 满足（　　）.

A. $a<0,b<0$　　B. $a>0,b>0$

C. $a\leqslant 0,b>0$　　D. $a\geqslant 0,b<0$

（2）（考研真题，2010 年数学一）极限 $\lim\limits_{x\to\infty}\left[\dfrac{x^2}{(x-a)(x+b)}\right]^x=$（　　）.

A. 1　　B. e

C. e^{a-b}　　D. e^{b-a}

（3）（考研真题，2004 年数学三）设 $f(x)$ 在 $(-\infty,+\infty)$ 内有定义，且 $\lim\limits_{x\to\infty}f(x)=a$，

$$g(x)=\begin{cases} f\left(\dfrac{1}{x}\right), & x\neq 0,\\ 0, & x=0,\end{cases}$$

则（　　）.

A. $x=0$ 必为 $g(x)$ 的第一类间断点

B. $x=0$ 必为 $g(x)$ 的第二类间断点

C. $x=0$ 必为 $g(x)$ 的连续点

D. $g(x)$ 在点 $x=0$ 处的连续性与 a 的取值有关

（4）（考研真题，2007 年数学二）函数 $f(x)=\dfrac{(\mathrm{e}^{\frac{1}{x}}+\mathrm{e})\tan x}{x(\mathrm{e}^{\frac{1}{x}}-\mathrm{e})}$ 在 $[-\pi,\pi]$ 上的第一类间断点是 $x=$（　　）.

A. 0　　B. 1

C. $-\frac{\pi}{2}$　　D. $\frac{\pi}{2}$

(5)(考研真题,2009年数学二)函数$f(x)=\frac{x-x^3}{\sin \pi x}$的可去间断点个数为(　　).

A. 1　　B. 2

C. 3　　D. 无穷多个

(6)(考研真题,2004年数学三)函数$f(x)=\frac{|x|\sin (x-2)}{x(x-1)(x-2)^2}$在下列哪个区间内有界(　　).

A. $(-1,0)$　　B. $(0,1)$

C. $(1,2)$　　D. $(2,3)$

(7)(考研真题,2015年数学二)函数$f(x)=\lim\limits_{t\to 0}\left(1+\frac{\sin t}{x}\right)^{\frac{x^2}{t}}$在$(-\infty,+\infty)$内(　　).

A. 连续　　B. 有可去间断点

C. 有跳跃间断点　　D. 有无穷间断点

(8)(考研真题,2020年数学二)函数$f(x)=\frac{e^{\frac{1}{x-1}}\ln(x+1)}{(e^x-1)(x-2)}$的第二类间断点的个数为(　　).

A. 1　　B. 2

C. 3　　D. 4

2. (考研真题,2002年数学二)设函数

$$f(x)=\begin{cases}\dfrac{1-e^{\tan x}}{\arcsin \dfrac{x}{2}}, & x>0,\\ ae^{2x}, & x\leqslant 0\end{cases}$$

在$x=0$处连续,求a的值.

3. (考研真题,2004年数学三)若$\lim\limits_{x\to 0}\frac{\sin x}{e^x-a}(\cos x-b)=5$,求$a,b$.

4. (考研真题,2001年数学二)求极限$\lim\limits_{t\to x}\left(\frac{\sin t}{\sin x}\right)^{\frac{x}{\sin t-\sin x}}$,设此极限为$f(x)$,求$f(x)$的间断点并指出其类型.

5. (考研真题,2003年数学一)求极限$\lim\limits_{x\to 0}(\cos x)^{\frac{1}{\ln(1+x^2)}}$.

6.（考研真题，2012年数学二）(1) 证明方程 $x^n+x^{n-1}+\cdots+x=1$（$n>1$ 的整数），在区间 $\left(\frac{1}{2},1\right)$ 内有且仅有一个实根.

(2) 记(1)中实根为 x_n，证明 $\lim\limits_{n\to\infty}x_n$ 存在，并求此极限.

本章学习要点

1. 理解函数的概念，掌握函数的定义域、函数值的求法及函数的表示方法；掌握函数的奇偶性、单调性、周期性和有界性.

2. 理解复合函数、分段函数、反函数及隐函数的概念. 掌握函数复合过程的分析.

3. 掌握基本初等函数的性质及其图形，会建立简单应用问题中的函数关系式.

4. 理解数列极限和函数极限的概念，理解函数左极限与右极限的概念以及极限存在与左、右极限之间的关系. 掌握分段函数在分段点处极限的讨论法，掌握极限的性质及四则运算法则.

5. 掌握极限存在的两个重要判定定理，会利用它们求极限，会用两个重要极限求函数的极限.

6. 理解无穷小、无穷大的概念及两者之间的联系，掌握无穷小的比较方法，会用等价无穷小求极限.

7. 理解函数连续性的概念（含左连续与右连续），会求函数的间断点类型.

8. 理解连续函数的性质和初等函数的连续性，理解闭区间上连续函数的性质（最值、有界性、介值定理和零点存在定理），并会应用这些性质.

网上更多……　第1章自测A题
第1章自测B题
第1章综合练习A题
第1章综合练习B题

第 2 章　导数和微分

微分学是微积分的重要组成部分,导数和微分是其中两个基本概念．在极限的基础上,导数的概念刻画了物体的瞬时变化率,微分的概念刻画了瞬时的变化量,它们是紧密相连的．本章主要介绍导数和微分的概念,并讨论它们的运算法则,导数的应用将在第 3 章讨论．

2.1　导数的概念

2.1.1　引例

下面给出两个历史上关于导数概念形成的经典例子．

数学史 2－1
导数的产生背景

1．变速直线运动的瞬时速度

设某质点作变速直线运动,其位置 s 与时间 t 的关系是 $s=f(t)$,求其在某一时刻 t_0 的瞬时速度 $v(t_0)$．

PPT 课件 2－1
导数的概念

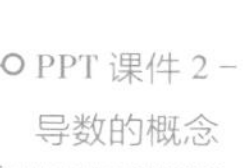

首先在 t_0 时刻给时间 t 一个增量 Δt,则质点在时间间隔 $[t_0,t_0+\Delta t]$ 中所走的路程是 $f(t_0+\Delta t)-f(t_0)$,记为 Δs,从而质点在此时间间隔内的平均速度

微视频 2－1
导数的定义

$$\bar{v}=\frac{\Delta s}{\Delta t}=\frac{f(t_0+\Delta t)-f(t_0)}{\Delta t}.$$

时间增量 Δt 越小,平均速度越接近瞬时速度．为得到精确值,需要利用极限的方法．若 $\Delta t\to 0$ 时,$\frac{\Delta s}{\Delta t}$ 的极限存在,则这个极限值就是质点在 t_0 时刻的瞬时速度,即

$$v(t_0)=\lim_{\Delta t\to 0}\frac{\Delta s}{\Delta t}=\lim_{\Delta t\to 0}\frac{f(t_0+\Delta t)-f(t_0)}{\Delta t}. \tag{2-1}$$

2. 曲线切线的斜率

设曲线 C 的方程是 $y=f(x)$,求曲线上一点 $P(x_0,y_0)$ 的切线的斜率.

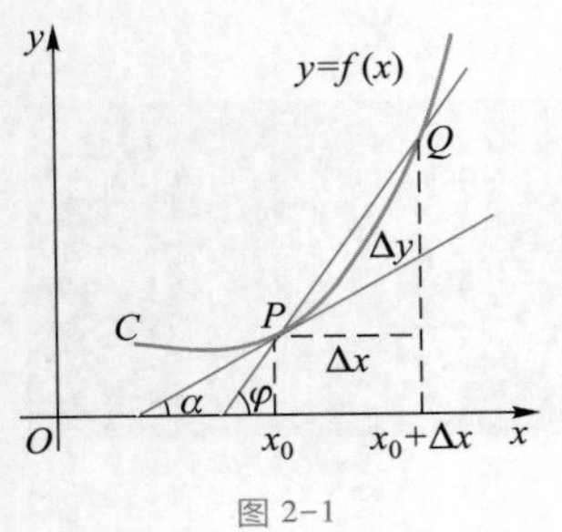

图 2-1

曲线 C 在点 P 处的切线就是过此点的割线 PQ 当点 Q 沿曲线无限趋近点 P 时的极限位置,如图 2-1 所示. 故切线的斜率是与割线的斜率相联系的. 设点 Q 的坐标是 $(x_0+\Delta x,y_0+\Delta y)$,其中 $\Delta x\neq 0$, $\Delta y=f(x_0+\Delta x)-f(x_0)$,则割线 PQ 的斜率 k' 是

$$k'=\tan\varphi=\frac{\Delta y}{\Delta x}=\frac{f(x_0+\Delta x)-f(x_0)}{\Delta x},$$

其中 φ 是割线 PQ 的倾斜角.

显然 $|\Delta x|$ 越小,则割线的斜率越接近切线的斜率. 利用极限的方法,若 $\Delta x\to 0$ 时,$\frac{\Delta y}{\Delta x}$ 的极限存在,则这个极限值就是曲线在点 P 处的切线斜率 k. 设切线在 $P(x_0,y_0)$ 的倾斜角为 α,则有

$$k=\tan\alpha=\lim_{\Delta x\to 0}\frac{\Delta y}{\Delta x}=\lim_{\Delta x\to 0}\frac{f(x_0+\Delta x)-f(x_0)}{\Delta x}. \tag{2-2}$$

于是,过点 P 的切线方程是

$$y-f(x_0)=k(x-x_0).$$

2.1.2 导数的定义

1. 函数在一点的导数、单侧导数和导函数

上述两个例子虽然实际意义不同,但是(2-1)与(2-2)的数学结构完全相同,都是函数的改变量与自变量的改变量之比,即函数的平均变化率的极限. 在自然科学和工程技术领域内,还有许多概念,例如电流强度、比热、密度等问题都可以归结为上述的数学形式,于是就有如下的导数概念:

定义 2.1.1 设函数 $y=f(x)$ 在点 x_0 的某个邻域 $U(x_0)$ 内有定义. 当自变量 x 在点 x_0 处取得改变量 Δx $(x_0+\Delta x\in U(x_0))$ 时,相应函数的改变量是 $\Delta y=f(x_0+\Delta x)-f(x_0)$. 如果当 $\Delta x\to 0$ 时,极限

$$\lim_{\Delta x\to 0}\frac{\Delta y}{\Delta x}=\lim_{\Delta x\to 0}\frac{f(x_0+\Delta x)-f(x_0)}{\Delta x}$$

存在,那么称函数 $f(x)$ 在点 x_0 处可导,并称此极限值为函数 $f(x)$ 在点 x_0

处的导数，记为$f'(x_0)$，即

$$f'(x_0)=\lim_{\Delta x\to 0}\frac{\Delta y}{\Delta x}=\lim_{\Delta x\to 0}\frac{f(x_0+\Delta x)-f(x_0)}{\Delta x},\tag{2-3}$$

也可记作$y'\big|_{x=x_0}$，$\left.\dfrac{\mathrm{d}y}{\mathrm{d}x}\right|_{x=x_0}$，或$\left.\dfrac{\mathrm{d}f(x)}{\mathrm{d}x}\right|_{x=x_0}$.

函数$f(x)$在点x_0处可导，也称函数$f(x)$在点x_0处具有导数或者导数存在.

从导数的定义可以看出，导数实际是一个极限，而极限存在的充分必要条件是左、右极限存在且相等，由此得到单侧导数的概念.

定义 2.1.2 若单侧极限

$$\lim_{\Delta x\to 0^-}\frac{f(x_0+\Delta x)-f(x_0)}{\Delta x} \quad 或 \quad \lim_{\Delta x\to 0^+}\frac{f(x_0+\Delta x)-f(x_0)}{\Delta x}$$

存在，则称函数$f(x)$在点x_0处左可导或右可导，其单侧极限称为函数$f(x)$在点x_0处的左导数或右导数，记作$f'_-(x_0)$或$f'_+(x_0)$，即

$$f'_-(x_0)=\lim_{\Delta x\to 0^-}\frac{f(x_0+\Delta x)-f(x_0)}{\Delta x},$$

$$f'_+(x_0)=\lim_{\Delta x\to 0^+}\frac{f(x_0+\Delta x)-f(x_0)}{\Delta x}.$$

左导数和右导数统称为单侧导数. 从而有

定理 2.1.1 函数$f(x)$在点x_0处可导的充分必要条件是左导数$f'_-(x_0)$和右导数$f'_+(x_0)$存在且相等.

定义 2.1.3 若函数$y=f(x)$在开区间I的每一点都可导，则称函数$f(x)$在区间I内可导.

若函数$y=f(x)$在开区间I内可导，则对任一$x\in I$都存在唯一的导数$f'(x)$与之对应，从而构成了一个新的函数，这个函数就称为函数$y=f(x)$的导函数，也简称导数，记作y'，$f'(x)$，$\dfrac{\mathrm{d}y}{\mathrm{d}x}$或$\dfrac{\mathrm{d}f(x)}{\mathrm{d}x}$. 即

$$y'=f'(x)=\lim_{\Delta x\to 0}\frac{\Delta y}{\Delta x}=\lim_{\Delta x\to 0}\frac{f(x+\Delta x)-f(x)}{\Delta x}\quad (x\in I).$$

2. 求导数举例

下面利用导函数的定义求一些基本函数的导函数.

注 (1) 按导数的定义，引例中质点在时刻t_0的瞬时速度$v(t_0)$就是路程函数$s=f(t)$在t_0处的导数，即$v(t_0)=f'(t_0)$；曲线$y=f(x)$在点P处切线的斜率k就是函数$y=f(x)$在点x_0的导数$f'(x_0)$，即$k=f'(x_0)$.

(2) 导数的定义（2-3）也可取不同的形式，常见的有令$h=\Delta x$，

$$f'(x_0)=\lim_{h\to 0}\frac{f(x_0+h)-f(x_0)}{h};\tag{2-4}$$

和令$x=x_0+\Delta x$，

$$f'(x_0)=\lim_{x\to x_0}\frac{f(x)-f(x_0)}{x-x_0}.\tag{2-5}$$

(3) 对函数$y=f(x)$而言，$\dfrac{\Delta y}{\Delta x}$是其在间隔$\Delta x$上的平均变化率，而导数$f'(x_0)=\lim\limits_{\Delta x\to 0}\dfrac{\Delta y}{\Delta x}$则是函数在点$x_0$的瞬时变化率，它反映了因变量随自变量的变化而变化的快慢程度，是函数变化率的精确描述.

(4) 若极限（2-3）不存在，则称函数$y=f(x)$在点x_0处不可导. 特别地，如果$\lim\limits_{\Delta x\to 0}\dfrac{\Delta y}{\Delta x}=\infty$，习惯上也称此函数在点$x_0$处的导数为无穷大.

注 (1) 函数$f(x)$在点x_0的导数$f'(x_0)$是导函数$f'(x)$在点$x=x_0$处的函数值，即

$$f'(x_0)=f'(x)\big|_{x=x_0}.$$

(2) 若函数$f(x)$在开区间(a,b)内可导，且$f'_+(a)$和$f'_-(b)$都存在，则称函数$f(x)$在闭区间$[a,b]$上可导.

例1 求函数$f(x)=C$(C为常数)的导数.

解 因

$$\Delta y=f(x+\Delta x)-f(x)=C-C=0,$$

故$\dfrac{\Delta y}{\Delta x}=\dfrac{0}{\Delta x}=0$,从而

$$\lim_{\Delta x\to 0}\frac{\Delta y}{\Delta x}=0,$$

即

$$(C)'=0.$$

例2 求函数$f(x)=x^n(n\in\mathbf{N}^+)$的导数.

解 因为

$$\begin{aligned}\Delta y&=f(x+\Delta x)-f(x)=(x+\Delta x)^n-x^n\\&=x^n+nx^{n-1}(\Delta x)+\frac{n(n-1)}{2}x^{n-2}(\Delta x)^2+\cdots+(\Delta x)^n-x^n\\&=nx^{n-1}(\Delta x)+\frac{n(n-1)}{2}x^{n-2}(\Delta x)^2+\cdots+(\Delta x)^n,\end{aligned}$$

从而

$$\lim_{\Delta x\to 0}\frac{\Delta y}{\Delta x}=\lim_{\Delta x\to 0}\frac{nx^{n-1}(\Delta x)+\dfrac{n(n-1)}{2}x^{n-2}(\Delta x)^2+\cdots+(\Delta x)^n}{\Delta x}=nx^{n-1},$$

即

$$(x^n)'=nx^{n-1}.$$

一般地,对于幂函数$y=x^{\mu}$(μ是常数),有

$$(x^{\mu})'=\mu x^{\mu-1}.$$

由此,可以方便地求得幂函数的导数,例如:

$$(x)'=1,(x^2)'=2x;$$

$$\left(\frac{1}{x}\right)'=(x^{-1})'=-x^{-2}=-\frac{1}{x^2};$$

$$(\sqrt{x})'=(x^{\frac{1}{2}})'=\frac{1}{2}x^{\frac{1}{2}-1}=\frac{1}{2\sqrt{x}}.$$

例3 求函数$f(x)=\sin x$的导数.

解 因为

$$\Delta y=f(x+\Delta x)-f(x)=\sin(x+\Delta x)-\sin x=2\cos\left(x+\frac{\Delta x}{2}\right)\sin\frac{\Delta x}{2},$$

所以

$$\lim_{\Delta x\to 0}\frac{\Delta y}{\Delta x}=\lim_{\Delta x\to 0}\cos\left(x+\frac{\Delta x}{2}\right)\cdot\frac{\sin\dfrac{\Delta x}{2}}{\dfrac{\Delta x}{2}}=\cos x,$$

即

$$(\sin x)'=\cos x.$$

用类似的方法可求得

$$(\cos x)'=-\sin x.$$

例4 求函数$f(x)=a^x(a>0,a\neq 1)$的导数.

解 因为

$$\Delta y=f(x+\Delta x)-f(x)=a^{x+\Delta x}-a^{x}=a^{x}(a^{\Delta x}-1),$$

所以

$$\lim_{\Delta x\to 0}\frac{\Delta y}{\Delta x}=\lim_{\Delta x\to 0}a^{x}\cdot\frac{a^{\Delta x}-1}{\Delta x}=a^{x}\ln a,$$

即

$$(a^{x})'=a^{x}\ln a.$$

这里我们用到了 1.5 节的例 14 和例 15 的结果，特别地，当 $a=\mathrm{e}$ 时，有

$$(\mathrm{e}^{x})'=\mathrm{e}^{x}.$$

例 5 求函数 $f(x)=\log_a x(a>0,a\neq 1)$ 的导数．

解 因为

$$\Delta y=f(x+\Delta x)-f(x)=\log_a(x+\Delta x)-\log_a x=\log_a\left(1+\frac{\Delta x}{x}\right),$$

所以

$$\begin{aligned}\lim_{\Delta x\to 0}\frac{\Delta y}{\Delta x}&=\lim_{\Delta x\to 0}\frac{\log_a\left(1+\frac{\Delta x}{x}\right)}{\Delta x}=\lim_{\Delta x\to 0}\log_a\left[\left(1+\frac{\Delta x}{x}\right)^{\frac{x}{\Delta x}}\right]^{\frac{1}{x}}\\&=\frac{1}{x}\log_a\lim_{\Delta x\to 0}\left[\left(1+\frac{\Delta x}{x}\right)^{\frac{x}{\Delta x}}\right]=\frac{1}{x}\cdot\log_a\mathrm{e}=\frac{1}{x\ln a},\end{aligned}$$

即

$$(\log_a x)'=\frac{1}{x\ln a}.$$

特别地，若 $a=\mathrm{e}$，则 $(\ln x)'=\frac{1}{x}$.

例 6 求函数 $f(x)=\frac{1}{\sqrt[3]{x}}$ 在 $x=2$ 处的导数．

解 因为

$$f'(x)=\left(\frac{1}{\sqrt[3]{x}}\right)'=(x^{-\frac{1}{3}})'=-\frac{1}{3}\cdot x^{-\frac{4}{3}},$$

从而

$$f'(2)=f'(x)\big|_{x=2}=-\frac{1}{3}x^{-\frac{4}{3}}\Big|_{x=2}=-\frac{1}{3\sqrt[3]{16}}.$$

例 7 求函数 $f(x)=|x|$ 在 $x=0$ 处的导数．

解 因为在 $x=0$ 处，给自变量一个改变量 Δx，对应的函数改变量是

$$\Delta y=f(0+\Delta x)-f(0)=|0+\Delta x|-|0|=|\Delta x|,$$

$$\frac{\Delta y}{\Delta x}=\frac{|\Delta x|}{\Delta x}.$$

当 $\Delta x>0$ 时，$\frac{|\Delta x|}{\Delta x}=1$，故 $\lim\limits_{\Delta x\to 0^+}\frac{|\Delta x|}{\Delta x}=1$；

当 $\Delta x<0$ 时，$\frac{|\Delta x|}{\Delta x}=-1$，故 $\lim\limits_{\Delta x\to 0^-}\frac{|\Delta x|}{\Delta x}=-1$.

所以，$f'(0)=\lim\limits_{\Delta x\to 0}\frac{\Delta y}{\Delta x}$ 不存在，即函数 $f(x)=|x|$ 在 $x=0$ 处不可导.

注 (1) 例7函数 $f(x)=|x|$ 是分段函数，即

$$f(x)=\begin{cases}x, & x\geqslant 0,\\ -x, & x<0,\end{cases}$$

$x=0$ 是分段点，故利用导数定义求导.

(2) 例7中函数 $f(x)=|x|$ 在 $x=0$ 处的左、右导数存在，即 $f'_-(0)=-1$，$f'_+(0)=1$，但不相等，故函数 $f(x)=|x|$ 在 $x=0$ 处不可导.

3. 导数的几何意义

由引例中切线问题的分析知，函数 $y=f(x)$ 在 $x=x_0$ 处的导数 $f'(x_0)$ 的几何意义就是曲线 $y=f(x)$ 在点 x_0 处的切线的斜率，因此得到曲线 $y=f(x)$ 在点 $(x_0,f(x_0))$ 处的切线方程是

$$y-y_0=f'(x_0)(x-x_0).$$

如果函数 $y=f(x)$ 在 $x=x_0$ 处的导数是无穷大，这时曲线 $y=f(x)$ 的割线的极限位置就是垂直于 x 轴的直线 $x=x_0$，即曲线 $y=f(x)$ 在点 $(x_0,f(x_0))$ 处的切线是垂直于 x 轴的直线 $x=x_0$.

过切点 $(x_0,f(x_0))$ 且与切线垂直的直线叫作曲线 $y=f(x)$ 在点 $(x_0,f(x_0))$ 处的法线. 若 $f'(x_0)\neq 0$，则法线的斜率是 $-\frac{1}{f'(x_0)}$，从而法线方程是

$$y-y_0=-\frac{1}{f'(x_0)}(x-x_0).$$

例6中函数 $f(x)=\frac{1}{\sqrt[3]{x}}$ 在 $x=2$ 处的导数就是曲线 $f(x)=\frac{1}{\sqrt[3]{x}}$ 在点 $\left(2,\frac{1}{\sqrt[3]{2}}\right)$ 处的切线的斜率，故曲线在该点的切线方程是

$$y-\frac{1}{\sqrt[3]{2}}=-\frac{1}{3\sqrt[3]{16}}(x-2),$$

法线方程是

$$y-\frac{1}{\sqrt[3]{2}}=3\sqrt[3]{16}(x-2).$$

例 7 中函数 $f(x)=|x|$ 的几何图形是一条折线，如图 1-5 所示．它在 $x=0$ 不可导的几何意义是此折线在点 $(0,0)$ 处不存在切线．

4. 函数的可导性与连续性的关系

例 6、例 7 中的函数分别在 $x=2$，$x=0$ 处连续，但是一个函数在 $x=2$ 处可导，一个函数在 $x=0$ 处不可导，由此得到函数在一点连续却不一定在该点可导．反之，如果函数在一点可导，它是否在这点连续呢？

设函数 $y=f(x)$ 在点 x_0 处可导，则给 x_0 一个改变量 Δx，有

$$f'(x_0)=\lim_{\Delta x\to 0}\frac{\Delta y}{\Delta x}$$

存在．因此

$$\lim_{\Delta x\to 0}\Delta y=\lim_{\Delta x\to 0}\left(\frac{\Delta y}{\Delta x}\cdot\Delta x\right)=\lim_{\Delta x\to 0}\frac{\Delta y}{\Delta x}\cdot\lim_{\Delta x\to 0}\Delta x=f'(x_0)\cdot 0=0,$$

从而 $y=f(x)$ 在点 x_0 处连续．

定理 2.1.2　如果函数 $y=f(x)$ 在点 x_0 处可导，那么 $f(x)$ 在点 x_0 处连续.

例 8　讨论函数 $f(x)=\sqrt[3]{x}$ 在点 $x=0$ 处的连续性和可导性．

解　函数 $y=f(x)=\sqrt[3]{x}$ 在区间 $(-\infty,+\infty)$ 内连续，故在点 $x=0$ 处连续．但在点 $x=0$ 处

$$\lim_{\Delta x\to 0}\frac{f(0+\Delta x)-f(0)}{\Delta x}=\lim_{\Delta x\to 0}\frac{\sqrt[3]{\Delta x}-0}{\Delta x}=\lim_{\Delta x\to 0}\frac{1}{(\Delta x)^{\frac{2}{3}}}=+\infty,$$

即导数是无穷大，故函数在此点的导数不存在．

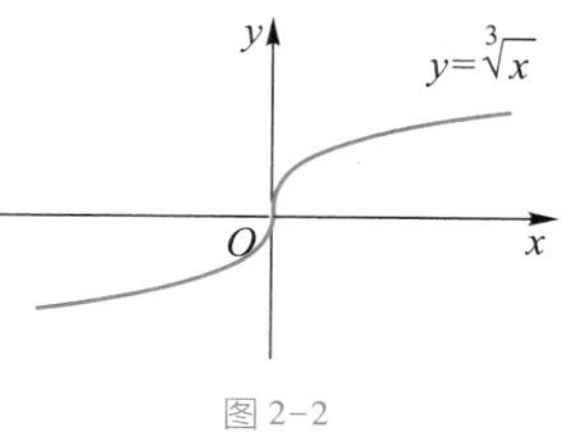

图 2-2

如图 2-2 所示，曲线 $y=f(x)=\sqrt[3]{x}$ 在原点 O 具有垂直于 x 轴的切线 $x=0$（y 轴）.

例 9　讨论函数 $f(x)=\begin{cases}x\sin\dfrac{1}{x}, & x\neq 0,\\ 0, & x=0\end{cases}$ 在 $x=0$ 处的可导性和连续性（图 2-3）.

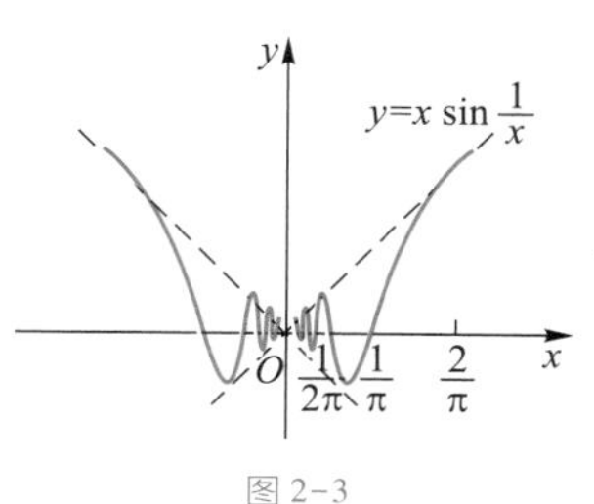

图 2-3

解　因为 $\sin\dfrac{1}{x}$ 是有界函数，故

$$\lim_{x\to 0}f(x)=\lim_{x\to 0}x\sin\frac{1}{x}=0=f(0),$$

所以函数$f(x)$在$x=0$处连续.

又由于$x=0$是分段点，故利用导数的定义讨论. 因为

$$\lim_{\Delta x\to 0}\frac{f(0+\Delta x)-f(0)}{\Delta x}=\lim_{\Delta x\to 0}\frac{(\Delta x)\sin\dfrac{1}{\Delta x}-0}{\Delta x}=\lim_{\Delta x\to 0}\sin\frac{1}{\Delta x}$$

不存在,所以函数$f(x)$在$x=0$处不可导.

习题 2-1

A 题

1. 按定义求函数$y=x^3$在$x=1$的导数.

2. 下列各题中均假设$f'(x_0)$存在,按照导数定义观察下列极限,指出A表示什么.

(1) $\lim\limits_{\Delta x\to 0}\dfrac{f(x_0-\Delta x)-f(x_0)}{\Delta x}=A$;

(2) $\lim\limits_{x\to 0}\dfrac{f(x)}{x}=A$,其中$f(0)=0$,且$f'(0)$存在;

(3) $\lim\limits_{h\to 0}\dfrac{f(x_0+h)-f(x_0-h)}{h}=A$.

3. 如果$f(x)$为偶函数,且$f'(0)$存在,证明$f'(0)=0$.

4. 求下列函数的导数:

(1) $y=\sqrt[3]{x}$;　　(2) $y=\dfrac{1}{\sqrt{x}}$;

(3) $y=\sqrt{x\sqrt{x}}$;　　(4) $y=\dfrac{x^2\sqrt[3]{x^2}}{\sqrt[5]{x}}$.

5. 已知物体的运动规律为$s=t^3$,求该物体在$t=2$的速度.

6. 求曲线$y=\cos x$在点$(0,1)$处的切线方程和法线方程.

7. 在曲线$y=\ln x$上求一点,使得曲线在该点处的切线平行于直线$y=x-1$.

8. 试证明:在双曲线$xy=a^2$上任一点处的切线与两坐标轴构成的三角形的面积都等于定值$2a^2$.

9. 求下列函数在点$x=0$的单侧导数:

(1) $f(x)=\begin{cases}x^2, & x\geqslant 0,\\ -x, & x<0;\end{cases}$　　(2) $f(x)=\begin{cases}x\arctan\dfrac{1}{x}, & x\neq 0,\\ 0, & x=0;\end{cases}$

(3) $f(x)=\begin{cases}\dfrac{x}{1+\mathrm{e}^{\frac{1}{x}}}, & x\neq 0,\\ 0, & x=0.\end{cases}$

10. 设函数 $f(x)=\begin{cases}\sin x, & x<0,\\ x, & x\geqslant 0,\end{cases}$ 求 $f'(x)$.

11. 讨论下列函数在指定点处的连续性与可导性：

(1) $f(x)=\begin{cases}\dfrac{\sin(x-1)}{x-1}, & x\neq 1,\\ 0, & x=1\end{cases}$ 在 $x=1$ 处；

(2) $f(x)=\begin{cases}x^2\sin\dfrac{1}{x}, & x\neq 0,\\ 0, & x=0\end{cases}$ 在 $x=0$ 处；

(3) $y=|\sin x|$ 在 $x=0$ 处.

12. 设函数

$$f(x)=\begin{cases}x^2, & x\leqslant 1,\\ ax+b, & x>1,\end{cases}$$

问 a,b 取何值时，函数 $f(x)$ 在 $x=1$ 处可导.

B 题

1. 单项选择题

(1)（考研真题，2012 年数学一）设函数 $y(x)=(\mathrm{e}^x-1)(\mathrm{e}^{2x}-2)\cdots(\mathrm{e}^{nx}-n)$，其中 n 为正整数，则 $y'(0)=$（　　）.

A. $(-1)^{n-1}(n-1)!$　　B. $(-1)^{n}(n-1)!$

C. $(-1)^{n-1}n!$　　D. $(-1)^{n}n!$

(2)（考研真题，2007 年数学一）设函数 $f(x)$ 在 $x=0$ 处连续，下列命题错误的是（　　）.

A. 若 $\lim\limits_{x\to 0}\dfrac{f(x)}{x}$ 存在，则 $f(0)=0$

B. 若 $\lim\limits_{x\to 0}\dfrac{f(x)+f(-x)}{x}$ 存在，则 $f(0)=0$

C. 若 $\lim\limits_{x\to 0}\dfrac{f(x)}{x}$ 存在，则 $f'(0)$ 存在

D. 若 $\lim\limits_{x\to 0}\dfrac{f(x)-f(-x)}{x}$ 存在，则 $f'(0)$ 存在

(3)（考研真题，2011 年数学二）已知函数 $f(x)$ 在 $x=0$ 处可导，且 $f(0)=0$，则

$\lim\limits_{x\to 0}\dfrac{x^2f(x)-2f(x^2)}{x^2}=(\quad)$.

A. $-2f'(0)$ B. $-f'(0)$ C. $f'(0)$ D. 0

(4)（考研真题,2020年数学一）设函数$f(x)$在区间$(-1,1)$内有定义,且$\lim\limits_{x\to 0}f(x)=0$,则（　　）.

A. 当$\lim\limits_{x\to 0}\dfrac{f(x)}{\sqrt{|x|}}=0$时,$f(x)$在$x=0$处可导

B. 当$\lim\limits_{x\to 0}\dfrac{f(x)}{\sqrt{x^2}}=0$时,$f(x)$在$x=0$处可导

C. 当$f(x)$在$x=0$处可导时,$\lim\limits_{x\to 0}\dfrac{f(x)}{\sqrt{|x|}}=0$

D. 当$f(x)$在$x=0$处可导时,$\lim\limits_{x\to 0}\dfrac{f(x)}{\sqrt{x^2}}=0$

2. 已知函数$f(x)$在$x=x_0$处连续,且$\lim\limits_{x\to x_0}\dfrac{f(x)}{x-x_0}=A$（$A$为常数）,问$f'(x_0)$是否存在?

3. 设周期函数$f(x)$可导,且周期为4,$\lim\limits_{h\to 0}\dfrac{f(1)-f(1-h)}{2h}=-1$,求曲线$y=f(x)$在点$(5,f(5))$处的切线斜率.

4. 设$\varphi(x)$在$x=a$处连续,$f(x)=(x-a)\varphi(x)$,求$f'(a)$;若$g(x)=|x-a|\varphi(x)$,$g(x)$在$x=a$处可导吗?

5. 已知函数

$$f(x)=\begin{cases} g(x)\cos\dfrac{1}{x}, & x\neq 0,\\ 0, & x=0,\end{cases}$$

函数$g(x)$满足$g(0)=0$及$g'(0)=0$,试求$f'(0)$.

6. 若$f(1)=0$,且$f'(1)$存在,求$\lim\limits_{x\to 0}\dfrac{f(\sin^2x+\cos x)}{(e^x-1)\tan x}$.

7. 设函数

$$f(x)=\begin{cases} x^m\sin\dfrac{1}{x}, & x\neq 0,\\ 0, & x=0,\end{cases}$$

其中m为正整数,问:

（1）m等于何值时,$f(x)$在$x=0$处连续;

（2）m等于何值时,$f(x)$在$x=0$处可导.

2.2　函数的求导法则

2.2.1　函数和、差、积、商的求导法则

定理 2.2.1　如果函数 $u=u(x)$ 及 $v=v(x)$ 都在点 x 具有导数，那么它们的和、差、积、商（除分母为零的点外）都在点 x 具有导数，且

PPT 课件 2－2
导数的求导法则

(1) $[u(x)\pm v(x)]'=u'(x)\pm v'(x)$；

(2) $[u(x)v(x)]'=u'(x)v(x)+u(x)v'(x)$；

(3) $\left[\dfrac{u(x)}{v(x)}\right]'=\dfrac{u'(x)v(x)-u(x)v'(x)}{v^2(x)}\ (v(x)\neq 0)$.

证　这里仅证明 (1)，(2).

(1) 设 $f(x)=u(x)\pm v(x)$，则

法则 (1) 可简记为
$(u\pm v)'=u'\pm v'$.

$$f'(x)=\lim_{\Delta x\to 0}\frac{f(x+\Delta x)-f(x)}{\Delta x}$$

$$=\lim_{\Delta x\to 0}\frac{[u(x+\Delta x)\pm v(x+\Delta x)]-[u(x)\pm v(x)]}{\Delta x}$$

$$=\lim_{\Delta x\to 0}\frac{u(x+\Delta x)-u(x)}{\Delta x}\pm\lim_{\Delta x\to 0}\frac{v(x+\Delta x)-v(x)}{\Delta x}.$$

因为 $u(x)$，$v(x)$ 在点 x 可导，所以 $f'(x)=u'(x)\pm v'(x)$ 得证.

(2) 设 $f(x)=u(x)v(x)$，则

$$f'(x)=\lim_{\Delta x\to 0}\frac{f(x+\Delta x)-f(x)}{\Delta x}=\lim_{\Delta x\to 0}\frac{u(x+\Delta x)v(x+\Delta x)-u(x)v(x)}{\Delta x},$$

因为

$$u(x+\Delta x)v(x+\Delta x)-u(x)v(x)$$

$$=u(x+\Delta x)v(x+\Delta x)-u(x)v(x+\Delta x)+u(x)v(x+\Delta x)-u(x)v(x)$$

$$=[u(x+\Delta x)-u(x)]v(x+\Delta x)+u(x)[v(x+\Delta x)-v(x)],$$

所以

$$f'(x)=\lim_{\Delta x\to 0}\left[\frac{u(x+\Delta x)-u(x)}{\Delta x}v(x+\Delta x)\right]+\lim_{\Delta x\to 0}\left[u(x)\frac{v(x+\Delta x)-v(x)}{\Delta x}\right]$$

$$=\lim_{\Delta x\to 0}\frac{u(x+\Delta x)-u(x)}{\Delta x}\cdot\lim_{\Delta x\to 0}v(x+\Delta x)+u(x)\cdot\lim_{\Delta x\to 0}\frac{v(x+\Delta x)-v(x)}{\Delta x}.$$

注意到 $u(x)$，$v(x)$ 在点 x 处可导，故 $v(x)$ 在点 x 连续，从而 $\lim\limits_{\Delta x\to 0}v(x+\Delta x)=v(x)$，所以有

$$f'(x)=[u(x)v(x)]'=u'(x)v(x)+u(x)v'(x),$$

得证.

法则（2），（3）可分别简记为

$$(uv)'=u'v+uv',$$

$$\left(\frac{u}{v}\right)'=\frac{u'v-uv'}{v^2}\quad (v\neq 0).$$

定理中的法则（1），（2）可以推广到任意有限个可导函数的情形. 例如，设 $u=u(x)$，$v=v(x)$ 与 $w=w(x)$ 均可导，则有

$$(u+v-w)'=u'+v'-w',$$

$$(uvw)'=u'vw+uv'w+uvw'.$$

在法则（2）中，当 $v(x)=C$（C 为常数）时，有

$$(Cu)'=Cu'.$$

例 1　$f(x)=x^2-4\sin x+2\ln x$，求 $f'(x)$ 和 $f'\left(\frac{\pi}{2}\right)$.

解

$$f'(x)=(x^2)'-(4\sin x)'+(2\ln x)'$$
$$=2x-4\cos x+\frac{2}{x},$$

$$f'\left(\frac{\pi}{2}\right)=2\cdot\frac{\pi}{2}-4\cos\frac{\pi}{2}+\frac{2}{\frac{\pi}{2}}=\pi+\frac{4}{\pi}.$$

例 2　$y=\mathrm{e}^x\cos x+\frac{x}{1-x}$，求 y'.

解

$$y'=(\mathrm{e}^x\cos x)'+\left(\frac{x}{1-x}\right)'$$
$$=(\mathrm{e}^x)'\cos x+\mathrm{e}^x(\cos x)'+\frac{x'(1-x)-x(1-x)'}{(1-x)^2}$$
$$=\mathrm{e}^x\cos x-\mathrm{e}^x\sin x+\frac{1-x-x\cdot(-1)}{(1-x)^2}$$
$$=\mathrm{e}^x(\cos x-\sin x)+\frac{1}{(1-x)^2}.$$

例 3　已知正切函数 $y=\tan x$，求 y'.

解　$$y'=(\tan x)'=\left(\frac{\sin x}{\cos x}\right)'=\frac{(\sin x)'\cos x-\sin x(\cos x)'}{(\cos x)^2}$$
$$=\frac{(\cos x)^2+(\sin x)^2}{(\cos x)^2}=\frac{1}{(\cos x)^2}=\sec^2 x,$$

即

$$(\tan x)'=\sec^2 x.$$

例 4　已知正割函数 $y=\sec x$，求 y'.

解　$$y'=(\sec x)'=\left(\frac{1}{\cos x}\right)'=\frac{(1)'\cos x-1\cdot(\cos x)'}{\cos^2 x}$$
$$=\frac{\sin x}{\cos^2 x}=\sec x\tan x,$$

即

同理可求得余切函数和余割函数的导数公式

$$(\cot x)'=-\csc^2 x,$$

$$(\csc x)'=-\csc x\cot x.$$

$$(\sec x)'=\sec x\tan x.$$

2.2.2 反函数的求导法则

定理 2.2.2 若函数 $x=f(y)$ 在区间 I_y 内单调、可导且 $f'(y)\neq 0$，则它的反函数 $y=f^{-1}(x)$ 在区间 $I_x=\{x\mid x=f(y),y\in I_y\}$ 内也可导，且

$$[f^{-1}(x)]'=\frac{1}{f'(y)}\text{或}\frac{\mathrm{d}y}{\mathrm{d}x}=\frac{1}{\dfrac{\mathrm{d}x}{\mathrm{d}y}}. \tag{2-6}$$

证 由于 $x=f(y)$ 在 I_y 内单调、可导（从而连续），由定理 1.1.1 知，$x=f(y)$ 的反函数 $y=f^{-1}(x)$ 存在，且 $f^{-1}(x)$ 在 I_x 内也单调、连续．任取 $x\in I_x$，给 x 以改变量 $\Delta x(\Delta x\neq 0,x+\Delta x\in I_x)$，由 $y=f^{-1}(x)$ 的单调性可知

$$\Delta y=f^{-1}(x+\Delta x)-f^{-1}(x)\neq 0,$$

故

$$\frac{\Delta y}{\Delta x}=\frac{1}{\dfrac{\Delta x}{\Delta y}}.$$

又由于 $y=f^{-1}(x)$ 连续，故

$$\lim_{\Delta x\to 0}\Delta y=0,$$

从而

$$[f^{-1}(x)]'=\lim_{\Delta x\to 0}\frac{\Delta y}{\Delta x}=\lim_{\Delta y\to 0}\frac{1}{\dfrac{\Delta x}{\Delta y}}=\frac{1}{f'(y)}.$$

注 定理 2.2.2 可记为：反函数的导数等于直接函数导数的倒数．

例 5 求反正弦函数 $y=\arcsin x$ 的导数．

解 $x=\sin y,y\in\left[-\dfrac{\pi}{2},\dfrac{\pi}{2}\right]$ 是直接函数，$y=\arcsin x$ 是它的反函数．函数 $x=\sin y$ 在开区间 $I_y=\left(-\dfrac{\pi}{2},\dfrac{\pi}{2}\right)$ 内单调、可导，且

$$(\sin y)'=\cos y>0.$$

故由式(2-6)，在对应的区间 $I_x=(-1,1)$ 内有

$$(\arcsin x)'=\frac{1}{(\sin y)'}=\frac{1}{\cos y}.$$

注意到当 $y\in\left(-\dfrac{\pi}{2},\dfrac{\pi}{2}\right)$ 时，$\cos y>0$，从而有

$$\cos y=\sqrt{1-\sin^2 y}=\sqrt{1-x^2},$$

用类似的方法可得到反余弦函数的导数公式

$$(\arccos x)'=-\frac{1}{\sqrt{1-x^2}}.$$

于是得到

$$(\arcsin x)'=\frac{1}{\sqrt{1-x^2}}.$$

例 6 求反正切函数 $y=\arctan x$ 的导数.

解 $x=\tan y, y\in\left(-\frac{\pi}{2},\frac{\pi}{2}\right)$是直接函数,$y=\arctan x$ 是它的反函数,函数 $x=\tan y$ 在开区间 $I_y=\left(-\frac{\pi}{2},\frac{\pi}{2}\right)$内单调、可导,且

$$(\tan y)'=\sec^2 y>0.$$

故由式(2-6),在对应的区间 $I_x=(-\infty,+\infty)$ 内有

$$(\arctan x)'=\frac{1}{(\tan y)'}=\frac{1}{\sec^2 y}.$$

注意到

$$\sec^2 y=1+\tan^2 y=1+x^2,$$

于是得到

$$(\arctan x)'=\frac{1}{1+x^2}.$$

用类似的方法可得到反余切函数的导数公式

$$(\operatorname{arccot} x)'=-\frac{1}{1+x^2}.$$

注 对三角公式 $\arccos x=\frac{\pi}{2}-\arcsin x$ 和 $\operatorname{arccot} x=\frac{\pi}{2}-\arctan x$ 应用求导数的运算法则,同样可求得反余弦函数和反余切函数的导数公式.

例 7 求对数函数 $y=\log_a x(a>0,a\neq 1)$ 的导数.

解 $x=a^y, y\in(-\infty,+\infty)$ 是直接函数,$y=\log_a x$ 是它的反函数. 函数 $x=a^y$ 在开区间 $I_y=(-\infty,+\infty)$ 内单调、可导,且 $(a^y)'=a^y\ln a\neq 0$. 故由式(2-6),在对应的区间 $I_x=(0,+\infty)$ 内有

$$(\log_a x)'=\frac{1}{(a^y)'}=\frac{1}{a^y\ln a}.$$

注意到 $a^y=x$ 于是得到

$$(\log_a x)'=\frac{1}{x\ln a}.$$

注 运用导数的定义可以同样求得对数函数的导数,见 2.1 节例 5.

微视频 2-2
复合函数的求导法则

2.2.3 复合函数的求导法则

通常一般的函数多由几个基本初等函数复合而成,例如 $\sin 3x$, $\ln\frac{2x}{x^3+1}$等. 求这类函数的导数就需要借助复合函数的求导法则.

定理 2.2.3 若函数 $u=g(x)$ 在点 x 可导,而函数 $y=f(u)$ 在点 $u=g(x)$ 可导,则复合函数 $y=f[g(x)]$ 在点 x 可导,且其导数为

$$\frac{dy}{dx}=f'(u)\cdot g'(x) \quad 或 \quad \frac{dy}{dx}=\frac{dy}{du}\cdot\frac{du}{dx}. \tag{2-7}$$

证 因为 $y=f(u)$ 在点 u 可导，所以给 u 一个改变量 $\Delta u\neq 0$，有

$$\lim_{\Delta u\to 0}\frac{\Delta y}{\Delta u}=f'(u).$$

根据无穷小和极限的关系得

$$\frac{\Delta y}{\Delta u}=f'(u)+\alpha,$$

其中 α 是无穷小，满足 $\lim\limits_{\Delta u\to 0}\alpha(\Delta u)=0$. 从而，当 $\Delta u\neq 0$ 时，有

$$\Delta y=f'(u)\Delta u+\alpha\Delta u. \tag{2-8}$$

我们规定 $\Delta u=0$ 时，$\alpha=0$. 注意到此时 $\Delta y=f(u+\Delta u)-f(u)=0$，而式(2-8)右端也为零，故式(2-8)对 $\Delta u=0$ 也成立．用 $\Delta x\neq 0$ 除式(2-8)两边，得

$$\frac{\Delta y}{\Delta x}=f'(u)\frac{\Delta u}{\Delta x}+\alpha\frac{\Delta u}{\Delta x},$$

于是

$$\lim_{\Delta x\to 0}\frac{\Delta y}{\Delta x}=\lim_{\Delta x\to 0}\left[f'(u)\frac{\Delta u}{\Delta x}+\alpha\frac{\Delta u}{\Delta x}\right]$$

$$=f'(u)\cdot\lim_{\Delta x\to 0}\frac{\Delta u}{\Delta x}+\lim_{\Delta x\to 0}\alpha\cdot\lim_{\Delta x\to 0}\frac{\Delta u}{\Delta x}.$$

因为 $u=g(x)$ 在点 x 可导，故

$$\lim_{\Delta x\to 0}\frac{\Delta u}{\Delta x}=g'(x),$$

且 $u=g(x)$ 在点 x 连续，从而当 $\Delta x\to 0$ 时 $\Delta u\to 0$，于是有

$$\lim_{\Delta x\to 0}\alpha=\lim_{\Delta u\to 0}\alpha=0,$$

故

$$\lim_{\Delta x\to 0}\frac{\Delta y}{\Delta x}=f'(u)g'(x),$$

即

$$\frac{dy}{dx}=f'(u)\cdot g'(x).$$

下面举例并比较两种求导的写法．

例 8 $y=\sqrt{1+x^2}$，求 $\dfrac{dy}{dx}$.

解 取中间变量 u，令 $u=1+x^2$，则 $y=\sqrt{1+x^2}$ 可看成由 $y=\sqrt{u}$，$u=1+x^2$

注 (1) 定理中 u 称为中间变量，x 为自变量，定理可记为：复合函数的导数等于函数对中间变量的导数乘中间变量对自变量的导数．

(2) 应用归纳法，可将定理推广到任意有限个函数复合而成的复合函数上．例如 $y=f(u)$，$u=g(v)$，$v=h(x)$ 都可导，它们依一定条件复合而成的复合函数是 $y=f\{g[h(x)]\}$，则它的导数是

$$\frac{dy}{dx}=\frac{dy}{du}\cdot\frac{du}{dv}\cdot\frac{dv}{dx}.$$

(3) 复合函数的求导法则也称链式法则，它的关键在于引入中间变量，把复合函数分解成基本初等函数．求导完成后，还应将中间变量代换成原来的自变量．对复合函数分解熟练后，可以不必写出中间变量．

复合而成,故

$$\frac{dy}{dx}=\frac{dy}{du}\cdot\frac{du}{dx}=\frac{1}{2\sqrt{u}}\cdot 2x=\frac{x}{\sqrt{u}}=\frac{x}{\sqrt{1+x^2}},$$

或写成

$$\frac{dy}{dx}=(\sqrt{1+x^2})'=\frac{1}{2\sqrt{1+x^2}}\cdot(1+x^2)'=\frac{1}{2\sqrt{1+x^2}}\cdot 2x=\frac{x}{\sqrt{1+x^2}}.$$

例 9　$y=\ln(-x)(x<0)$,求$\frac{dy}{dx}$.

解　取中间变量 u,则 $y=\ln(-x)$ 看成由 $y=\ln u, u=-x$ 复合而成,故

$$\frac{dy}{dx}=\frac{dy}{du}\cdot\frac{du}{dx}=\frac{1}{u}\cdot(-1)=\frac{1}{x},$$

或写成

$$\frac{dy}{dx}=(\ln(-x))'=-\frac{1}{x}\cdot(-x)'=-\frac{1}{x}\cdot(-1)=\frac{1}{x}.$$

注　求导过程中,若不写中间变量直接计算,务必认清复合层次,由外向内,分解一层,求导一次,直到自变量为止.

这一结果结合 2.1 节例 5,当 $x>0$ 时,$(\ln x)'=\frac{1}{x}$知,有公式

$$(\ln|x|)'=\frac{1}{x}\quad(x\neq 0).$$

例 10　$y=e^{\cos\frac{1}{x}}$,求$\frac{dy}{dx}$.

解　取中间变量 u,v,则 $y=e^{\cos\frac{1}{x}}$看成由 $y=e^u, u=\cos v, v=\frac{1}{x}$复合而成,故

$$\frac{dy}{dx}=\frac{dy}{du}\cdot\frac{du}{dv}\cdot\frac{dv}{dx}=e^u\cdot(-\sin v)\cdot\left(-\frac{1}{x^2}\right)=\frac{1}{x^2}e^{\cos\frac{1}{x}}\sin\frac{1}{x}.$$

或写成

$$\frac{dy}{dx}=(e^{\cos\frac{1}{x}})'=e^{\cos\frac{1}{x}}\left(\cos\frac{1}{x}\right)'=e^{\cos\frac{1}{x}}\cdot\left(-\sin\frac{1}{x}\right)\cdot\left(\frac{1}{x}\right)'$$

$$=e^{\cos\frac{1}{x}}\cdot\left(-\sin\frac{1}{x}\right)\cdot\left(-\frac{1}{x^2}\right)=\frac{1}{x^2}e^{\cos\frac{1}{x}}\sin\frac{1}{x}.$$

例 11　设$f(x)$是对 x 可导的函数,$y=f(\tan^2x)$,求$\frac{dy}{dx}$.

解　取中间变量 u,v,则 $y=f(\tan^2x)$看成由 $y=f(u), u=v^2, v=\tan x$ 复合而成,故

$$\frac{\mathrm{d}y}{\mathrm{d}x}=\frac{\mathrm{d}y}{\mathrm{d}u}\cdot\frac{\mathrm{d}u}{\mathrm{d}v}\cdot\frac{\mathrm{d}v}{\mathrm{d}x}=f'(u)\cdot 2v\cdot\sec^2x=2\tan x\cdot\sec^2x\cdot f'(\tan^2x).$$

或写成

$$\frac{\mathrm{d}y}{\mathrm{d}x}=[f(\tan^2x)]'=f'(\tan^2x)\cdot(\tan^2x)'$$

$$=f'(\tan^2x)\cdot(2\tan x)\cdot(\tan x)'$$

$$=2\tan x\cdot\sec^2x\cdot f'(\tan^2x).$$

注 例11中记号$[f(\tan^2x)]'$与$f'(\tan^2x)$的含义不同：$[f(\tan^2x)]'$表示y或f对自变量x求导数，而$f'(\tan^2x)$则表示对中间变量$u=\tan^2x$求导数.

例 12 已知幂函数 $y=x^{\mu}(x>0,\mu$ 是实数$)$，求 y'.

解 因为 $x^{\mu}=(\mathrm{e}^{\ln x})^{\mu}=\mathrm{e}^{\mu\ln x}$，所以

$$y'=(x^{\mu})'=(\mathrm{e}^{\mu\ln x})'=\mathrm{e}^{\mu\ln x}\cdot(\mu\ln x)'$$

$$=\mathrm{e}^{\mu\ln x}\cdot\mu\cdot\frac{1}{x}=x^{\mu}\cdot\mu\cdot\frac{1}{x}=\mu x^{\mu-1}.$$

例 13 $y=\ln(x+\sqrt{x^2-1})$，求 y'.

解 利用复合函数求导法则和导数的加法运算法则，得

$$y'=[\ln(x+\sqrt{x^2-1})]'=\frac{1}{x+\sqrt{x^2-1}}\cdot(x+\sqrt{x^2-1})'$$

$$=\frac{1}{x+\sqrt{x^2-1}}\cdot[x'+(\sqrt{x^2-1})']$$

$$=\frac{1}{x+\sqrt{x^2-1}}\cdot\left[1+\frac{1}{2\sqrt{x^2-1}}(x^2-1)'\right]$$

$$=\frac{1}{x+\sqrt{x^2-1}}\cdot\left(1+\frac{x}{\sqrt{x^2-1}}\right)=\frac{1}{\sqrt{x^2-1}}.$$

同理，

$$[\ln(x+\sqrt{x^2+1})]'=\frac{1}{\sqrt{x^2+1}}.$$

例 14 已知 $y=x^2f(\ln x)$，f'存在，求 y'.

解 应用导数的乘积运算法则和复合函数求导，得

$$y'=(x^2)'f(\ln x)+x^2[f(\ln x)]'=2xf(\ln x)+x^2f'(\ln x)\cdot(\ln x)'$$

$$=2xf(\ln x)+x^2f'(\ln x)\cdot\frac{1}{x}=2xf(\ln x)+xf'(\ln x).$$

2.2.4 基本求导法则与导数公式

为便于查阅,将基本初等函数的导数公式和求导法则列表如下:

1. 常数和基本初等函数的导数公式

$(C)'=0$, $(x^{\mu})'=\mu x^{\mu-1}$,

$(\sin x)'=\cos x$, $(\cos x)'=-\sin x$,

$(\tan x)'=\sec^2 x$, $(\cot x)'=-\csc^2 x$,

$(\sec x)'=\sec x\tan x$, $(\csc x)'=-\csc x\cot x$,

$(a^x)'=a^x\ln a\,(a>0,a\neq 1)$, $(\mathrm{e}^x)'=\mathrm{e}^x$,

$(\log_a x)'=\dfrac{1}{x\ln a}\,(a>0,a\neq 1)$, $(\ln x)'=\dfrac{1}{x}$,

$(\arcsin x)'=\dfrac{1}{\sqrt{1-x^2}}$, $(\arccos x)'=-\dfrac{1}{\sqrt{1-x^2}}$,

$(\arctan x)'=\dfrac{1}{1+x^2}$, $(\operatorname{arccot} x)'=-\dfrac{1}{1+x^2}$.

2. 函数的和、差、积、商的求导法则

如果函数 $u=u(x)$ 及 $v=v(x)$ 都在点 x 具有导数,那么

(1) $(u\pm v)'=u'+v'$;

(2) $(Cu)'=Cu'$;

(3) $(uv)'=u'v+uv'$;

(4) $\left(\dfrac{u}{v}\right)'=\dfrac{u'v-uv'}{v^2}\quad(v\neq 0)$.

3. 反函数的求导法则

若函数 $x=f(y)$ 在区间 I_y 内单调、可导且 $f'(y)\neq 0$,则它的反函数 $y=f^{-1}(x)$ 在区间 $I_x=\{x\mid x=f(y),y\in I_y\}$ 内也可导,且

$$[f^{-1}(x)]'=\frac{1}{f'(y)}\quad 或\quad \frac{\mathrm{d}y}{\mathrm{d}x}=\frac{1}{\dfrac{\mathrm{d}x}{\mathrm{d}y}}.$$

4. 复合函数的求导法则

若函数 $u=g(x)$ 在点 x 可导，而函数 $y=f(u)$ 在点 $u=g(x)$ 可导，则复合函数 $y=f[g(x)]$ 在点 x 可导，且其导数为

$$\frac{\mathrm{d}y}{\mathrm{d}x}=f'(u)\cdot g'(x) \quad 或 \quad \frac{\mathrm{d}y}{\mathrm{d}x}=\frac{\mathrm{d}y}{\mathrm{d}u}\cdot\frac{\mathrm{d}u}{\mathrm{d}x}.$$

习题 2-2

A 题

1. 如果函数 $f(x)$ 和 $g(x)$ 在点 x_0 处都不可导，那么函数 $f(x)\pm g(x)$ 或 $f(x)g(x)$ 在点 x_0 处是否一定不可导？

2. 求下列函数的导数：

(1) $y=2\sqrt{x}+\frac{1}{x}-3x^2+5$；
(2) $y=\mathrm{e}^x+2\cos x-2^x$；

(3) $y=\tan x\sec x$；
(4) $y=\frac{1-\ln x}{1+\ln x}$；

(5) $y=x\cot x-\csc x$；
(6) $y=\frac{a-x}{a+x}$；

(7) $y=\frac{\sin x}{1+\cos x}$；
(8) $y=\frac{\arcsin x}{\arccos x}$；

(9) $y=x^2\arctan x$；
(10) $y=x^2\ln x\cos x$.

3. 求下列函数在指定点的导数：

(1) $y=\log_2 x+2\cos x-\frac{1}{\ln 2}$，求 $y'\big|_{x=1}$；

(2) $\rho=\theta\sin\theta+\frac{1}{2}\cos\theta$，求 $\left.\frac{\mathrm{d}\rho}{\mathrm{d}\theta}\right|_{\theta=\frac{\pi}{4}}$；

(3) $f(x)=a_nx^n+a_{n-1}x^{n-1}+\cdots+a_1x+a_0$（$a_0,a_1,\cdots,a_n$ 都是常数），求 $f'(0)$ 和 $f'(1)$.

4. 求下列函数的导数：

(1) $y=(3x+1)^4$；
(2) $y=\cos(1-3t)$；

(3) $y=\sqrt{a^2-x^2}$；
(4) $y=\frac{1}{\sqrt{1-x^2}}$；

(5) $y=\mathrm{e}^{-2x^2}$；
(6) $y=\sin^2 x\cdot\sin x^2$；

(7) $y=\tan^2 x$；　　(8) $y=\ln\cot x$；

(9) $y=\arctan(\mathrm{e}^x)$；　　(10) $y=\ln(\sec x+\tan x)$；

(11) $y=\arccos\dfrac{1}{x}$；　　(12) $y=\dfrac{x}{\sqrt{1+x^2}}$；

(13) $y=\mathrm{e}^{-x}(x^2-3x+5)$；　　(14) $y=\mathrm{e}^{-\frac{x}{2}}\cos 3x$；

(15) $y=\left(\arcsin\dfrac{x}{2}\right)^2$；　　(16) $y=\sqrt{1+\ln^2 x}$；

(17) $y=\ln\tan\dfrac{x}{2}$；　　(18) $y=\mathrm{e}^{\arctan\sqrt{x}}$；

(19) $y=\ln\ln\ln x$；　　(20) $y=\mathrm{e}^{-\sin^2\frac{1}{x}}$；

(21) $y=\sin^n x\cos nx$；　　(22) $y=\dfrac{\mathrm{e}^t-\mathrm{e}^{-t}}{\mathrm{e}^t+\mathrm{e}^{-t}}$；

(23) $y=\arctan\dfrac{1+x}{1-x}$；　　(24) $y=\ln(\mathrm{e}^x+\sqrt{1+\mathrm{e}^{2x}})$；

(25) $y=x[\sin(\ln x)-\cos(\ln x)]$；　　(26) $y=x\arcsin\dfrac{x}{2}+\sqrt{4-x^2}$.

5. 设$f(x)$可导,求下列函数的导数:

(1) $y=f(x^2)+f^2(x)$；　　(2) $y=\ln f(2x)$；

(3) $y=f(\sin^2 x)+f(\cos^2 x)$；　　(4) $y=f(\mathrm{e}^x)\mathrm{e}^{f(x)}$.

6. 设$f(x)$和$g(x)$可导,且$f^2(x)+g^2(x)\neq 0$,求函数$y=\sqrt{f^2(x)+g^2(x)}$的导数.

B 题

1. 求下列函数的导数:

(1) $y=a^{a^x}+x^{a^a}+a^{x^a}$(其中$a>0,a\neq 1$)；　　(2) $y=\mathrm{e}^{\tan\frac{1}{x}}\sin\dfrac{1}{x}$；

(3) $y=\sqrt{x+\sqrt{x+\sqrt{x+a}}}$；　　(4) $y=\dfrac{\sqrt{1+x}-\sqrt{1-x}}{\sqrt{1+x}+\sqrt{1-x}}$；

(5) $y=\dfrac{1}{2}\arctan\sqrt{1+x^2}+\dfrac{1}{4}\ln\dfrac{\sqrt{1+x^2}+1}{\sqrt{1+x^2}-1}$.

2. 设函数$f(x)$和$g(x)$均在点x_0的某一邻域内有定义,$f(x)$在点x_0处可导,$f(x_0)=0$,$g(x)$在点x_0处连续,试讨论$f(x)g(x)$在点x_0处的可导性.

3. 已知$f(x)$是周期为 5 的连续函数,它在$x=0$的某个邻域内满足关系式

$$f(1+\sin x)-3f(1-\sin x)=8x+o(x),$$

且$f(x)$在$x=1$处可导,求曲线$y=f(x)$在点$(6,f(6))$处的切线方程.

4. 设函数$f(x)$满足下列条件:

（1）$f(x+y)=f(x)\cdot f(y)$，对一切 $x,y\in\mathbf{R}$；

（2）$f(x)=1+xg(x)$，而$\lim\limits_{x\to 0}g(x)=1$.

试证明$f(x)$在 $\mathbf{R}$ 上处处可导，且$f'(x)=f(x)$.

2.3 高阶导数

2.3.1 高阶导数

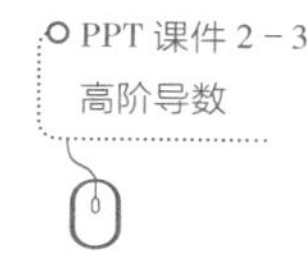

从前面的学习知道，假设物体运动的方程是 $s=s(t)$，则物体的运动速度是 $v(t)=s'(t)$；而加速度 $a(t)$ 是速度 $v(t)$ 对时间 t 的变化率，即 $a(t)$ 是速度 $v(t)$ 对时间 t 的导数，故有

$$a(t)=\frac{\mathrm{d}v}{\mathrm{d}t}=\frac{\mathrm{d}}{\mathrm{d}t}\left(\frac{\mathrm{d}s}{\mathrm{d}t}\right),$$

或

$$a(t)=v'(t)=[s'(t)]'.$$

这种导数的导数$\frac{\mathrm{d}}{\mathrm{d}t}\left(\frac{\mathrm{d}s}{\mathrm{d}t}\right)$或$[s'(t)]'$称为 s 对 t 的二阶导数，记为

$$\frac{\mathrm{d}^2s}{\mathrm{d}t^2}\quad 或\quad s''(t).$$

所以，加速度 $a(t)$ 等于路程函数 $s(t)$ 对时间 t 的二阶导数 .

一般地，函数 $y=f(x)$ 在区间 I 内的导函数 $y'=f'(x)$ 仍然是 x 的函数，由此有：

定义 2.3.1　若 $y'=f'(x)$ 在区间 I 内可导，则称 $y'=f'(x)$ 的导数 $(f'(x))'$为函数 $y=f(x)$ 的二阶导数，记为 y''，$f''(x)$或$\frac{\mathrm{d}^2y}{\mathrm{d}x^2}$，即

$$y''=(y')'\quad 或\quad \frac{\mathrm{d}^2y}{\mathrm{d}x^2}=\frac{\mathrm{d}}{\mathrm{d}x}\left(\frac{\mathrm{d}y}{\mathrm{d}x}\right).$$

即

$$f''(x)=[f'(x)]'=\lim_{\Delta x\to 0}\frac{f'(x+\Delta x)-f'(x)}{\Delta x}.$$

相应地，把 $y=f(x)$ 的导数$f'(x)$叫作函数 $y=f(x)$ 的一阶导数 .

类似地,二阶导数的导数叫作三阶导数,三阶导数的导数叫作四阶导数……$n-1$ 阶导数的导数叫作 n 阶导数,分别记为

$$y''',y^{(4)},\cdots,y^{(n)} \quad 或 \quad f'''(x),f^{(4)}x,\cdots,f^{(n)}(x),$$

或

$$\frac{d^3y}{dx^3},\quad \frac{d^4y}{dx^4},\quad \cdots,\quad \frac{d^ny}{dx^n}.$$

二阶及二阶以上的导数统称高阶导数. 若函数 $y=f(x)$ 具有 n 阶导数,则函数 $f(x)$ 为 n 阶可导. 如果函数 $f(x)$ 在点 x 处具有 n 阶导数,那么 $f(x)$ 在点 x 的某一邻域内必定具有一切低于 n 阶的导数.

由定义知,求函数的 n 阶导数就是按照求导法则和求导公式逐阶求导.

注 容易看出 $(e^{ax})^{(n)}=a^ne^{ax}$.

例1 已知 $y=e^{ax}$,求 y''.

解

$$y'=ae^{ax},\quad y''=(ae^{ax})'=a^2e^{ax}.$$

例2 已知 $y=\ln[f(x)]$,f 二阶可导,求 y''.

解

$$y'=\frac{1}{f(x)}[f(x)]'=\frac{f'(x)}{f(x)},$$

$$y''=\left[\frac{f'(x)}{f(x)}\right]'=\frac{[f'(x)]'f(x)-f'(x)\cdot f'(x)}{f^2(x)}$$

$$=\frac{f''(x)f(x)-[f'(x)]^2}{f^2(x)}.$$

例3 证明下列初等函数的 n 阶导数公式:

(1) $(a^x)^{(n)}=a^x\ln^n a,(e^x)^{(n)}=e^x$;

(2) $(\sin x)^{(n)}=\sin\left(x+n\cdot\frac{\pi}{2}\right),(\cos x)^{(n)}=\cos\left(x+n\cdot\frac{\pi}{2}\right)$;

(3) $[\ln(1+x)]^{(n)}=(-1)^{n-1}\frac{(n-1)!}{(1+x)^n}$;

(4) $(x^\mu)^{(n)}=\mu(\mu-1)(\mu-2)\cdots(\mu-n+1)x^{\mu-n}$($\mu$ 是任意常数).

证 (1)

$$(a^x)'=a^x\ln a,\quad (a^x)''=(a^x\ln a)'=a^x\ln^2 a,\quad \cdots.$$

一般地,可得

$$(a^x)^{(n)}=a^x\ln^n a;$$

特别地,有

$$(e^x)^{(n)}=e^x.$$

(2) 设 $y=\sin x$,则有

$$y'=\cos x=\sin\left(x+\frac{\pi}{2}\right),$$

$$y''=\cos\left(x+\frac{\pi}{2}\right)=\sin\left(x+\frac{\pi}{2}+\frac{\pi}{2}\right)=\sin\left(x+2\cdot\frac{\pi}{2}\right),$$

$$y'''=\cos\left(x+2\cdot\frac{\pi}{2}\right)=\sin\left(x+3\cdot\frac{\pi}{2}\right),$$

$$y^{(4)}=\cos\left(x+3\cdot\frac{\pi}{2}\right)=\sin\left(x+4\cdot\frac{\pi}{2}\right),$$

一般地,可得

$$y^{(n)}=\sin\left(x+n\cdot\frac{\pi}{2}\right),$$

即

$$(\sin x)^{(n)}=\sin\left(x+n\cdot\frac{\pi}{2}\right).$$

用类似方法,可得

$$(\cos x)^{(n)}=\cos\left(x+n\cdot\frac{\pi}{2}\right).$$

(3) 设 $y=\ln(1+x)$,则有

$$y'=\frac{1}{1+x},\quad y''=-\frac{1}{(1+x)^2},\quad y'''=\frac{1\cdot 2}{(1+x)^3},\quad y^{(4)}=-\frac{1\cdot 2\cdot 3}{(1+x)^4},$$

一般地,可得

$$y^{(n)}=(-1)^{n-1}\frac{(n-1)!}{(1+x)^n},$$

即

$$[\ln(1+x)]^{(n)}=(-1)^{n-1}\frac{(n-1)!}{(1+x)^n}.$$

通常规定 $0!=1$,所以这个公式当 $n=1$ 时也成立.

(4) 设 $y=x^{\mu}$(μ 是任意常数),则有

$$y'=\mu x^{\mu-1},$$

$$y''=\mu(\mu-1)x^{\mu-2},$$

$$y'''=\mu(\mu-1)(\mu-2)x^{\mu-3},$$

$$y^{(4)}=\mu(\mu-1)(\mu-2)(\mu-3)x^{\mu-4}.$$

一般地,可得

$$y^{(n)}=\mu(\mu-1)(\mu-2)\cdots(\mu-n+1)x^{\mu-n},$$

即

$$(x^{\mu})^{(n)}=\mu(\mu-1)(\mu-2)\cdots(\mu-n+1)x^{\mu-n}.$$

特别地,当 $\mu=n$ 时,得到

$$(x^n)^{(n)}=n(n-1)(n-2)\cdots(n-n+1)x^{n-n}=n!,$$

而
$$(x^n)^{(n+1)}=0.$$

2.3.2　莱布尼茨公式

如果函数 $u=u(x)$ 和 $v=v(x)$ 都在点 x 处具有 n 阶导数,那么显然 $u(x)+v(x)$ 和 $u(x)-v(x)$ 也在点 x 处具有 n 阶导数,且

$$(u\pm v)^{(n)}=u^{(n)}\pm v^{(n)}.$$

但乘积 $u(x)\cdot v(x)$ 的 n 阶导数并不是如此简单. 由

$$(uv)'=u'v+uv'$$

得到

$$(uv)''=(u'v+uv')'=u''v+2u'v'+uv'',$$

$$(uv)'''=(u''v+2u'v'+uv'')'=u'''v+3u''v'+3u'v''+uv'''.$$

用数学归纳法可以证明

$$\begin{aligned}(u\cdot v)^{(n)}&=u^{(n)}v+nu^{(n-1)}v'+\frac{n(n-1)}{2!}u^{(n-2)}v''+\cdots+\\&\quad\frac{n(n-1)\cdots(n-k+1)}{k!}u^{(n-k)}v^{(k)}+\cdots+uv^{(n)}\\&=\mathrm{C}_n^0u^{(n)}v+\mathrm{C}_n^1u^{(n-1)}v'+\mathrm{C}_n^2u^{(n-2)}v''+\cdots+\mathrm{C}_n^ku^{(n-k)}v^{(k)}+\cdots+\mathrm{C}_n^nuv^{(n)}\\&=\sum_{k=0}^{n}\mathrm{C}_n^ku^{(n-k)}v^{(k)}.\end{aligned}$$

上式就是两个函数乘积的高阶导数公式——莱布尼茨(Leibniz)公式.

例 4　$y=(x^2+1)\sin x$,求 $y^{(60)}$.

解　首先

$$(x^2+1)'=2x,(x^2+1)''=2,(x^2+1)'''=0.$$

设 $u=\sin x,v=x^2+1$,而

$$(\sin x)^{(n)}=\sin\left(x+n\cdot\frac{\pi}{2}\right),$$

故由莱布尼茨公式得

$$\begin{aligned}y^{(60)}&=u^{(60)}v+\mathrm{C}_{60}^1u^{(59)}v'+\mathrm{C}_{60}^2u^{(58)}v''\\&=\sin\left(x+60\cdot\frac{\pi}{2}\right)(x^2+1)+60\sin\left(x+59\cdot\frac{\pi}{2}\right)\cdot 2x+\end{aligned}$$

$$\frac{60\cdot 59}{2!}\sin\left(x+58\cdot\frac{\pi}{2}\right)\cdot 2$$

$$=(x^2+1)\sin x+120x(-\cos x)+3\ 540(-\sin x)$$

$$=(x^2-3\ 539)\sin x-120x\cos x.$$

习题 2-3

A 题

1. 求下列函数的二阶导数：

(1) $y=\sqrt{a^2-x^2}$；

(2) $y=\dfrac{1}{x^3+1}$；

(3) $y=xe^{-x^2}$；

(4) $y=e^{-x}\sin x$；

(5) $y=\ln\sqrt{1-x^2}$；

(6) $y=(1+x^2)\arctan x$；

(7) $y=x[\sin(\ln x)+\cos(\ln x)]$；

(8) $y=\ln(x+\sqrt{a^2+x^2})$.

2. 求下列函数在指定点的高阶导数：

(1) $y=\dfrac{1}{2x+3}$，求 $y''(0)$；

(2) $f(x)=\dfrac{e^x}{x}$，求 $f''(1)$；

(3) $f(x)=(x+10)^4$，求 $f'''(2)$.

3. 设 $f''(x)$ 存在，求下列函数的二阶导数：

(1) $y=f(x^2)$；

(2) $y=x^2f\left(\dfrac{1}{x}\right)$；

(3) $y=e^{-f(x)}$.

4. 已知物体的运动规律为 $s=A\sin\omega t$ （A,ω 是常数），求物体运动的加速度，并验证：

$$\frac{d^2s}{dt^2}+\omega^2s=0.$$

5. 验证函数 $y=C_1e^{\lambda x}+C_2e^{-\lambda x}$（$\lambda,C_1,C_2$是常数）满足关系式

$$y''-\lambda^2y=0.$$

6. 验证函数 $y=e^x\sin x$ 满足关系式

$$y''-2y'+2y=0.$$

7. 求下列函数所指定的阶的导数：

(1) $y=e^x\cos x$，求 $y^{(4)}$； (2) $y=x^2e^{2x}$，求 $y^{(30)}$.

B 题

1. 试从 $\frac{dx}{dy}=\frac{1}{y'}$ 导出

(1) $\frac{d^2x}{dy^2}=-\frac{y''}{(y')^3}$； (2) $\frac{d^3x}{dy^3}=\frac{3(y'')^2-y'y'''}{(y')^5}$.

2. 求下列函数的 n 阶导数：

(1) $y=a_nx^n+a_{n-1}x^{n-1}+\cdots+a_1x+a_0$（$a_0,a_1,\cdots,a_n$ 都是常数）；

(2) $y=\frac{1-x}{1+x}$； (3) $y=\frac{1}{x^2+4x-12}$；

(4) $y=xe^x$； (5) $y=\sin^2x$.

3.（考研真题，2010 年数学二）设函数 $y=\ln(1-2x)$，求 $y^{(n)}(0)$.

4. 设函数 $f(x)=x^2\ln(1+x)$，求 $f^{(n)}(0)$ $(n\geqslant3)$.

2.4 隐函数及由参数方程所确定的函数的求导法则

2.4.1 隐函数及其求导法则

微视频 2－3
隐函数及其求导法则

PPT 课件 2－4
隐函数及由参数方程所确定的函数的求导法则

目前为止，我们学过的函数都可以用 $y=f(x)$ 表示，例如 $y=(x^2+1)\sin x$，$y=\frac{e^x}{x}$ 等，它们的特点是，方程左边是因变量 y，右边是自变量 x 的表达式，x 和 y 的对应关系 f 是可以直接表达出来的，这样的函数称为显函数；还有一种函数，x 和 y 的对应关系 f 是不明显的，隐含在方程中，例如方程 $x-y+\frac{1}{\sin y}=0$，对每一个 x，通过方程都可以唯一确定一个 y，这种对应关系同样确定了 y 是 x 的函数，这种函数称为隐函数.

定义 2.4.1 设有两个非空的数集 A 和 B，若对每一个 $x\in A$，由方程 $F(x,y)=0$ 对应唯一一个 $y\in B$，则称此对应关系 f（或写成 $y=f(x)$）是方程 $F(x,y)=0$ 确定的隐函数.

本节将在假定隐函数存在且可导的条件下，讨论隐函数的求导问题．

如果从方程中可以解出 $y=f(x)$，例如 $x+y=\mathrm{e}^x$ 确定 y 是 x 的隐函数，通过解方程，得到显函数 $y=\mathrm{e}^x-x$，这个过程称为隐函数的显化．若隐函数显化，它的求导问题就可以解决．但是有些方程 $F(x,y)=0$ 确定的隐函数 $y=f(x)$ 的显化很困难，或根本不能显化，而在实际问题中，有时需要计算隐函数的导数，在这种情形下如何求导数呢？

注意到方程 $F(x,y)=0$ 确定的隐函数 $y=f(x)$，一定满足

$$F[x,f(x)]\equiv 0.$$

恒等式左边是 x 的函数，故应用四则运算和复合函数求导法则对恒等式两边求导数，即可求得隐函数的导数．

例 1　求方程 $x-y+\dfrac{1}{\sin y}=0$ 确定的隐函数 $y=f(x)$ 的导数 $\dfrac{\mathrm{d}y}{\mathrm{d}x}$.

解　方程两边对 x 求导数，有

$$\frac{\mathrm{d}}{\mathrm{d}x}\left(x-y+\frac{1}{\sin y}\right)=\frac{\mathrm{d}}{\mathrm{d}x}(0),$$

$$1-\frac{\mathrm{d}y}{\mathrm{d}x}+\frac{\mathrm{d}}{\mathrm{d}x}\left(\frac{1}{\sin y}\right)=0.$$

由于 $y=f(x)$，应用复合函数求导法则，有

$$\frac{\mathrm{d}}{\mathrm{d}x}\left(\frac{1}{\sin y}\right)=-\frac{1}{\sin^2 y}\cdot\cos y\cdot\frac{\mathrm{d}y}{\mathrm{d}x},$$

代回原方程中，得到

$$1-(1+\cot y\csc y)\frac{\mathrm{d}y}{\mathrm{d}x}=0,$$

从而

$$\frac{\mathrm{d}y}{\mathrm{d}x}=\frac{1}{1+\cot y\csc y}\quad(1+\cot y\csc y\neq 0).$$

例 2　求椭圆 $\dfrac{x^2}{16}+\dfrac{y^2}{9}=1$ 在点 $\left(2,\dfrac{3}{2}\sqrt{3}\right)$ 处的切线方程（图 2-4）.

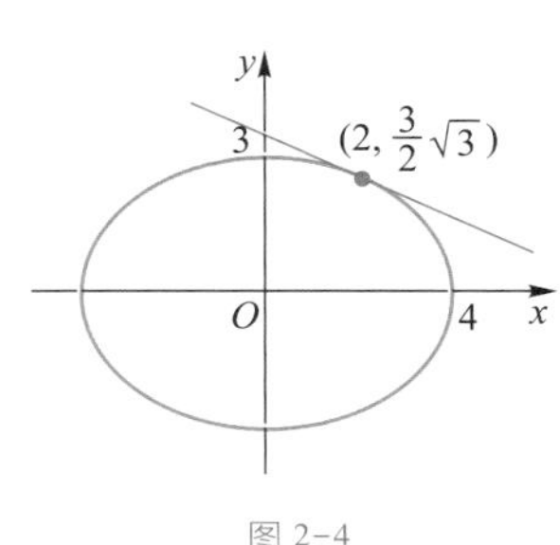

图 2-4

解　由导数的几何意义知，在点 $\left(2,\dfrac{3}{2}\sqrt{3}\right)$ 处的切线的斜率 $k=y'|_{x=2}$.

为此，在椭圆方程两边分别对 x 求导，有

$$\frac{x}{8}+\frac{2}{9}y\cdot y'=0,$$

从而

$$y'=-\frac{9x}{16y}.$$

当 $x=2$ 时，$y=\frac{3}{2}\sqrt{3}$，代入上式得

$$k=y'|_{x=2}=-\frac{9}{16}\times 2\times\frac{2}{3\sqrt{3}}=-\frac{\sqrt{3}}{4},$$

于是所求的切线方程是

$$y-\frac{3}{2}\sqrt{3}=-\frac{\sqrt{3}}{4}(x-2),$$

即

$$\sqrt{3}x+4y-8\sqrt{3}=0.$$

例 3 设 $y=1+xe^{y}$，求 $y'|_{x=0}$，$y''|_{x=0}$.

解 方程两边对 x 求导，得

$$y'=e^{y}+xe^{y}y',$$

故

$$y'=\frac{e^{y}}{1-xe^{y}}.$$

注意到 $xe^{y}=y-1$，于是

$$y'=\frac{e^{y}}{2-y}. \tag{2-9}$$

上式两边再对 x 求导，有

$$y''=\left(\frac{e^{y}}{2-y}\right)'_x=\left(\frac{e^{y}}{2-y}\right)'_y\cdot y'_x=\frac{(e^{y})'_y\cdot(2-y)-e^{y}\cdot(2-y)'_y}{(2-y)^2}y'$$

$$=\frac{e^{y}\cdot(2-y)-e^{y}\cdot(-1)}{(2-y)^2}y'=\frac{e^{y}(3-y)}{(2-y)^2}\cdot\frac{e^{y}}{2-y}=\frac{e^{2y}(3-y)}{(2-y)^3}.$$

即

$$y''=\frac{e^{2y}(3-y)}{(2-y)^3}. \tag{2-10}$$

当 $x=0$ 时，$y=1$，代入式(2-9)，(2-10)得

$$y'|_{x=0}=e,\quad y''|_{x=0}=2e^{2}.$$

对某些显函数 $y=f(x)$，有时直接求导比较困难，那么可以在等号两边取对数，将其化为隐函数，再利用隐函数的求导法则求其导数．这种方

法称为对数求导法.

例如,函数 $y=x^x$ 既不是幂函数也不是指数函数,如何求导数?

一般地,形如 $y=u(x)^{v(x)}(u(x)>0)$ 的函数称为幂指函数,利用对数求导法求其导数.

例 4 设 $y=u(x)^{v(x)}(u(x)>0)$,求 y'.

解 对方程两边取对数,得到 $\ln y=v(x)\ln u(x)$. 注意到 $y=y(x)$,方程两边对 x 求导,有

$$\frac{1}{y}y'=v'(x)\ln u(x)+v(x)\frac{u'(x)}{u(x)},$$

故

$$y'=y\left[v'(x)\ln u(x)+v(x)\frac{u'(x)}{u(x)}\right].$$

特别地,对 $y=x^x$ 有

$$y'=y(\ln x+1)=x^x(1+\ln x).$$

注 对幂指函数,也可以利用复合函数求导法求其导数. 因为 $y=u^v=\mathrm{e}^{v\ln u}$,所以有

$$y'=\mathrm{e}^{v\ln u}(v\ln u)'=\mathrm{e}^{v\ln u}\left(v'\cdot\ln u+v\cdot\frac{1}{u}\cdot u'\right)=u^v\left(v'\cdot\ln u+\frac{vu'}{u}\right).$$

对某些连乘、带根号的函数利用对数求导法也很简便.

例 5 设 $y=\dfrac{\sqrt{x+2}(3-x)^4}{(x+1)^5}$,求 y'.

解 由题设得

$$\ln|y|=\frac{1}{2}\ln|x+2|+4\ln|3-x|-5\ln|x+1|,$$

两边对 x 求导数,有

$$\frac{1}{y}y'=\frac{1}{2(x+2)}-\frac{4}{3-x}-\frac{5}{x+1},$$

即

$$y'=y\left[\frac{1}{2(x+2)}-\frac{4}{3-x}-\frac{5}{x+1}\right].$$

2.4.2 由参数方程所确定的函数的导数

在研究函数关系时,常常很难直接建立变量 x 和 y 的关系式,这时需

要引入另一变量 t,分别建立 x 和 t 以及 y 和 t 的函数关系:$x=\varphi(t)$,$y=\psi(t)$,或者写作

$$\begin{cases} x=\varphi(t), \\ y=\psi(t). \end{cases} \tag{2-11}$$

这里 t 称为参变量,也称参数. 对每一个 t,都对应唯一的 x 和 y. 从几何上看,$(x,y)=(\varphi(t),\psi(t))$表示平面上一动点,随着 t 的变化而描绘出一条曲线,于是式(2-11)称为曲线的参数方程;如果 x 和 y 的对应关系式是函数关系式,则称为由参数方程(2-11)所确定的函数,这里的参数往往具有物理意义或几何意义.

例如,参数方程

$$\begin{cases} x=R\cos\theta, \\ y=R\sin\theta \end{cases} \quad (0\leqslant\theta\leqslant 2\pi)$$

确定的函数代表平面上一个圆,其圆心在原点,半径为 R,这里的参数 θ 有明显的几何意义,即原点到点(x,y)的连线与 x 轴之间的夹角.

如果将上述参数方程中 R 略做变换就得到椭圆的方程:

$$\begin{cases} x=a\cos\theta, \\ y=b\sin\theta \end{cases} \quad (0\leqslant\theta\leqslant 2\pi, 0<b<a),$$

这里 a,b 分别为长半轴和短半轴,参变量 θ 的几何意义较前复杂(图 2-5).

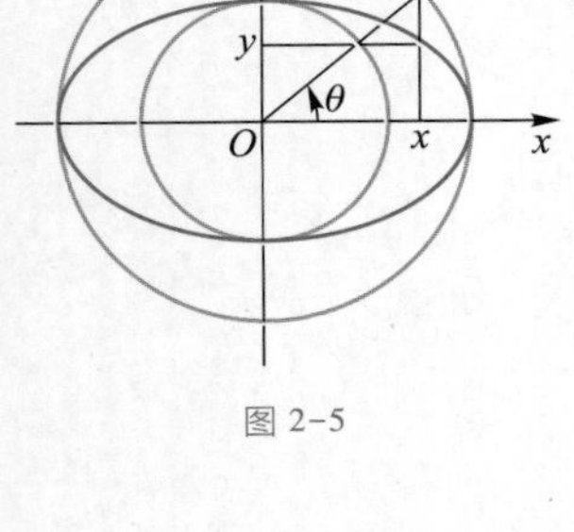

图 2-5

又如,对于抛射体的运动,如果空气的阻力忽略不计,则抛射体的运动轨迹可表示为

$$\begin{cases} x=v_1 t, \\ y=v_2 t-\dfrac{1}{2}gt^2, \end{cases} \tag{2-12}$$

其中 v_1,v_2 分别是抛射体初速度的水平、铅直分量,g 是重力加速度,t 是飞行时间,x 和 y 分别是飞行中抛射体在铅直平面上的位置的横坐标和纵坐标(图 2-6). 式(2-12)就是参数方程所确定的函数,参数 t 的物理意义是表示时间. 通过消去参数 t,可以得到 x 和 y 的函数关系式

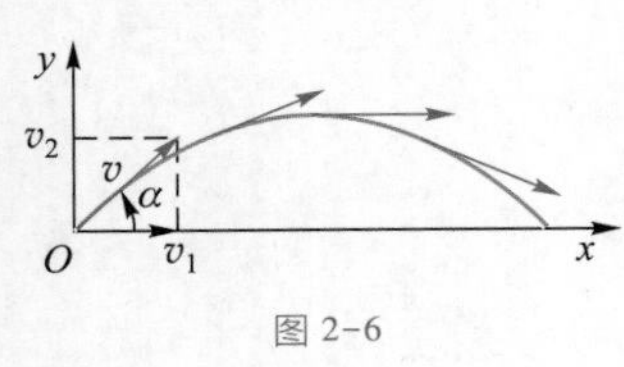

图 2-6

$$y=\frac{v_2}{v_1}x-\frac{g}{2v_1^2}x^2,$$

这个函数就是参数方程(2-12)所确定的函数的显式表示.

在实际问题中,需要计算由参数方程(2-11)所确定的函数的导数,

但是从(2-11)中消去参数 t 有时会很困难．此外，由于参数代表的物理意义或几何意义，我们也希望所求的导数能由参数表示，因此需要有一种方法不必求出 y 关于 x 的表达式而直接求出导数．下面讨论这种求导法则．

定理 2.4.1 设参数方程

$$\begin{cases} x=\varphi(t), \\ y=\psi(t) \end{cases} \quad (\alpha \leqslant t \leqslant \beta)$$

中，$\varphi(t)$，$\psi(t)$ 均可导，且 $x=\varphi(t)$ 严格单调，$\varphi'(t) \neq 0$，则有

$$\frac{\mathrm{d}y}{\mathrm{d}x}=\frac{\psi'(t)}{\varphi'(t)}, \quad 或 \quad \frac{\mathrm{d}y}{\mathrm{d}x}=\frac{\frac{\mathrm{d}y}{\mathrm{d}t}}{\frac{\mathrm{d}x}{\mathrm{d}t}}. \tag{2-13}$$

证 因为 $x=\varphi(t)$ 严格单调，故反函数 $t=\varphi^{-1}(x)$ 存在，从而参数方程所确定的函数可表示成

$$y=\psi(t)=\psi[\varphi^{-1}(x)];$$

又 $x=\varphi(t)$ 可导，且 $\varphi'(t) \neq 0$，则 $t=\varphi^{-1}(x)$ 也可导，且有

$$\frac{\mathrm{d}t}{\mathrm{d}x}=\frac{1}{\varphi'(t)},$$

利用复合函数求导法则，得到

$$\frac{\mathrm{d}y}{\mathrm{d}x}=\frac{\mathrm{d}y}{\mathrm{d}t} \cdot \frac{\mathrm{d}t}{\mathrm{d}x}=\frac{\frac{\mathrm{d}y}{\mathrm{d}t}}{\frac{\mathrm{d}x}{\mathrm{d}t}}=\frac{\psi'(t)}{\varphi'(t)}.$$

注 式(2-13)的右端 $\frac{\psi'(t)}{\varphi'(t)}$ 虽然看上去是 t 的函数，而 t 实际只是参数或中间变量，将 $t=\varphi^{-1}(x)$ 代入右端，则 $\frac{\mathrm{d}y}{\mathrm{d}x}$ 仍是 x 的函数．

式(2-13)就是参数方程(2-11)所确定的函数的求导公式．

如果 $x=\varphi(t)$，$y=\psi(t)$ 还是二阶可导的，那么从式(2-13)又可以得到函数的二阶导数公式

$$\begin{aligned}\frac{\mathrm{d}^2 y}{\mathrm{d}x^2}&=\frac{\mathrm{d}}{\mathrm{d}x}\left(\frac{\mathrm{d}y}{\mathrm{d}x}\right)=\frac{\mathrm{d}\left(\frac{\psi'(t)}{\varphi'(t)}\right)}{\mathrm{d}t} \cdot \left(\frac{\mathrm{d}t}{\mathrm{d}x}\right) \\ &=\frac{\psi''(t)\varphi'(t)-\psi'(t)\varphi''(t)}{\varphi'^2(t)} \cdot \frac{1}{\varphi'(t)},\end{aligned}$$

即

$$\frac{\mathrm{d}^2 y}{\mathrm{d}x^2}=\frac{\psi''(t)\varphi'(t)-\psi'(t)\varphi''(t)}{\varphi'^3(t)}. \tag{2-14}$$

注 求二阶导数 $\frac{\mathrm{d}}{\mathrm{d}x}\left(\frac{\mathrm{d}y}{\mathrm{d}x}\right)$ 时，记住 t 是 $\frac{\mathrm{d}y}{\mathrm{d}x}$ 的中间变量，利用复合函数求导法转换成 $\frac{\mathrm{d}}{\mathrm{d}t}\left(\frac{\mathrm{d}y}{\mathrm{d}x}\right) \cdot \frac{\mathrm{d}t}{\mathrm{d}x}$.

例 6 已知椭圆的参数方程是

$$\begin{cases} x=a\cos t, \\ y=b\sin t. \end{cases}$$

(1) 求椭圆在 $t=\dfrac{\pi}{4}$ 相应点处的切线方程；

(2) 求二阶导数 $\dfrac{\mathrm{d}^2y}{\mathrm{d}x^2}$.

解 (1) $t=\dfrac{\pi}{4}$ 相应的点 M_0 的坐标是

$$x_0=a\cos\frac{\pi}{4}=\frac{\sqrt{2}}{2}a,\quad y_0=b\sin\frac{\pi}{4}=\frac{\sqrt{2}}{2}b.$$

曲线在点 M_0 的切线的斜率是曲线方程 $y=f(x)$ 在 x_0 处的导数，故

$$k=\frac{\mathrm{d}y}{\mathrm{d}x}\bigg|_{x_0=\frac{\sqrt{2}a}{2}}=\frac{\dfrac{\mathrm{d}y}{\mathrm{d}t}}{\dfrac{\mathrm{d}x}{\mathrm{d}t}}\Bigg|_{t=\frac{\pi}{4}}=\frac{(b\sin t)'}{(a\cos t)'}\bigg|_{t=\frac{\pi}{4}}=-\frac{b\cos t}{a\sin t}\bigg|_{t=\frac{\pi}{4}}=-\frac{b}{a}.$$

从而所求切线方程是

$$y-\frac{\sqrt{2}}{2}b=-\frac{b}{a}\left(x-\frac{\sqrt{2}}{2}a\right),$$

即

$$bx+ay-\sqrt{2}ab=0.$$

(2) $$\frac{\mathrm{d}^2y}{\mathrm{d}x^2}=\frac{\mathrm{d}}{\mathrm{d}x}\left(\frac{\mathrm{d}y}{\mathrm{d}x}\right)=\frac{\mathrm{d}}{\mathrm{d}x}\left(-\frac{b\cos t}{a\sin t}\right)=\frac{\mathrm{d}}{\mathrm{d}t}\left(-\frac{b\cos t}{a\sin t}\right)\cdot\frac{\mathrm{d}t}{\mathrm{d}x}$$

$$=-\frac{-b\sin t(a\sin t)-b\cos t(a\cos t)}{a^2\sin^2 t}\cdot\frac{1}{-a\sin t}$$

$$=-\frac{b}{a^2\sin^3 t}.$$

注 例6（2）也可以直接运用公式（2-14）.

例 7 已知抛射体的运动轨迹的参数方程是

$$\begin{cases} x=v_1t, \\ y=v_2t-\dfrac{1}{2}gt^2, \end{cases}$$

求抛射体在时刻 t 的运动速度的大小和方向.

解　先求速度的大小．由于速度的水平分量是

$$\frac{\mathrm{d}x}{\mathrm{d}t}=v_1,$$

速度的铅直分量是

$$\frac{\mathrm{d}y}{\mathrm{d}t}=v_2-gt,$$

所以抛射体运动速度的大小是

$$v=\sqrt{\left(\frac{\mathrm{d}x}{\mathrm{d}t}\right)^2+\left(\frac{\mathrm{d}y}{\mathrm{d}t}\right)^2}=\sqrt{v_1^2+(v_2-gt)^2}.$$

再求速度的方向,也就是轨迹的切线方向．设 α 是切线的倾斜角,则在时刻 t 有

$$\tan\alpha=\frac{\mathrm{d}y}{\mathrm{d}x}=\frac{\dfrac{\mathrm{d}y}{\mathrm{d}t}}{\dfrac{\mathrm{d}x}{\mathrm{d}t}}=\frac{v_2-gt}{v_1}.$$

特别地,在抛射体刚射出($t=0$)时,

$$\tan\alpha\big|_{t=0}=\left.\frac{\mathrm{d}y}{\mathrm{d}x}\right|_{t=0}=\frac{v_2}{v_1};$$

当 $t=\dfrac{v_2}{g}$时,

$$\tan\alpha\big|_{t=\frac{v_2}{g}}=\left.\frac{\mathrm{d}y}{\mathrm{d}x}\right|_{t=\frac{v_2}{g}}=0,$$

这时运动方向是水平的,即抛射体达到最高点（图 2-6)．

习题 2-4

A 题

1. 求由下列方程所确定的隐函数的导数$\dfrac{\mathrm{d}y}{\mathrm{d}x}$:

(1) $x^2+xy+y^2=4$;　　(2) $x^3+y^3-3xy=0$;

(3) $y=x+\dfrac{1}{2}\sin y$;　　(4) $y-\cos(x+y)=0$;

(5) $y=1-\ln(x+y)+e^{y}$;

(6) $y=x+\arctan y$.

2. 求由下列方程所确定的隐函数的二阶导数$\dfrac{d^2y}{dx^2}$:

(1) $e^{x+y}-xy=0$;

(2) $y^2+2\ln y-x^4=0$;

(3) $y=\tan(x+y)$;

(4) $y^2=2px$.

3. 求由下列方程所确定的隐函数在指定点的导数:

(1) $\sin(xy)+\ln(y-x)=x$,求 $y'(0)$;

(2) $x^3+y^3-\sin 3x+6y=0$,求 $y'(0)$;

(3) $e^y+xy=e$,求 $y''(0)$.

4. 用对数求导法求下列函数的导数:

(1) $y=(x^2+1)^3(x+2)^2x^6$;

(2) $y=x\sqrt{\dfrac{1-x}{1+x}}$;

(3) $y=\dfrac{x^2}{1-x}\sqrt[3]{\dfrac{x+1}{1+x+x^2}}$;

(4) $y=\sqrt{x\sin x\sqrt{1-e^x}}$;

(5) $y=\left(\dfrac{x}{1+x}\right)^x$;

(6) $y=x^{\sin x}$.

5. 求下列参数方程所确定的函数的导数$\dfrac{dy}{dx}$:

(1) $\begin{cases}x=1-t,\\ y=t-t^2;\end{cases}$

(2) $\begin{cases}x=\theta(1-\cos\theta),\\ y=\theta\cos\theta;\end{cases}$

(3) $\begin{cases}x=e^t\sin t,\\ y=e^t\cos t;\end{cases}$

(4) $\begin{cases}x=\dfrac{3at}{1+t^2},\\ y=\dfrac{3at^2}{1+t^2}.\end{cases}$

6. 求下列曲线在所给参数值相应的点处的切线方程和法线方程:

(1) $\begin{cases}x=\sin t,\\ y=\cos 2t,\end{cases}$ 在 $t=\dfrac{\pi}{4}$处;

(2) $\begin{cases}x=a(t-\sin t),\\ y=a(1-\cos t)\end{cases}$ (a 是常数),在 $t=\dfrac{\pi}{2}$处.

7. 求下列参数方程所确定的函数的二阶导数$\dfrac{d^2y}{dx^2}$:

(1) $\begin{cases}x=2t-t^2,\\ y=3t-t^3;\end{cases}$

(2) $\begin{cases}x=3e^{-t},\\ y=2e^t;\end{cases}$

(3) $\begin{cases}x=\ln(1+t^2),\\ y=t-\arctan t;\end{cases}$

(4) $\begin{cases}x=f'(t),\\ y=tf'(t)-f(t),\end{cases}$ 设$f''(t)$存在且不为零.

B 题

1. 填空题

(1)(考研真题,2008 年数学一)曲线 $\sin(xy)+\ln(y-x)=x$ 在点 $(0,1)$ 处的切线方程为________.

(2)(考研真题,2013 年数学一)设函数 $y=f(x)$ 由方程 $y-x=e^{x(1-y)}$ 确定,则 $\lim\limits_{n\to\infty} n\left(f\left(\dfrac{1}{n}\right)-1\right)=$________.

(3)(考研真题,2009 年数学二)设函数 $y=y(x)$ 是由方程 $xy+e^{y}=x+1$ 确定的隐函数,则 $\left.\dfrac{d^2y}{dx^2}\right|_{x=0}=$________.

(4)(考研真题,2013 年数学二)曲线 $\begin{cases}x=\arctan t,\\ y=\ln\sqrt{1+t^2}\end{cases}$ 上对应于 $t=1$ 的点处的法线方程为________.

(5)(考研真题,2013 年数学一)曲线 $\begin{cases}x=\sin t,\\ y=t\sin t+\cos t\end{cases}$($t$ 为参数),则 $\left.\dfrac{d^2y}{dx^2}\right|_{t=\frac{\pi}{4}}=$________.

(6)(考研真题,2007 年数学二)曲线 $\begin{cases}x=\cos t+\cos^2 t,\\ y=1+\sin t\end{cases}$ 上对应于 $t=\dfrac{\pi}{4}$ 的点处的法线斜率为________.

(7)(考研真题,2023 年数学二)$3x^3=y^5+2y^3$ 在 $x=1$ 对应点处的法线斜率为________.

(8)(考研真题,2020 年数学三)曲线 $x+y+e^{2xy}=0$ 在 $(0,-1)$ 处的切线方程是________.

2. 求由方程 $x^y+y^x=1$ 确定的隐函数的导数 $\dfrac{dy}{dx}$.

3. 求下列函数的导数 $\dfrac{dy}{dx}$:

(1) $y=\left(\dfrac{a}{b}\right)^x\left(\dfrac{b}{x}\right)^a\left(\dfrac{x}{a}\right)^b\left(a>0,b>0,\dfrac{a}{b}\neq 1\right)$;

(2) $y=(\sin x)^{\tan x}+\dfrac{x}{x^{\ln x}}\sqrt[3]{\dfrac{2-x}{(2+x)^2}}$.

4. (考研真题,2023 年数学一)$f(x)$ 由 $\begin{cases}x=2t+|t|\\ y=|t|\sin t\end{cases}$,确定,则(　　).

A. $f(x)$ 连续,但 $f'(0)$ 不存在　　　B. $f'(0)$ 存在,但 $f'(x)$ 不连续

C. $f'(x)$连续，但$f''(0)$不存在　　D. $f''(0)$存在，但$f''(x)$不连续

2.5 函数的微分

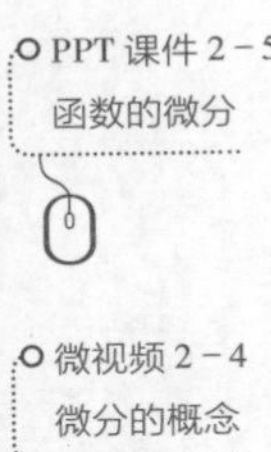

微分是和导数密切相关但又有本质区别的一个概念，本节主要介绍微分的概念、计算和简单应用.

2.5.1 微分的定义

在实际问题中，我们需要研究函数的改变量 $\Delta y=f(x+\Delta x)-f(x)$ 与自变量改变量 Δx 的关系.

例 1　设线性函数 $y=ax+b$，则当自变量在点 x_0 处有改变量 Δx 时，函数相应的改变量是

$$\Delta y=a(x_0+\Delta x)+b-(ax_0+b)=a\Delta x. \tag{2-15}$$

例 2　设幂函数 $y=x^2$，则当自变量在点 x_0 处有改变量 Δx 时，函数相应的改变量是

$$\Delta y=(x_0+\Delta x)^2-x_0^2=2x_0\Delta x+(\Delta x)^2. \tag{2-16}$$

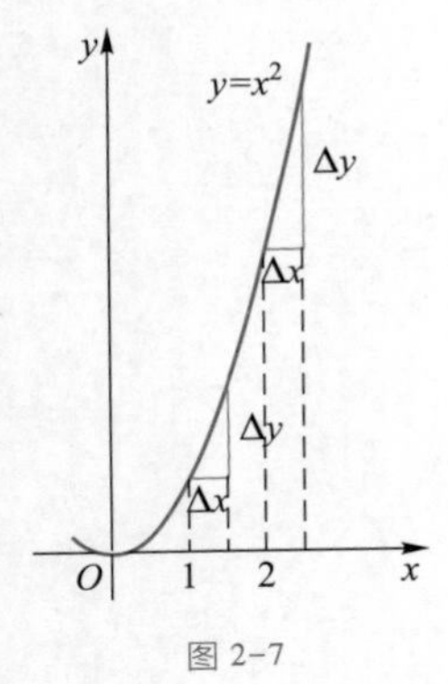

图 2-7

比较上述两例发现，在例 1 中 Δy 与 Δx 呈现简单的线性关系，不管自变量 x 的起点在哪里开始变化，只要自变量的改变量一样，对应的函数的改变量也是一样的；对于例 2，Δy 与 Δx 呈现非线性关系，函数的改变量不仅和自变量改变量的大小有关，还与自变量的起点有关（图 2-7）.

由于线性关系比非线性关系简单易算，故而考虑研究函数改变量时，在微小的局部，是否能用线性关系（2-15）代替非线性关系（2-16）？若能，它的误差会是多少？

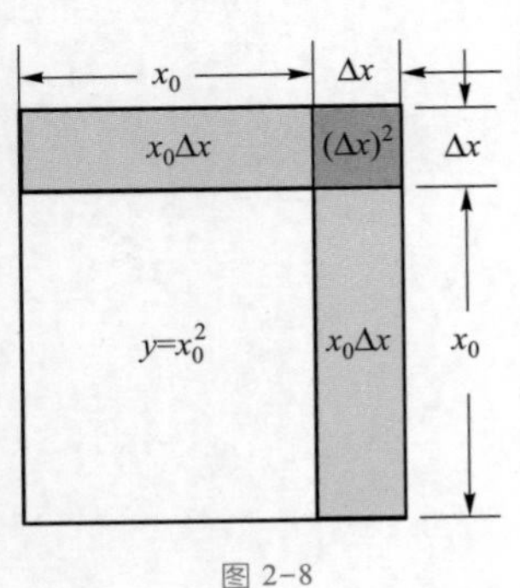

图 2-8

例 3　一块正方形金属薄片受温度影响，其边长由 x_0 变到 $x_0+\Delta x$（图 2-8），问此薄片的面积改变了多少？

薄片的面积设为 y，边长设为 x，则有 $y=x^2$，其面积改变量和边长改变量的关系式正是式（2-16）. 其中 Δy 分为两部分：第一部分 $2x_0\Delta x$ 与 Δx 是线性关系，即图中两块浅色矩形的面积之和；第二部分 $(\Delta x)^2$ 与 Δx 是平方关系，是图中深色小正方形的面积. 当 Δx 很小时，从图中可以看出，

第二部分要比第一部分小很多．实际上，当 $\Delta x\to 0$ 时，$2x_0\Delta x$ 是 Δx 的同阶无穷小，而 $(\Delta x)^2$ 是 Δx 的高阶无穷小，即 $(\Delta x)^2=o(\Delta x)$．所以当边长改变很微小，即 $|\Delta x|$ 很小时，面积改变量 Δy 可以用第一部分近似代替，即 $\Delta y\approx 2x_0\Delta x$.

由此，抽象出微分的概念：

定义 2.5.1　设函数 $y=f(x)$ 在某区间有定义，x_0 及 $x_0+\Delta x$ 在这区间内．如果函数改变量

$$\Delta y=f(x_0+\Delta x)-f(x_0)$$

可表示为

$$\Delta y=A\Delta x+o(\Delta x),\tag{2-17}$$

其中 A 是不依赖于 Δx 的常数，那么称函数 $y=f(x)$ 在点 x_0 处是可微的，而 $A\Delta x$ 叫作函数 $y=f(x)$ 在点 x_0 相应于自变量改变量 Δx 的微分，记作 $\mathrm{d}y$，即

$$\mathrm{d}y=A\Delta x.$$

注　由于 $A\Delta x$ 是 Δx 的线性函数，且若 $A\neq 0$，有

$$\lim_{\Delta x\to 0}\frac{\Delta y}{\mathrm{d}y}=\lim_{\Delta x\to 0}\frac{A\Delta x+o(\Delta x)}{A\Delta x}=1+\frac{1}{A}\lim_{\Delta x\to 0}\frac{o(\Delta x)}{\Delta x}=1,$$

即 $\mathrm{d}y$ 是 Δy 的等价无穷小，而 $o(\Delta x)$ 是其高阶无穷小，因此对 Δy 而言，只要 Δx 充分小，起主要作用的是 $\mathrm{d}y$，所以 $\mathrm{d}y$ 称为是 Δy 的线性主部．在近似计算中，用微分 $\mathrm{d}y=A\Delta x$ 近似代替函数改变量 Δy，其误差是 $o(\Delta x)$，于是有近似等式 $\Delta y\approx \mathrm{d}y$.

如果 $y=f(x)$ 在点 x_0 可微，则有 $\mathrm{d}y=A\Delta x$，那么 $A=$？下面的定理回答了这一问题．

定理 2.5.1　函数 $y=f(x)$ 在 x_0 处可微的充分必要条件是函数 $f(x)$ 在 x_0 处可导，且

$$\mathrm{d}y=f'(x_0)\Delta x.$$

证　(1) 必要性．设 $y=f(x)$ 在 x_0 处可微，依定义有(2-17)成立，从而

$$\frac{\Delta y}{\Delta x}=A+\frac{o(\Delta x)}{\Delta x}.$$

令 $\Delta x\to 0$，因为 $o(\Delta x)$ 是 Δx 的高阶无穷小，所以

$$f'(x_0)=\lim_{\Delta x\to 0}\frac{\Delta y}{\Delta x}=A,$$

即 $f(x)$ 在 x_0 处可导，且 $A=f'(x_0)$，故 $\mathrm{d}y=f'(x_0)\Delta x$.

(2) 充分性．设 $f(x)$ 在 x_0 处可导，则

$$\lim_{\Delta x\to 0}\frac{\Delta y}{\Delta x}=f'(x_0),$$

即

$$\lim_{\Delta x\to 0}\left[\frac{\Delta y}{\Delta x}-f'(x_0)\right]=0,$$

故$\frac{\Delta y}{\Delta x}-f'(x_0)$是$\Delta x\to 0$的无穷小，记作$\alpha$. 于是

$$\frac{\Delta y}{\Delta x}=f'(x_0)+\alpha,$$

从而

$$\Delta y=f'(x_0)\Delta x+\alpha\Delta x.$$

因为当$\Delta x\to 0$时,$\alpha\to 0$,所以$\alpha\Delta x=o(\Delta x)$,且$f'(x_0)$不依赖于$\Delta x$,故上式相当于(2-17)式,所以知函数$y=f(x)$在$x_0$处可微.

注 定理2.5.1指出函数$y=f(x)$在x_0处可微与可导是等价的，且$A=f'(x_0)$，由此函数在x_0处的微分是

$$dy=f'(x_0)\Delta x.$$

定义2.5.2 若函数$y=f(x)$在区间I上每一点都可微，则称$y=f(x)$是I上的可微函数;$y=f(x)$在I上任一点x处的微分,称为函数的微分,记作dy或$df(x)$,即

$$dy=f'(x)\Delta x.$$

上式表明微分运算不必引入新的运算,要求函数的微分,只需求出函数的导数，再乘自变量的改变量即可.

例4 求函数$y=x^3$在x处的改变量Δy和微分dy.

(1) 当x与Δx为任意值时;

(2) 当$x=2,\Delta x=0.01$时;

(3) 当$x=2,\Delta x=-0.01$时.

解 (1) $\Delta y=(x+\Delta x)^3-x^3=3x^2\Delta x+3x(\Delta x)^2+(\Delta x)^3,$

$$dy=(x^3)'\Delta x=3x^2\Delta x.$$

(2) $\Delta y\big|_{x=2,\Delta x=0.01}=3\times 2^2\times 0.01+3\times 2\times 0.01^2+0.01^3=0.120\,601,$

$$dy\big|_{x=2,\Delta x=0.01}=3\times 2^2\times 0.01=0.12.$$

(3) $\Delta y\big|_{x=2,\Delta x=-0.01}=3\times 2^2\times(-0.01)+3\times 2\times(-0.01)^2+(-0.01)^3$

$$=-0.119\,401,$$

$$dy\big|_{x=2,\Delta x=-0.01}=3\times 2^2\times(-0.01)=-0.12.$$

例5 求函数$y=x$在x处的微分.

解 $$dy=dx=(x)'\Delta x=\Delta x.$$

注 由例5知$\Delta x=dx$,即自变量x的改变量和自变量的微分总相等，因此Δx也称为自变量的微分，从而函数$y=f(x)$的微分又可以记作$dy=f'(x)dx$,从而有$\frac{dy}{dx}=f'(x)$，即函数的微分dy与自变量的微分dx之商等于这个函数的导数. 因此导数也叫作微商.

2.5.2 微分的几何意义

为了对微分有直观的了解,我们来说明函数$y=f(x)$在$x=x_0$处的微

分 $dy=f'(x_0)\Delta x$ 的几何意义.

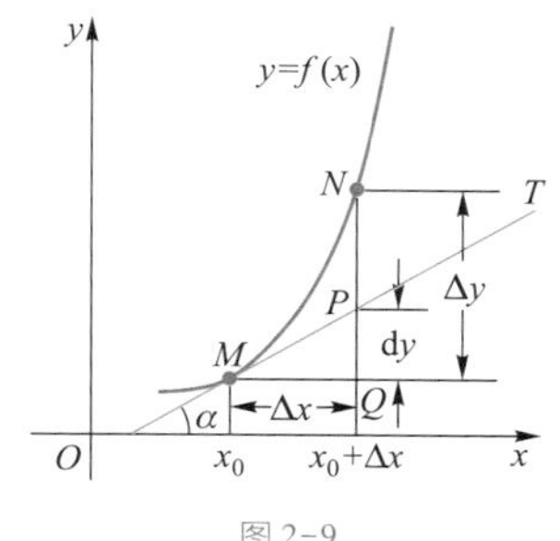

图 2-9

如图 2-9 所示,在直角坐标系中,函数 $y=f(x)$ 的图形是一条曲线,对于 $x=x_0$,曲线上有一个确定的点 $M(x_0,f(x_0))$ 与之对应,过 M 点作切线 MT,其倾斜角是 α,则其斜率是 $\tan\alpha=f'(x_0)$. 当自变量 x 有微小的改变量 Δx 时,就得到曲线上另一个点 $N(x_0+\Delta x,f(x_0+\Delta x))$,从而

$$\Delta x=MQ,$$

$$\Delta y=f(x_0+\Delta x)-f(x_0)=QN,$$

$$dy=f'(x_0)\Delta x=\tan\alpha\cdot MQ=QP.$$

由此可见,对于可微函数 $y=f(x)$ 而言,Δy 是曲线 $y=f(x)$ 上点的纵坐标的改变量,而 dy 就是曲线切线上点的纵坐标的相应改变量. 当 $|\Delta x|$ 很小时,由于 $\Delta y-dy=o(\Delta x)$,故 $|\Delta y-dy|$ 比 $|\Delta x|$ 小很多,即线段 PN 很短,这意味着在点 M 附近,Δx 越小,该曲线和切线越靠近,当 $\Delta x\to 0$ 时,曲线和切线趋于一致. 因此在点 M 附近,可以用切线段近似代替曲线段.

在局部范围内用线性函数近似代替非线性函数,在几何上就是局部用切线段近似代替曲线段,这在数学上称为非线性函数的局部线性化,这是微分学的基本思想方法之一,这种思想方法在自然科学和工程问题的研究中经常采用.

2.5.3 基本初等函数的微分公式和微分运算法则

从函数的微分表达式

$$dy=f'(x)dx$$

可以看出,要计算函数的微分,只需先计算函数的导数,再乘以自变量的微分. 因此,容易得到如下的微分公式和微分运算法则.

1. 基本初等函数的微分公式

由基本初等函数的导数公式,可直接写出基本初等函数的微分公式,罗列如下:

$$dC=0,\qquad d(x^{\mu})=\mu x^{\mu-1}dx,$$

$$d\left(\frac{1}{x}\right)=-\frac{1}{x^2}dx,\qquad d(\sqrt{x})=\frac{1}{2\sqrt{x}}dx,$$

$$d(a^x)=a^x\ln a\,dx,\qquad d(e^x)=e^x dx,$$

$$d(\log_a x)=\frac{1}{x\ln a}dx,\qquad d(\ln x)=\frac{1}{x}dx,$$

$$d(\sin x)=\cos x\,dx,\qquad d(\cos x)=-\sin x\,dx,$$

$$d(\tan x)=\sec^2 x\,dx,\qquad d(\cot x)=-\csc^2 x\,dx,$$

$$d(\sec x)=\sec x\tan x\,dx,\qquad d(\csc x)=-\csc x\cot x\,dx,$$

$$d(\arcsin x)=\frac{1}{\sqrt{1-x^2}}dx,\qquad d(\arccos x)=-\frac{1}{\sqrt{1-x^2}}dx,$$

$$d(\arctan x)=\frac{1}{1+x^2}dx,\qquad d(\text{arccot}\, x)=-\frac{1}{1+x^2}dx.$$

2. 微分的四则运算法则

设函数 $u=u(x)$ 与 $v=v(x)$ 均可微，由求函数导数的四则运算法则，可推得相应的微分法则：

（1） $d[u(x)\pm v(x)]=du(x)\pm dv(x)$；

（2） $d[Cu(x)]=Cdu(x)$；

（3） $d[u(x)v(x)]=u(x)dv(x)+v(x)du(x)$；

（4） $d\left[\dfrac{u(x)}{v(x)}\right]=\dfrac{v(x)du(x)-u(x)dv(x)}{v^2(x)}\quad(v(x)\neq 0)$.

例如,法则(3)的证明如下：

$$\begin{aligned}d[u(x)v(x)]&=[u(x)v(x)]'dx=[u'(x)v(x)+u(x)v'(x)]dx\\&=u'(x)v(x)dx+u(x)v'(x)dx.\end{aligned}$$

注意到

$$u'(x)dx=du(x),\quad v'(x)dx=dv(x),$$

所以

$$d[u(x)v(x)]=v(x)du(x)+u(x)dv(x).$$

其他法则可以类似证明.

3. 复合函数的微分法则

设函数 $y=f(u)$ 可导，若 u 是自变量，则有

$$dy=f'(u)du.$$

若 u 是中间变量，即 u 又是自变量 x 的函数，设 $u=g(x)$ 可导，则复合函

数 $y=f[g(x)]$ 的微分为

$$dy=y'_x dx=f'(u)g'(x)dx.$$

注意到 $g'(x)dx=dg(x)=du$,所以复合函数 $y=f[g(x)]$ 的微分公式也可以写成

$$dy=f'(u)du \quad 或 \quad dy=y'_u du.$$

由此可见，无论 u 是中间变量还是自变量，微分形式 $dy=f'(u)du$ 保持不变，这一性质称为一阶微分形式不变性.

因此,复合函数的微分既可以利用链式法则求出函数对自变量 x 的导数再乘以 dx，也可以利用微分形式的不变性，逐次求中间变量直至自变量的微分.

例 6 $y=\sin(2x+1)$,求 dy.

解 $$dy=y'_x dx=\cos(2x+1)\cdot 2dx=2\cos(2x+1)dx.$$

或者利用微分不变性，令 $u=2x+1$，则

$$\begin{aligned} dy &=y'_u du=\cos u du=\cos(2x+1)d(2x+1) \\ &=\cos(2x+1)\cdot 2dx=2\cos(2x+1)dx. \end{aligned}$$

熟练后也可以不写中间变量，直接写成

$$dy=\cos(2x+1)d(2x+1)=\cos(2x+1)\cdot 2dx=2\cos(2x+1)dx.$$

例 7 $y=\ln(\sqrt{1+x^2})$,求 dy.

解 $$\begin{aligned} dy &=d\ln(\sqrt{1+x^2})=\frac{1}{\sqrt{1+x^2}}d(\sqrt{1+x^2}) \\ &=\frac{1}{\sqrt{1+x^2}}\cdot\left(\frac{1}{2\sqrt{1+x^2}}\right)d(1+x^2) \\ &=\frac{2x}{2(1+x^2)}dx=\frac{x}{1+x^2}dx. \end{aligned}$$

例 8 $y=\dfrac{\cos 2x}{e^{x^2}}$,求 dy.

解 利用微分的除法运算法则有

$$\begin{aligned} dy &=d\left(\frac{\cos 2x}{e^{x^2}}\right)=\frac{e^{x^2}d(\cos 2x)-\cos 2x d(e^{x^2})}{e^{2x^2}} \\ &=\frac{-e^{x^2}\cdot\sin 2x d(2x)-\cos 2x\cdot e^{x^2}d(x^2)}{e^{2x^2}} \end{aligned}$$

$$= \frac{-e^{x^2} \cdot \sin 2x \cdot 2 - e^{x^2} \cdot \cos 2x \cdot 2x}{e^{2x^2}} dx$$

$$= -\frac{2\sin 2x + 2x\cos 2x}{e^{x^2}} dx.$$

2.5.4 微分在近似计算中的应用

1. 函数的近似计算

如前所述，若函数 $y=f(x)$ 在 $x=x_0$ 可微，则其在 $x=x_0$ 处的函数改变量

$$\Delta y = dy + o(\Delta x).$$

由于 $dy=f'(x_0)dx$ 是 x 的线性函数，注意到 $\Delta y - dy = o(\Delta x)$，所以用 dy 近似代替 Δy，不仅易于计算，而且若 $|\Delta x|$ 越小，所得的误差 $|\Delta y - dy|$ 也越小，近似程度越好．于是当 $|\Delta x|$ 很小时，有

$$f(x_0+\Delta x) - f(x_0) \approx f'(x_0)\Delta x, \tag{2-18}$$

$$f(x_0+\Delta x) \approx f(x_0) + f'(x_0)\Delta x, \tag{2-19}$$

令 $x=x_0+\Delta x$，即 $\Delta x = x - x_0$，则有

$$f(x) \approx f(x_0) + f'(x_0)(x-x_0). \tag{2-20}$$

一般地，为求 $f(x)$ 的近似值，可在 x 附近找一点 x_0，只要 $f(x_0)$ 和 $f'(x_0)$ 便于计算，就可以利用近似公式(2-20)求得近似值．

例9 求 $\sin 30°30'$ 的近似值．

解 将 $\sin 30°30'$ 化成弧度

$$30°30' = 30 \cdot \frac{\pi}{180} + \frac{30}{60} \cdot \frac{\pi}{180} = \frac{\pi}{6} + \frac{\pi}{360}.$$

令 $f(x)=\sin x$，$x_0=\frac{\pi}{6}$，$\Delta x = x - x_0 = \frac{\pi}{360}$，则

$$f(x_0) = \sin\frac{\pi}{6}, \quad f'(x_0) = \cos x\Big|_{x=x_0} = \cos\frac{\pi}{6},$$

由近似公式(2-19)或(2-20) 求得

$$\sin 30°30' = \sin\left(\frac{\pi}{6}+\frac{\pi}{360}\right) \approx \sin\frac{\pi}{6} + \cos\frac{\pi}{6} \cdot \frac{\pi}{360}$$

$$= \frac{1}{2} + \frac{\sqrt{3}}{2} \cdot \frac{\pi}{360} \approx 0.500\,0 + 0.007\,6$$

$$= 0.507\,6.$$

例 10 有一批半径为 1 cm 的球，为提高球面的光滑度，需镀上一层铜，厚度定为 0.01 cm. 估计一下每只球需要用铜多少克(铜的密度是 8.9 g/cm^3)?

解 设球的半径是 r，球的体积 $V(r)=\frac{4}{3}\pi r^3$，则 $r_0=1$，$\Delta r=0.01$，镀层的体积

$$\Delta V=V(r_0+\Delta r)-V(r_0).$$

利用近似公式（2-18）及 $V'(r_0)=4\pi r^2\big|_{r=r_0}=4\pi$，求得

$$\Delta V\approx V'(r_0)\Delta r=4\pi\times 0.01\approx 4\times 3.14\times 0.01=0.13(\mathrm{cm}^3).$$

于是镀每只球所需的铜约为

$$0.13\times 8.9\approx 1.16(\mathrm{g}).$$

如果在公式（2-20）中取 $x_0=0$，则得到

$$f(x)\approx f(0)+f'(0)x. \tag{2-21}$$

由此得到几个常用的近似公式(假定 $|x|$是较小的数值)：

（1） $\sqrt[n]{1+x}\approx 1+\frac{1}{n}x$；

（2） $\sin x\approx x$(x 用弧度作为单位来表达)；

（3） $\tan x\approx x$(x 用弧度作为单位来表达)；

（4） $\mathrm{e}^x\approx 1+x$；

（5） $\ln(1+x)\approx x$.

例如，(1)的证明如下：设 $f(x)=\sqrt[n]{1+x}$，则

$$f(0)=1,\quad f'(0)=\frac{1}{n}(1+x)^{\frac{1}{n}-1}\Big|_{x=0}=\frac{1}{n}.$$

代入公式（2-21）得到

$$\sqrt[n]{1+x}\approx 1+\frac{1}{n}x.$$

其他几个公式可类似证明.

例 11 求 $\sqrt[5]{1.02}$的近似值.

解 应用 $\sqrt[n]{1+x}\approx 1+\frac{1}{n}x$，其中 $n=5$，$x=0.02$，有

$$\sqrt[5]{1.02}\approx 1+\frac{1}{5}\times 0.02=1.004.$$

例12 求 $\sqrt[5]{245}$ 的近似值.

解 为了应用公式 $\sqrt[n]{1+x}\approx 1+\frac{1}{n}x$,需要把 $\sqrt[5]{245}$ 化为 $\sqrt[5]{1+x}$,x 越小越好. 由于 $3^5=243$,故

注 $\sqrt[5]{1.02}=1.003\ 968\ 378\cdots$, $\sqrt[5]{245}=3.004\ 922\ 093\cdots$, 可见误差很小.

$$\sqrt[5]{245}=\sqrt[5]{243+2}=\sqrt[5]{243\left(1+\frac{2}{243}\right)}$$

$$=3\sqrt[5]{1+\frac{2}{243}}\approx 3\left(1+\frac{1}{5}\times\frac{2}{243}\right)\approx 3.004\ 938.$$

2. 误差估计

在生产实践中，经常需要测量数据，由此产生误差的概念.

例如测量值与真实值之间的误差称为测量误差，根据测量数据计算所得的结果和真实值之间也会有误差，称为间接测量误差. 下面再给出绝对误差和相对误差的概念.

定义 2.5.3 如果某个量的精确值为 A，它的近似值为 a，那么称 $|A-a|$ 是近似值 a 的绝对误差，$\frac{|A-a|}{|a|}$ 是近似值 a 的相对误差.

在实际工作中,某个量的精确值往往无法知道，从而绝对误差和相对误差就无法求得,但是根据测量仪器的精度等因素，有时能够确定误差在某个范围内,于是有

定义 2.5.4 如果某个量的精确值为 A，它的近似值为 a，若绝对误差 $|A-a|$ 不超过某个正数 δ_A,即 $|A-a|\leqslant\delta_A$ 则称 δ_A 是测量 A 的绝对误差限,而 $\frac{\delta_A}{|a|}$ 是测量 A 的相对误差限.

一般地，设函数 $y=f(x)$ 可导，x_0 是测量值，由此得到函数值的误差是 $\Delta y=f(x)-f(x_0)$. 若已知测量 x 的绝对误差限是 δ_x，利用函数的微分近似代替函数的改变量，可以估计出函数 y 的绝对误差限和相对误差限. 由于

$$|x-x_0|\leqslant\delta_x,$$

因此

$$|\Delta y|\approx|\mathrm{d}y|=|f'(x_0)|\cdot|x-x_0|\leqslant|f'(x_0)|\cdot\delta_x,$$

即 y 的绝对误差限约为

$$\delta_y = |f'(x_0)| \cdot \delta_x; \tag{2-22}$$

y 的相对误差限约为

$$\frac{\delta_y}{|y_0|} = \left|\frac{f'(x_0)}{f(x_0)}\right| \cdot \delta_x. \tag{2-23}$$

例 13 设测得的圆钢截面的直径 $D_0 = 40.03$ mm，测量 D 的绝对误差限 $\delta_D = 0.03$ mm. 求圆钢的截面积 S 的绝对误差限和相对误差限.

解 圆钢的截面积为

$$S = f(D) = \frac{\pi}{4}D^2,$$

这里 $D_0 = 40.03$ mm，$\delta_D = 0.03$ mm. 由公式（2-22）得圆钢截面积 S 的绝对误差限为

$$\delta_S = |f'(D_0)| \cdot \delta_D = \frac{\pi}{2}D\Big|_{D=D_0} \cdot \delta_D = \frac{\pi}{2} \times 40.03 \times 0.03 \approx 1.885(\text{mm}^2);$$

由公式（2-23）得 S 的相对误差限为

$$\frac{\delta_S}{|S_0|} = \frac{\frac{\pi}{2}D_0 \cdot \delta_D}{\frac{\pi}{4}D_0^2} = 2\frac{\delta_D}{D_0} = 2 \times \frac{0.03}{40.03} \approx 0.15\%.$$

习题 2-5

A 题

1. 求下列函数在指定点的 Δy 和 $\mathrm{d}y$：

（1）$y = x^2 - x$，在 $x=1$ 处；（2）$y = \sqrt{x+1}$，在 $x=0$ 处.

2. 求下列函数的微分：

（1）$y = 2\sqrt{x} - \frac{1}{\sqrt{x}} + x^3 + 1$；（2）$y = x\cos 2x$；

（3）$y = x\ln x - x$；（4）$y = \tan^2(1-x)$；

（5）$y = x\mathrm{e}^{-2x^2}$；（6）$y = \mathrm{e}^{ax}\sin bx$；

（7）$y = \arcsin\sqrt{1-x^2}$；（8）$y = \arctan\frac{1+x^2}{1-x^2}$.

3. 将适当的函数填入下列括号内，使等式成立．

（1）$\mathrm{d}(\quad)=2\mathrm{d}x$；（2）$\mathrm{d}(\quad)=3x\mathrm{d}x$；

（3）$\mathrm{d}(\quad)=\frac{1}{x}\mathrm{d}x$；（4）$\mathrm{d}(\quad)=\sin x\mathrm{d}x$；

（5）$\mathrm{d}(\quad)=\mathrm{e}^{-2x}\mathrm{d}x$；（6）$\mathrm{d}(\quad)=\frac{1}{\sqrt{x}}\mathrm{d}x$；

（7）$\mathrm{d}(\quad)=\frac{1}{1+x^2}\mathrm{d}x$；（8）$\mathrm{d}(\quad)=\sec 2x\tan 2x\mathrm{d}x$．

4. 利用微分求下列各数的近似值：

（1）$\cos 29°$；（2）$\tan 136°$；

（3）$\sqrt[3]{996}$；（4）$\sqrt[6]{65}$．

5. 设扇形的圆心角 $\alpha=60°$，半径 $R=100\ \mathrm{cm}$. 如果 R 不变，α 减少30′，问扇形面积大约改变了多少？又如果 α 不变，R 增加 1 cm，问扇形面积大约改变了多少？

6. 已知单摆的振动周期 $T=2\pi\sqrt{\frac{l}{g}}$，其中 $g=980\ \mathrm{cm/s^2}$，l 为摆长（单位：cm）. 设原摆长为 20 cm，为使周期 T 增大 0.05 s，摆长约需增加多少？

B 题

1. 利用一阶微分形式不变性求下列函数的微分：

（1）$y=\ln(x^2+\mathrm{e}^x+1)$；（2）$y=\mathrm{e}^{\sin(x^2+\sqrt{x})}$．

2. 当 $|x|$ 很小时，证明下列近似公式：

（1）$\ln(1+x)\approx x$；（2）$\frac{1}{1+x}\approx 1-x$．

3. 利用微分求下列各数的近似值：

（1）$\arctan 1.02$；（2）$\arcsin 0.5002$．

4. 计算球体体积时，要求精确度在 2% 以内．问这时测量直径 D 的相对误差不能超过多少？

5. 某厂生产一块半径 $R=200\ \mathrm{mm}$ 的扇形板，要求中心角 $\alpha=55°$. 产品检验时，一般用测量弦长 l 的办法来间接测量中心角 α. 如果测量弦长 l 时的误差 $\delta_l=0.1\ \mathrm{mm}$，问由此引起的中心角测量误差 δ_α 是多少？

PPT 课件 2－6 边际与弹性

2.6 边际与弹性

在经济分析中，许多经济函数的变量取值是离散的；即使变量是连续的,实际统计数值也往往取离散值. 基于这个原因,导数在经济分析中的应用就体现为边际与弹性分析.

2.6.1 经济学中的常用函数

在实际问题中,经济量之间的关系通常有多个变量同时出现,为简便起见,本节先考虑两个经济变量之间的函数关系.

1. 需求函数与供给函数

某一商品的需求量是在一定的价格水平、一定的时间内,消费者愿意且有能力支付购买的商品量. 消费者对某种商品的需求量受多种因素的影响,例如收入、季节、该商品的价格、同类商品的价格等.

假定除价格外,收入等其他因素在一定时间内变化不大,则可认为其他因素对需求暂无影响, 从而需求量 Q_d 是价格 P 的函数, 称为需求函数, 记为

$$Q_d=Q_d(P).$$

一般地说,商品价格的上涨会使需求量减少,即需求函数是单调减少函数. 人们根据统计分析,常用以下几种简单的初等函数来近似表示需求函数:

线性函数 $Q_d=-aP+b$, 其中 $a>0$;

幂函数 $Q_d=aP^{-b}$, 其中 $a>0,b>0$;

指数函数 $Q_d=a\mathrm{e}^{-bP}$, 其中 $a>0,b>0$.

$P=0$ 时的需求量即为市场对该商品的饱和需求量. 例如,对指数函数模型 $Q_d=a\mathrm{e}^{-bP}$, 其饱和需求量是 $Q_d=Q_d(0)=a$.

一般而言,需求量并不是实际购买量,因为后者还涉及商品的供给情况. 某一商品的供给量是指在一定的价格条件下,在一定时期内生产者愿意生产且可供销售的商品量. 供给量也由多个因素决定. 假定在一定时期内除价格以外的其他因素对供给量的影响很小,即可认为供给量 Q_s 是价格 P 的函数,称为供给函数,记为

$$Q_s=Q_s(P).$$

通常,商品的市场价格越高,生产者愿意并且能向市场提供的商品量也就越多,因此一般的供给函数都是单调增加函数. 与需求函数类似,人们常用以下几种初等函数来近似表示供给函数:

线性函数 $Q_s=aP+b$, 其中 $a>0$;

幂函数 $Q_s=aP^b$, 其中 $a>0, b>0$;

指数函数 $Q_s=ae^{bP}$, 其中 $a>0$, $b>0$.

在经济学中, 有时也常用 $D=D(P)$ 和 $S=S(P)$ 分别表示需求函数和供给函数.

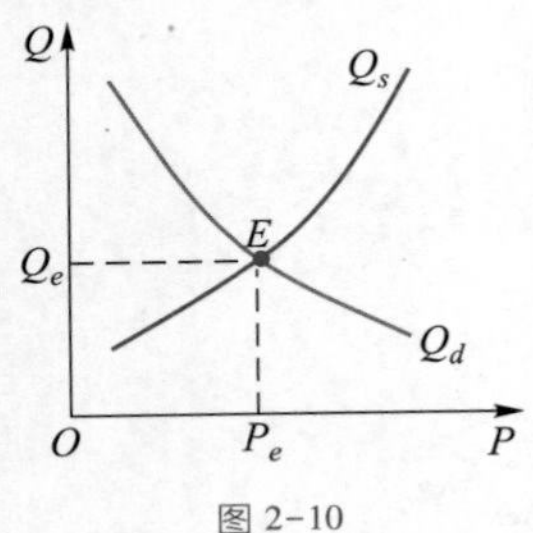

图 2-10

设某种商品,经市场统计分析,得该商品的需求函数与供给函数分别为 $Q_d=Q_d(P)$ 与 $Q_s=Q_s(P)$, 它们都是连续函数. 在同一坐标系中画出需求曲线与供给曲线(图 2-10). 一般而言,当商品价格 P 很小时, 生产者无利可图,而消费者的消费欲望较高,此时必有 $Z(P)=Q_d(P)-Q_s(P)>0$, 即此时该商品供不应求;而当价格涨到充分大时,生产者会感到利润丰厚,消费者会感到价格过高,这样必然导致供大于求,即 $Z(P)=Q_d(P)-Q_s(P)<0$. 于是由连续函数的零点存在定理,必存在价格 P 的某个值 P_e 使 $Z(P_e)=Q_d(P_e)-Q_s(P_e)=0$. P_e 称为均衡价格,而 $Q_e=Q_s(P_e)=Q_d(P_e)$ 称为均衡数量, 此时需求曲线与供给曲线必交于供需平衡点 $E(P_e,Q_e)$.

例1 考虑线性需求函数与供给函数如下:

$$D(P)=a-bP,\ b>0;\quad S(P)=c+eP, e>0.$$

试问 a, c 满足什么条件时, 存在正的均衡价格(即 $P_e>0$).

解 从 $D(P)=S(P)$ 得 $a-bP=c+eP$, 因此均衡价格为

$$P_e=\frac{a-c}{b+e}.$$

所以 $P_e>0$ 的充分必要条件是 $a>c$.

2. 总成本、总收益与总利润函数

商品生产厂商在从事生产经营活动时,总是尽可能降低产品的生产成本,增加收入与利润.

总成本是指生产和经营一定数量产品所需要的总投入;总收益是指销售一定数量产品所得的全部收入;而总利润则是总收益减去总成本和上缴税金后的余额(为简便计,以下在计算总利润时一般不计上缴税金).

总成本、总收益(也称为总收入)与总利润这三个经济变量都与产品的产量或销售量 Q 密切相关，在不计其他次要因素的情况下，它们都可以简单地看成是 Q 的函数，并分别称为总成本函数，记为 $C=C(Q)$；总收益(总收入)函数，记为 $R=R(Q)$；总利润函数，记为 $L=L(Q)$. 另外，$\overline{C}=\dfrac{C(Q)}{Q}$, $\overline{R}=\dfrac{R(Q)}{Q}$, $\overline{L}=\dfrac{L(Q)}{Q}$分别称为平均成本、平均收益和平均利润.

通常,总成本由固定成本(亦称不变成本) C_0与可变成本 C_1 两部分组成. 固定成本是指与产量 Q 无关的量,包括厂房、设备及其折旧及管理等固定生产要素所需支付的费用;可变成本是指支付可变生产要素的费用,包括原材料、能源的支出及工人的工资等,它随着产量 Q 的变化而变化,所以

$$C(Q)=C_0+C_1(Q).$$

总成本函数 $C(Q)$是产量 Q 的单调增加函数. 常用的比较简单的总成本函数为多项式，例如，

$$C(Q)=a+bQ+cQ^2,$$

其中 a,b,c 为正常数. 这里 a 为固定成本,$bQ+cQ^2$代表原材料成本、劳动力成本等可变成本(原材料成本可近似认为与产量成正比,而劳动力成本由于工作量加大引起工作效率下降及加班等成本,可能与 Q 的高次幂成正比).

假定产品的价格 P 保持不变，销售量为 Q，那么总收益函数与平均收益分别是

$$R(Q)=PQ, \overline{R}=P.$$

而总利润函数是

$$L(Q)=R(Q)-C(Q). \tag{2-24}$$

例2 设某商品的单价为 100 元,单位成本为 60 元. 商家为了促销,规定凡购买超过 200 个单位时,对超过部分按单价的九折出售. 试求成本函数、收益函数和利润函数.

解 设购买量为 Q 个单位，则 $C(Q)=60Q$,

$$R(Q)=\begin{cases}100Q, & Q\leqslant 200\\ 200\times100+(Q-200)\times100\times0.9, & Q>200\end{cases}$$

$$=\begin{cases}100Q, & Q\leqslant 200,\\ 90Q+2\,000, & Q>200.\end{cases}$$

$$L(Q)=R(Q)-C(Q)=\begin{cases}40Q, & Q\leqslant 200,\\ 30Q+2\,000, & Q>200.\end{cases}$$

3. 库存函数

设企业在计划期 T 内，对某种物品的总需求量为 Q. 由于库存费用及资金占用等因素，一次进货是不合算的，考虑均匀地分 n 次进货，每次进货量是 $q=\dfrac{Q}{n}$，进货周期为 $t=\dfrac{T}{n}$. 假定每件物品单位时间的贮存费用为 C_1，每次进货的费用为 C_2，且每次进货量相同，进货间隔时间不变，以匀速消耗贮存物品，则平均库存为$\dfrac{q}{2}$，在时间 T 内的库存总费用 E 为

$$E=\frac{1}{2}C_1Tq+nC_2=\frac{1}{2n}C_1TQ+nC_2.$$

2.6.2 边际

1. 边际的定义

设 $y=f(x)$ 为经济函数，在点 $x=x_0$处，当 x 从 x_0改变一个单位时，y 的增量 Δy 的准确值为 $\Delta y\big|_{x=x_0,\Delta x=1}$. 在实际的经济问题中，$x$ 一般是一个比较大的量，而 $\Delta x=1$ 就可以看成是一个相对较小的量，由微分的意义知

$$\Delta y\big|_{x=x_0,\Delta x=1}\approx \mathrm{d}y=f'(x)\Delta x\big|_{x=x_0,\Delta x=1}=f'(x_0). \qquad (2-25)$$

定义 2.6.1 设经济函数 $y=f(x)$ 在 x 处可导，则称导数 $f'(x)$ 为 $f(x)$ 的边际函数，而 $f'(x)$ 在 x_0处的值 $f'(x_0)$ 称为 x_0处的边际函数值.

由公式（2-25）知，边际函数值 $f'(x_0)$ 的意义是：在 $x=x_0$处，当 x 改变一个单位时，$y=f(x)$ 近似改变 $f'(x_0)$ 个单位. 在应用问题中解释边际函数值的具体意义时通常略去“近似”两字.

2. 经济学中常见的边际函数

总成本函数 $C(Q)$ 的导数 $C'(Q)$ 称为边际成本，记为 $MC=C'(Q)$，它

(近似)表示在已经生产了 Q 件产品的情况下,再生产 1 件产品所增加的成本.

由于生产 Q 件产品的边际成本近似等于多生产 1 件产品(第 $Q+1$ 件产品)的成本,因此若将边际成本与平均成本 $\frac{C(Q)}{Q}$ 相比较,若边际成本小于平均成本,则应考虑增加产量以降低单件产品的成本;若边际成本大于平均成本,则应考虑减少产量以降低单件产品的成本.

类似地,总收益函数 $R(Q)$ 的导数 $R'(Q)$ 称为边际收益,记为 $MR=R'(Q)$,它(近似)表示在已经销售了 Q 件产品的情况下,再销售 1 件产品所增加的总收益;总利润函数 $L(Q)$ 的导数 $L'(Q)$ 称为边际利润,记为 $ML=L'(Q)$,它(近似)表示在已经生产了 Q 件产品的情况下,再生产 1 件产品所增加的总利润.

由式(2-24)易知

$$L'(Q)=R'(Q)-C'(Q).$$

这就是说,边际利润由边际收益与边际成本决定. 当 $R'(Q)>C'(Q)$ 时,$L'(Q)>0$. 其经济意义是,若产量已达到 Q,再多生产 1 个单位产品,所增加的收益大于所增加的成本,因而总利润有所增加;而当 $R'(Q)<C'(Q)$ 时,$L'(Q)<0$,此时再增加产量,所增加的收益要小于所增加的生产成本,从而总利润将减少. 这说明,对于生产厂家来说,有时并非产量越高,利润越高.

例 3 某工厂生产某种产品的成本函数为 $C=2\,000+30Q$,该产品的需求量 Q 是价格 P 的函数:$Q=500-5P$. 试求该产品的边际成本、边际收益及边际利润.

解 已知成本函数

$$C(Q)=2\,000+30Q,$$

所以边际成本是

$$MC=C'(Q)=30;$$

总收益

$$R(Q)=PQ=Q\left(100-\frac{1}{5}Q\right)=100Q-\frac{1}{5}Q^2,$$

所以边际收益是

$$MR=R'(Q)=100-\frac{2}{5}Q;$$

边际利润是

$$ML=MR-MC=70-\frac{2}{5}Q.$$

2.6.3　弹性

1. 弹性的定义

在上面边际分析中，讨论自变量及函数值的改变量均属于绝对量范围的讨论．对经济问题而言，仅仅用绝对量的概念不足以深入分析问题．比如，甲商品的单价是 5 元，涨价 1 元；乙商品单价是 100 元，也涨价 1 元．两种商品都涨价 1 元，哪个商品的涨幅更大呢？这就需要比较两者价格的相对改变量．甲商品涨价百分比为 20%，乙商品涨价百分比为 1%，显然甲商品的涨价幅度远比乙商品的涨价幅度要大．因此，对经济函数有必要研究其相对改变量与相对变化率．

定义 2.6.2　设经济函数 $y=f(x)$ 在 $x=x_0(\neq 0)$ 处可导，函数的相对改变量

$$\frac{\Delta y}{y_0}=\frac{f(x_0+\Delta x)-f(x_0)}{f(x_0)}$$

与自变量相对改变量 $\frac{\Delta x}{x_0}$ 之比 $\frac{\frac{\Delta y}{y_0}}{\frac{\Delta x}{x_0}}$ 称为函数 $f(x)$ 从 $x=x_0$ 到 $x=x_0+\Delta x$ 两点间的平均相对变化率，也称两点间的弹性或弧弹性．当 $\Delta x\to 0$ 时，若 $\frac{\frac{\Delta y}{y_0}}{\frac{\Delta x}{x_0}}$ 的极限存在，则该极限称为函数 $f(x)$ 在 $x=x_0$ 处的相对变化率，也就是相对导数，或称为在点 x_0 的点弹性，记作 $\left.\frac{Ey}{Ex}\right|_{x=x_0}$ 或 $\frac{E}{Ex}f(x_0)$ 或 $E_x\big|_{x=x_0}$，即

$$\left.\frac{Ey}{Ex}\right|_{x=x_0}=\lim_{\Delta x\to 0}\frac{\frac{\Delta y}{y_0}}{\frac{\Delta x}{x_0}}=\lim_{\Delta x\to 0}\frac{\Delta y}{\Delta x}\cdot\frac{x_0}{y_0}=f'(x_0)\frac{x_0}{f(x_0)}.$$

对一般的 x,若 $f(x)$ 可导且 $f(x)\neq 0$, 则

$$\frac{Ey}{Ex}=\lim_{\Delta x\to 0}\frac{\frac{\Delta y}{y}}{\frac{\Delta x}{x}}=\lim_{\Delta x\to 0}\frac{\Delta y}{\Delta x}\cdot\frac{x}{y}=y'\frac{x}{y}$$

是 x 的函数, 称为 $f(x)$ 的弹性函数(简称弹性),也记作 $\frac{Ey}{Ex}$ 或 $\frac{E}{Ex}f(x)$ 或 E_x.

函数的弹性与量纲无关,它反映了 x 的变化幅度 $\frac{\Delta x}{x}$ 对 $f(x)$ 的变化幅度 $\frac{\Delta y}{y}$ 的影响, 也就是 $f(x)$ 对 x 变化反应的强烈程度或灵敏度. $\frac{E}{Ex}f(x_0)$ 表示在点 $x=x_0$ 处,当 x 产生 1% 的变化时,$f(x)$ 近似地改变 $\frac{E}{Ex}f(x_0)\%$. 在应用问题中解释弹性的具体意义时,通常略去“近似”两字.

由弹性的定义得

$$\frac{Ey}{Ex}=y'\cdot\frac{x}{y}=\frac{y'}{\frac{y}{x}}=\frac{\text{边际函数}}{\text{平均函数}}.$$

因此, 弹性在经济学上又可理解为边际函数与平均函数之比.

例 4 求幂函数 $y=x^\alpha$(α 为常数)的弹性函数.

解 直接由定义得

$$\frac{Ey}{Ex}=\frac{x}{y}\cdot y'=\frac{x}{x^\alpha}\cdot(x^\alpha)'=\frac{x}{x^\alpha}\cdot\alpha x^{\alpha-1}=\alpha.$$

例 4 表明, 幂函数的弹性为常数, 即幂函数是不变弹性函数.

2. 经济学中常见的弹性函数

(1) 需求弹性

设商品的需求函数 $Q_d=Q(P)$ 可导, 则需求的价格的弹性是

$$E_d=\frac{EQ}{EP}=\lim_{\Delta P\to 0}\frac{\Delta Q}{\Delta P}\cdot\frac{P}{Q}=\frac{\mathrm{d}Q}{\mathrm{d}P}\cdot\frac{P}{Q},$$

而 $\frac{\frac{\Delta Q}{Q}}{\frac{\Delta P}{P}}$ 称为该商品在 P 与 $P+\Delta P$ 两点间的需求价格弹性或弧弹性.

通常需求函数是价格的单调减少函数,故需求函数的弧弹性为负值,

因此需求弹性 E_d 小于或等于零,并且在实际问题中一般取负值. 为讨论方便,取其绝对值,也称之为需求的价格弹性,并记为 η,即

$$\eta=\eta(P)=|E_d|=-\frac{P}{Q}\cdot\frac{\mathrm{d}Q}{\mathrm{d}P}.$$

由定义知,若 $\eta=|E_d|=1$,此时商品需求量变动的百分比与价格变动的百分比相等,称为单位弹性或单一弹性;若 $\eta=|E_d|<1$,此时商品需求量变动的百分比低于价格变动的百分比,此时价格的变动对需求量的影响不大,称为缺乏弹性或低弹性;若 $\eta=|E_d|>1$,此时商品需求量变动的百分比高于价格变动的百分比,价格的变动对需求量的影响较大,称为富于弹性或高弹性.

例5 某商品的需求函数为 $Q=120-3P, 0\leqslant P\leqslant 40$. 试讨论商品价格变化时,需求量的变化情况,并求当 $P=8$ 时,价格上涨 1% 时需求量 Q 的变化情况.

解 由已知得

$$\eta=\eta(P)=-\frac{P}{Q}\cdot\frac{\mathrm{d}Q}{\mathrm{d}P}=-\frac{P}{120-3P}\cdot(-3)=\frac{P}{40-P}.$$

因此,当 $0<\eta<1$,即 $0<\frac{P}{40-P}<1$,亦即 $0<P<20$ 时,价格上涨(下降)1%时,需求量减少(增加)$\eta\%$,需求量变动百分比低于价格变动的百分比;当 $\eta=1$,即 $P=20$ 时,需求量变动与价格变动按相同的百分比进行;而当 $\eta>1$,即 $20<P<40$ 时,价格上涨(下降)1% 时,需求量减少(增加)$\eta\%$,此时需求量变动百分比大于价格变动的百分比.

注 在例5最后,价格上涨1%,需求量减少0.25%,不要误认为减少0.25=25%.

另一方面,当 $P=8$ 时,$\eta(8)=0.25$,此时价格上涨 1%,需求量 Q 减少 0.25%.

在市场经济中,商品经营者关心的是提价或降价对总收益的影响. 下面利用需求弹性来分析价格变动对销售总收益的影响情况.

总收益 R 是商品价格与销售量 Q 的乘积,即

$$R=PQ=PQ(P),$$

因此边际总收益是

$$R'=PQ'(P)+Q(P)=Q(P)\left(1+Q'(P)\cdot\frac{P}{Q(P)}\right)=Q(P)(1-\eta). \tag{2-26}$$

由公式（2-26）可得，若 $\eta<1$，表示需求变动幅度小于价格需求幅度，此时 $R'>0$，即边际收益大于 0. 因此价格上涨时总收益随之增加；反之价格下跌时总收益减少．换言之，此时商品价格和厂商的销售收入呈现同方向的变动．类似可知，若 $\eta>1$，则商品价格和厂商的销售收入呈现反方向的变动；若 $\eta=1$，则商品价格的小幅波动对销售收益没有影响．以上分析表明，总收益的变化受需求弹性的制约，随商品需求弹性的变化而变化.

（2）供给弹性与收益弹性

设供给函数 $Q_s=Q(P)$ 可导，则供给的价格弹性为

$$E_s=\frac{\mathrm{d}Q}{\mathrm{d}P}\cdot\frac{P}{Q}.$$

收益弹性分价格弹性与销售弹性，可用公式分别表示为

$$\frac{ER}{EP}=\frac{\mathrm{d}R}{\mathrm{d}P}\cdot\frac{P}{R}$$

与

$$\frac{ER}{EQ}=\frac{\mathrm{d}R}{\mathrm{d}Q}\cdot\frac{Q}{R}.$$

例 6 设 P,Q,R 分别表示商品价格、销售量及销售总收益．

（1）试分别求出收益的价格弹性 $\frac{ER}{EP}$，收益的需求弹性 $\frac{ER}{EQ}$ 与需求的价格弹性 η 的关系；

（2）试分别解出关于价格 P 的边际收益 $\frac{\mathrm{d}R}{\mathrm{d}P}$，关于需求 Q 的边际收益 $\frac{\mathrm{d}R}{\mathrm{d}Q}$ 与需求的价格弹性 η 的关系．

解 （1）设 $Q=Q(P)$，则 $R=PQ=PQ(P)$，那么

$$\frac{ER}{EP}=\frac{E(PQ)}{EP}=\frac{P}{PQ}\cdot\frac{\mathrm{d}(PQ)}{\mathrm{d}P}=\frac{1}{Q}\left(Q+P\frac{\mathrm{d}Q}{\mathrm{d}P}\right)$$

$$=1+\frac{P}{Q}\cdot\frac{\mathrm{d}Q}{\mathrm{d}P}=1-\eta;$$

$$\frac{ER}{EQ}=\frac{E(PQ)}{EQ}=\frac{Q}{PQ}\cdot\frac{\mathrm{d}(PQ)}{\mathrm{d}Q}$$

$$=\frac{1}{P}\left(P+Q\frac{\mathrm{d}P}{\mathrm{d}Q}\right)=1-\frac{1}{-\frac{P}{Q}\cdot\frac{\mathrm{d}Q}{\mathrm{d}P}}=1-\frac{1}{\eta}.$$

(2) 由公式 (2-26)已求得

$$\frac{\mathrm{d}R}{\mathrm{d}P}=Q(1-\eta);$$

另一方面，由(1)知

$$\frac{ER}{EQ}=\frac{Q}{R}\cdot\frac{\mathrm{d}R}{\mathrm{d}Q}=\frac{1}{P}\frac{\mathrm{d}R}{\mathrm{d}Q}=1-\frac{1}{\eta},$$

所以

$$\frac{\mathrm{d}R}{\mathrm{d}Q}=P\left(1-\frac{1}{\eta}\right).$$

习题 2-6

A 题

1. 某商品每只售价 100 元，固定成本为 7 000 元，可变成本每只 60 元．试求：

(1) 需售出多少只产品才能收回成本？

(2) 销售 200 只产品将获得多少利润？

2. 某商品的需求函数与供给函数分别是 $D(P)=\dfrac{6\ 000}{P}$ 与 $S(P)=P-70$. 试求均衡价格，以及此时的供给量与需求量．

3. 求下列函数的边际函数与弹性函数：

(1) $x^3\mathrm{e}^{-x}$； (2) $4x^6$；

(3) $x^a\mathrm{e}^{bx+c}$.

4. 设某商品的总收益 R 关于销售量 Q 的函数关系为

$$R(Q)=180Q-0.5Q^2,$$

试求：

(1) 销售量 $Q=100$ 时的总收益的边际收益；

(2) 销售量 $Q=150$ 时的总收益对 Q 的弹性．

5. 设 $f(x)$,$g(x)$ 是可导函数，证明：

(1) $$\frac{E[f(x)\pm g(x)]}{Ex}=\frac{f(x)\dfrac{Ef(x)}{Ex}\pm g(x)\dfrac{Eg(x)}{Ex}}{f(x)\pm g(x)};$$

(2) $\dfrac{E[f(x)\cdot g(x)]}{Ex}=\dfrac{Ef(x)}{Ex}+\dfrac{Eg(x)}{Ex}$;

(3) 当 $g(x)\neq 0$ 时, $\dfrac{E\left[\dfrac{f(x)}{g(x)}\right]}{Ex}=\dfrac{Ef(x)}{Ex}-\dfrac{Eg(x)}{Ex}$;

(4) 设 $y=f(u),u=\varphi(x)$ 均可导, 则$\dfrac{Ef[\varphi(x)]}{Ex}=\dfrac{Ef(u)}{Eu}\cdot\dfrac{E\varphi(x)}{Ex}$.

6. 某商品的需求函数为 $Q=\mathrm{e}^{-\frac{P}{5}}$,试求:

(1) 需求弹性函数;

(2) $P=3,5,6$ 时的需求弹性, 并说明其经济意义.

B 题

1. 某大楼有 50 间办公室出租, 若定价每月租金 120 元, 则可以全部租出, 租出的办公室每月需由房主支付维护费 10 元;若月租金每提高 5 元, 将空出一间办公室. 试求房主所获利润与租出办公室间数的函数关系,并求最大利润.

2. (考研真题, 2007 年数学三)设某商品的需求函数为 $Q=160-2P$, 其中 Q, P 分别表示需求量和价格, 若该商品需求弹性的绝对值等于 1, 则商品价格是(　　).

   A. 10　　　　B. 20　　　　C. 30　　　　D. 40

3. (考研真题, 2009 年数学三)设某商品的需求函数为 $Q=Q(P)$, 其对应价格 P 的弹性 $\xi_P=0.2$, 则当需求量为 10 000 件时, 价格增加 1 元会使产品收益增加________元.

4. (考研真题, 2014 年数学三)设某商品的需求函数为 $Q=40-2P$(P 为商品的价格), 则该商品的边际收益为________.

5. (考研真题, 2010 年数学三)设某商品的收益函数为 $R(P)$, 收益弹性为 $1+P^3$, 其中 P 为价格, 且 $R(1)=1$,则 $R(P)=$________.

6. 设某商品的需求函数为 $Q=Q(P)$, 收益函数为 $R=PQ$, 其中 P 为商品价格,Q 为需求量(产量), $Q(P)$ 为单调减少函数. 如果当价格为 P_0 对应产量为 Q_0 时, 边际收益$\left.\dfrac{\mathrm{d}R}{\mathrm{d}Q}\right|_{Q=Q_0}=a>0$,收益对价格的边际收益$\left.\dfrac{\mathrm{d}R}{\mathrm{d}P}\right|_{P=P_0}=c<0$,需求对价格的弹性为 $\eta=b>1$, 求 P_0与 Q_0.

本章学习要点

1. 理解导数和微分的概念及两者相互关系,理解导数的几何意义,会求平面曲线的切线方程；了解导数的物理意义，会用导数描述一些物理量；理解函数的可导性与连续性之间的关系．

2. 掌握导数的四则运算法则和复合函数的求导法则，掌握基本初等函数的导数公式并能计算初等函数的导数．了解微分的四则运算和一阶微分形式的不变性，会求函数的微分，能利用微分作简单的近似计算．

3. 理解高阶导数的概念，了解莱布尼茨公式，会求某些简单函数的高阶导数．

4. 会求分段函数的一阶、二阶导数．

5. 会求隐函数和由参数方程所确定的函数的一阶、二阶导数，会求反函数的导数．

6. 常用经济函数及其边际与弹性分析．

网上更多……　第 2 章　自测 A 题
第 2 章　自测 B 题
第 2 章　综合练习 A 题
第 2 章　综合练习 B 题

第 3 章　微分中值定理和导数的应用

上一章导数的概念反映的是函数在一点的瞬时变化率，利用它可以研究函数在一点的局部性质．为了研究函数在一个区间的整体性质，需要将函数在区间内的导数和区间端点的函数值联系在一起，这就是微分中值定理．微分中值定理是本章导数应用的理论基础．

3.1　微分中值定理

PPT 课件 3－1
微分中值定理

先介绍罗尔定理，然后根据它推出拉格朗日中值定理和柯西定理．

3.1.1　罗尔定理

微视频 3－1
罗尔定理

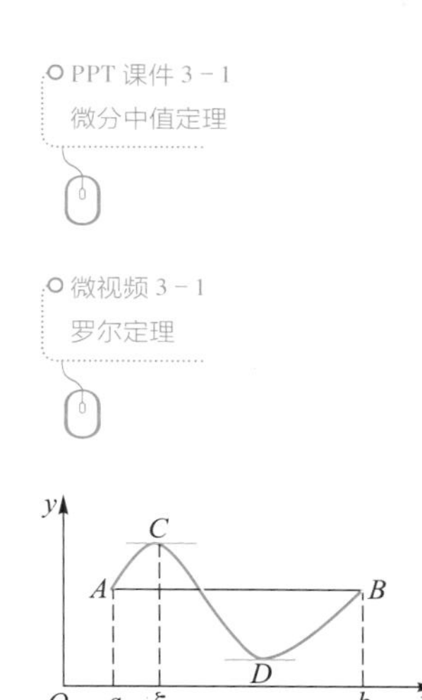

图 3-1

先观察图 3-1，设函数 $y=f(x)(x\in[a,b])$ 的图形是一段连续的曲线弧 $\overset{\frown}{AB}$，除端点外处处有不垂直于 x 轴的切线，且两端点的纵坐标相等，即 $f(a)=f(b)$．可以发现在曲线的最高点 C 处或最低点 D 处有平行于 x 轴的切线．如果记 C 点的横坐标为 ξ，那么有 $f'(\xi)=0$，这个几何事实用数学的式子表达出来就是下面的罗尔定理．

数学家小传 3－1
罗尔

定理 3.1.1（罗尔定理）　若函数 $f(x)$ 满足

（1）在闭区间 $[a,b]$ 上连续；

（2）在开区间 (a,b) 内可导；

（3）在区间端点的函数值相等，即 $f(a)=f(b)$，

则在 (a,b) 内至少存在一点 $\xi(a<\xi<b)$，使得 $f'(\xi)=0$．

证　由于函数 $f(x)$ 在闭区间 $[a,b]$ 上连续，根据闭区间上连续函数的最大值和最小值定理，在 $[a,b]$ 上必定取得它的最大值 M 和最小值 m．于是

（1）若 $M=m$，则 $f(x)$ 在 $[a,b]$ 上恒等于常数 M．因此，对任意 $x\in(a,b)$，有 $f'(x)=0$．所以任取 $\xi\in(a,b)$，有 $f'(\xi)=0$．

（2）若 $M>m$，因为 $f(a)=f(b)$，所以 M 与 N 中至少有一个不等于 $f(a)$ 与 $f(b)$，不妨设 $M\neq f(a)$，则在 (a,b) 内至少存在一点 ξ，使得 $f(\xi)=M$，即

$$f(x)\leqslant f(\xi)=M,\quad \forall x\in[a,b].$$

因为 $f(x)$ 在 $x=\xi$ 处可导，下面证明 $f'(\xi)=0$. 利用导数的定义（2-5），有

$$f'(\xi)=\lim_{x\to\xi}\frac{f(x)-f(\xi)}{x-\xi}.$$

注意到当 $x>\xi$ 时，

$$\frac{f(x)-f(\xi)}{x-\xi}\leqslant 0;$$

当 $x<\xi$ 时，

$$\frac{f(x)-f(\xi)}{x-\xi}\geqslant 0;$$

再结合函数在一点可导的条件及极限的保号性，得到

$$f'(\xi)=f'_+(\xi)=\lim_{x\to\xi^+}\frac{f(x)-f(\xi)}{x-\xi}\leqslant 0,$$

$$f'(\xi)=f'_-(\xi)=\lim_{x\to\xi^-}\frac{f(x)-f(\xi)}{x-\xi}\geqslant 0,$$

所以 $f'(\xi)=0$.

注 （1）罗尔定理的条件是充分条件而非必要条件，同时罗尔定理的三个条件只要有一个条件不满足，其结论都有可能不成立. 读者自己可试举例说明.

（2）罗尔定理的几何意义是：一条可微的曲线弧，若两端点的连线平行于 x 轴，则在弧上非端点处必存在一点，曲线在其上的切线也平行于 x 轴.

（3）罗尔定理常用于研究方程 $f'(x)=0$ 根的存在性和根的个数.

例1 验证罗尔定理对函数 $y=\ln\sin x$ 在区间 $\left[\frac{\pi}{6},\frac{5\pi}{6}\right]$ 上的正确性.

解 设 $f(x)=\ln\sin x$，则 $f(x)$ 在 $\left[\frac{\pi}{6},\frac{5\pi}{6}\right]$ 上连续，在 $\left(\frac{\pi}{6},\frac{5\pi}{6}\right)$ 内可导，且

$$f\left(\frac{\pi}{6}\right)=f\left(\frac{5\pi}{6}\right)=-\ln 2,$$

所以由罗尔定理知在 $\left(\frac{\pi}{6},\frac{5\pi}{6}\right)$ 内至少存在一点 ξ，满足 $f'(\xi)=\cot x\big|_{x=\xi}=\cot\xi=0$.

事实上，取 $\xi=\frac{\pi}{2}$，$\cot\left(\frac{\pi}{2}\right)=0$，所以罗尔定理的结论是正确的.

例2 证明方程 $5x^4-4x+1=0$ 在0和1之间至少有一个实根.

证 因为 $(x^5-2x^2+x)'=5x^4-4x+1$，设 $f(x)=x^5-2x^2+x$，于是 $f(x)$ 在 $[0,1]$ 上连续，在 $(0,1)$ 内可导，且 $f(0)=f(1)=0$. 从而由罗尔定理得到，

在(0,1)内至少存在一点 ξ,使得 $f'(\xi)=0$,即方程 $5x^4-4x+1=0$ 在 0 和 1 之间至少有一个实根.

例 3 证明方程 $x^5-5x+1=0$ 有且只有一个小于 1 的正实根.

证 首先设 $f(x)=x^5-5x+1$,则 $f(0)=1>0$,$f(1)=-3<0$. 因为 $f(x)$ 是 $[0,1]$ 上的连续函数,所以由连续函数的零点存在定理知,至少存在一点 $x_0\in(0,1)$,使 $f(x_0)=0$. 即 x_0 是小于 1 的正实根.

其次,设另有 $x_1\in(0,1)$,$x_1\neq x_0$,满足 $f(x_1)=0$,不妨设 $x_0<x_1$,则 $f(x)$ 在 $[x_0,x_1]$ 上连续,在 (x_0,x_1) 内可导,注意到 $f(x_0)=f(x_1)$,由罗尔定理得到在 (x_0,x_1) 内至少存在一个点 ξ,使得

$$f'(\xi)=[5x^4-5]\big|_{x=\xi}=5(\xi^4-1)=0.$$

但是 $0<\xi<1$,故 $f'(\xi)\neq 0$,与上式矛盾,因此 x_1 不存在. 即 x_0 是方程唯一的小于 1 的正实根.

例 4 设函数 $f(x)$ 在 $[0,1]$ 上连续,在 $(0,1)$ 内可导,且 $f(1)=0$,证明至少存在一点 $\xi\in(0,1)$,使得 $f'(\xi)=-\dfrac{f(\xi)}{\xi}$.

证 结论变形为 $\xi f'(\xi)+f(\xi)=0$,即

$$[xf(x)]'\big|_{x=\xi}=[xf'(x)+1\cdot f(x)]\big|_{x=\xi}=0.$$

于是构造辅助函数 $g(x)=xf(x)$,因为 $f(x)$ 在 $[0,1]$ 上连续,在 $(0,1)$ 内可导,所以 $g(x)$ 在 $[0,1]$ 上连续,在 $(0,1)$ 内可导,并且

$$g(0)=0,\quad g(1)=1\cdot f(1)=0,$$

即 $g(0)=g(1)$. 由罗尔定理知至少存在一点 $\xi\in(0,1)$,使得 $g'(\xi)=\xi f'(\xi)+f(\xi)=0$,即

$$f'(\xi)=-\frac{f(\xi)}{\xi}.$$

3.1.2 拉格朗日中值定理

罗尔定理描绘了可微曲线弧的几何性质,而图形的几何性质是与坐标轴的选取无关,也就是要求端点连线平行于 x 轴的条件不是本质的. 因此取消这一条件,就得到如下的命题:在一条可微的曲线弧上至少存在一点(非端点),使过该点的切线平行于两端点的连线.

数学家小传 3-2
拉格朗日

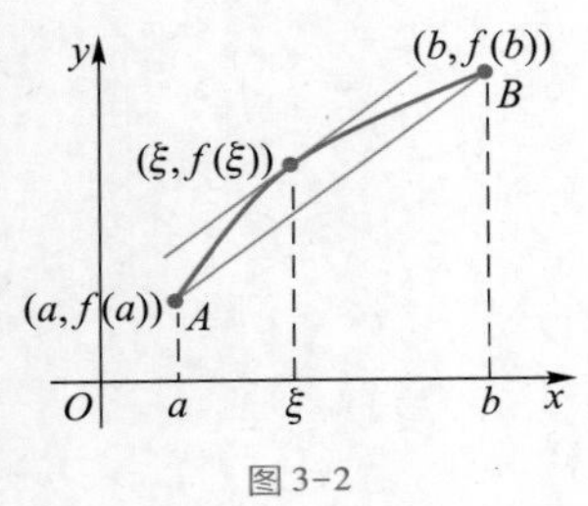

图 3-2

从图 3-2 可以看出，若设曲线弧是可导函数 $y=f(x)$ 的图形，则两端点的连线的斜率是 $\dfrac{f(b)-f(a)}{b-a}$，从而曲线上存在一点 $(\xi,f(\xi))$，使该点处的斜率

$$f'(\xi)=\frac{f(b)-f(a)}{b-a}.$$

这就是微分学中十分重要的拉格朗日中值定理，可以应用罗尔定理证明．

定理 3.1.2（拉格朗日中值定理）　如果函数 $f(x)$ 满足

（1）在闭区间 $[a,b]$ 上连续；

（2）在开区间 (a,b) 内可导，

那么在 (a,b) 内至少存在一点 $\xi(a<\xi<b)$，使等式

$$f(b)-f(a)=f'(\xi)(b-a) \tag{3-1}$$

成立．

证　结论变形为

$$f'(\xi)-\frac{f(b)-f(a)}{b-a}=0,$$

即

$$\left[f(x)-\frac{f(b)-f(a)}{b-a}x\right]'\bigg|_{x=\xi}=0.$$

于是构造辅助函数

$$F(x)=f(x)-\frac{f(b)-f(a)}{b-a}x,$$

则 $F(x)$ 满足

$$F(a)=\frac{bf(a)-af(b)}{b-a}=F(b),$$

且 $F(x)$ 在闭区间 $[a,b]$ 上连续，在开区间 (a,b) 内可导，从而由罗尔定理得到在 (a,b) 内至少存在一点 $\xi(a<\xi<b)$，使得 $F'(\xi)=0$，于是有

$$0=F'(\xi)=f'(\xi)-\frac{f(b)-f(a)}{b-a},$$

即

$$f(b)-f(a)=f'(\xi)(b-a).$$

注　（1）公式(3-1)称为拉格朗日中值公式．罗尔定理是拉格朗日

中值定理的特例.

(2) 将公式(3-1)改写成

$$f'(\xi)=\frac{f(b)-f(a)}{b-a},$$

并将 x 解释为时间,函数 $f(x)$ 解释为质点运动的路程,即可得拉格朗日中值定理的物理意义:运动的质点在任一时间段内至少存在一个时刻,其瞬时速度等于质点在该时间段的平均速度.

(3) 因为不论 $a<b$ 或 $a>b$,比值 $\frac{f(b)-f(a)}{b-a}$ 不变,所以公式(3-1)对 $a<b$ 或 $a>b$ 都成立,即

$$f(b)-f(a)=f'(\xi)(b-a),\quad \xi \text{ 在 } a \text{ 与 } b \text{ 之间}.$$

(4) 公式(3-1)有多种等价形式,有时更便于应用.

任取 $x_0,x\in[a,b]$,则该公式写成

$$f(x)=f(x_0)+f'(\xi)(x-x_0),\quad \xi \text{ 在 } x_0,x \text{ 之间};$$

或者任取 $x,x+\Delta x\in[a,b]$,有

$$f(x+\Delta x)=f(x)+f'(x+\theta\Delta x)\cdot\Delta x,\quad 0<\theta<1. \tag{3-2}$$

这里数值 θ 在 0 与 1 之间,所以 $x+\theta\Delta x$ 是在 x 和 $x+\Delta x$ 之间.

若记 $f(x)=y$,则公式(3-2)又可以写成

$$\Delta y=f'(x+\theta\Delta x)\cdot\Delta x,\quad 0<\theta<1. \tag{3-3}$$

对于函数增量 Δy 而言(增量可正可负,就是改变量),函数的微分 $\mathrm{d}y=f'(x)\Delta x$ 是其近似表达式,它们的误差只有当 $\Delta x\to 0$ 时才趋于 0;而公式(3-3)给出了自变量取得有限增量 Δx($|\Delta x|$不一定很小)时,函数增量 Δy 的准确表达式,因此此公式称为有限增量公式. 在某些问题中当自变量取得有限增量而需要给出函数增量的准确表达式时,就显示出拉格朗日中值定理的价值.

(5) 本定理的证明及例 4 都应用了数学上的一个重要方法,即构造辅助函数. 能否构造出恰当的辅助函数是证题的关键. 试尝试构造本定理的其他形式的辅助函数.

拉格朗日定理是微分学最重要的定理之一,由于公式中的 ξ 是区间内一点,或者说是区间的中间点,一般只知其存在性,不知其具体值,所以定理也称微分中值定理. 它是沟通函数与其导数的桥梁,是应用导数的

局部性研究函数整体性的重要数学工具.

推论　函数 $f(x)$ 在区间 I 上的导数恒为零的充分必要条件是 $f(x)$ 在区间 I 上是一个常数.

证　充分性显然,下面证明必要性.

在区间 I 上任取两点 $x_1,x_2(x_1<x_2)$,在 $[x_1,x_2]$ 上应用式(3-1)有

$$f(x_2)-f(x_1)=f'(\xi)(x_2-x_1)\quad(x_1<\xi<x_2).$$

由条件知 $f'(\xi)=0$,从而 $f(x_1)-f(x_2)=0$,即

$$f(x_1)=f(x_2).$$

因为 $x_1,x_2(x_1<x_2)$ 是区间上的任意两点,所以 $f(x)$ 在区间 I 上是一个常数.

注　本推论在下一章讨论不定积分和微积分基本定理时是一个重要的依据,同时它也可以用来证明某些等式.

例 5　证明等式 $\arcsin x+\arccos x=\dfrac{\pi}{2},x\in[-1,1]$.

证　设 $f(x)=\arcsin x+\arccos x(x\in[-1,1])$,则有

$$f'(x)=\frac{1}{\sqrt{1-x^2}}-\frac{1}{\sqrt{1-x^2}}\equiv 0\quad(x\in(-1,1)).$$

由推论知,对任意的 $x\in(-1,1)$,有 $f(x)\equiv C$. 取 $x=0$,则 $f(0)=C=\dfrac{\pi}{2}$. 又 $f(\pm1)=\dfrac{\pi}{2}$,所以等式在 $[-1,1]$ 上成立.

拉格朗日公式(3-1)是证明不等式常用的一个工具,通常通过将 ξ 换成 a 或 b 使公式右端放大或缩小,从而得到不等式. 证明的关键在于根据要证明的不等式,选取函数 $f(x)$ 和相应的区间 $[a,b]$.

例 6　证明:当 $x>0$ 时,$\dfrac{x}{1+x}<\ln(1+x)<x$.

证　注意到 $\ln(1+x)=\ln(1+x)-\ln(1+0)$,故选取函数 $f(t)=\ln(1+t)$,区间为 $[0,x]$,则 $f(t)$ 在区间 $[0,x]$ 上满足拉格朗日定理的条件. 应用公式(3-1)得

$$f(x)-f(0)=f'(\xi)(x-0),$$

$$\ln(1+x)-\ln 1=\frac{x}{1+\xi},\quad 0<\xi<x.$$

将 ξ 换成 0 与 x,有

$$\frac{x}{1+x}<\frac{x}{1+\xi}<\frac{x}{1+0},\quad x>0.$$

于是

$$\frac{x}{1+x}<\ln(1+x)<x,\quad x>0.$$

3.1.3 柯西中值定理

在图 3-2 中,若曲线弧 $\overset{\frown}{AB}$ 由参数方程

$$\begin{cases} x=g(t), \\ y=f(t) \end{cases} \quad (a\leqslant t\leqslant b)$$

表示,不妨设点 A 所对应的参数为 $t=a$,点 B 对应 $t=b$,则两端点连线的斜率是

$$\frac{f(b)-f(a)}{g(b)-g(a)}.$$

由参数方程求导法则知,曲线上过点 C(对应的参数是 ξ)的切线斜率是

$$\left.\frac{y_t'}{x_t'}\right|_{t=\xi}=\frac{f'(\xi)}{g'(\xi)},$$

则曲线上某点的切线平行于两端点的连线的几何性质可表示为

$$\frac{f(b)-f(a)}{g(b)-g(a)}=\frac{f'(\xi)}{g'(\xi)}.$$

于是得到柯西中值定理.

定理 3.1.3(柯西中值定理) 如果函数 $f(x)$,$g(x)$满足

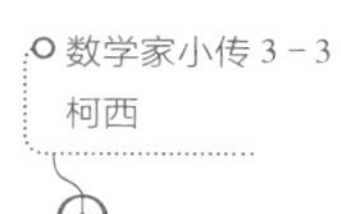

(1) 在闭区间$[a,b]$上连续;

(2) 在开区间(a,b)内可导;

(3) 对任一 $x\in(a,b)$,$g'(x)\neq 0$,

那么在(a,b)内至少存在一点 $\xi(a<\xi<b)$,使等式

$$\frac{f(b)-f(a)}{g(b)-g(a)}=\frac{f'(\xi)}{g'(\xi)} \tag{3-4}$$

成立.

证 首先 $g(b)-g(a)=g'(\eta)(b-a)(a<\eta<b)$,由条件(3)知 $g'(\eta)\neq 0$,所以有 $g(b)-g(a)\neq 0$. 其次将结论变形为

$$f'(\xi)-\frac{f(b)-f(a)}{g(b)-g(a)}g'(\xi)=0,$$

构造辅助函数 $F(x)=f(x)-\dfrac{f(b)-f(a)}{g(b)-g(a)}g(x)$,则 $F(x)$ 满足

$$F(a)=\frac{g(b)f(a)-g(a)f(b)}{g(b)-g(a)}=F(b),$$

且 $F(x)$ 在闭区间 $[a,b]$ 上连续，在开区间 (a,b) 内可导，从而由罗尔定理得到在 (a,b) 内至少存在一点 $\xi(a<\xi<b)$，使得 $F'(\xi)=0$，于是有

$$0=F'(\xi)=f'(\xi)-\frac{f(b)-f(a)}{g(b)-g(a)}g'(\xi),$$

即

$$\frac{f(b)-f(a)}{g(b)-g(a)}=\frac{f'(\xi)}{g'(\xi)}.$$

注　(1) 若取 $g(x)=x$，则 $g(b)-g(a)=b-a, g'(\xi)=1$，因而公式(3-5)就可以写成

$f(b)-f(a)=f'(\xi)(b-a)\quad(a<\xi<b)$，

即为拉格朗日中值公式.

(2) 定理3.1.3结论容易被误认为分别对 f 和 g 使用拉格朗日公式然后相除得到，实际上这是不对的.因为拉格朗日公式中中间点 ξ 的取值与函数和区间均有关，对 f，g 分别使用拉格朗日中值定理时所得到的中间点可能不是同一点，而本定理中要求的是同一点.

(3) 柯西中值定理建立了两个函数之比和这两个函数导数之比之间的联系，它的一个重要应用是给出了求函数未定式极限的洛必达法则，将在下一节讲到.

习题 3-1

A 题

1. 下列函数在给定的区间上是否满足罗尔定理的条件？若满足，求出定理中的 ξ；若不满足，ξ 是否一定不存在？

(1) $f(x)=\dfrac{3}{2x^2+1}, [-1,1]$；

(2) $f(x)=2-|x|, [-2,2]$；

(3) $f(x)=\begin{cases}x, & -2\leqslant x<0,\\ -x^2+2x+1, & 0\leqslant x\leqslant 3.\end{cases}$

2. 不用求出函数 $f(x)=(x-1)(x-2)(x-3)(x-4)$ 的导数，说明导函数方程 $f'(x)=0$ 有几个实根，并指出它们的区间.

3. 若方程 $a_0x^n+a_1x^{n-1}+\cdots+a_{n-1}x=0$ 有一个正根 $x=x_0$，证明方程 $a_0nx^{n-1}+a_1(n-1)x^{n-2}+\cdots+a_{n-1}=0$ 必有一个小于 x_0 的正根.

4. 证明方程 $x^3-3x+1=0$ 在区间 $(0,1)$ 内有唯一的实根.

5. 验证函数 $y=px^2+qx+r$ 在任一区间 $[a,b]$ 上都满足拉格朗日中值定理，并且所求得的点 ξ 总是位于区间的正中间.

6. 证明下列不等式：

(1) $|\sin x-\sin y|\leqslant|x-y|$；

(2) $e^x\geqslant 1+x$；

(3) $nb^{n-1}(a-b)<a^n-b^n<na^{n-1}(a-b)\quad(a>b>0, n>1)$；

(4) $\dfrac{x}{1+x^2}<\arctan x<x\quad(x>0)$.

7. 证明恒等式：$\arctan x+\operatorname{arccot} x=\dfrac{\pi}{2}, x\in(-\infty,+\infty)$.

8. 证明：若函数$f(x)$在$(-\infty,+\infty)$内满足关系式$f'(x)=f(x)$，且$f(0)=1$，则$f(x)=e^{x}$.

9. 对函数$f(x)=\sin x$和$g(x)=x+\cos x$在区间$\left[0,\dfrac{\pi}{2}\right]$上验证柯西中值定理的正确性.

10. 设函数$f(x)$在$\left[0,\dfrac{\pi}{4}\right]$上连续，在$\left(0,\dfrac{\pi}{4}\right)$内可导，且$f(0)=0, f\left(\dfrac{\pi}{4}\right)=1$，试用柯西中值定理证明至少存在一点$\xi\in\left(0,\dfrac{\pi}{4}\right)$，使得$f'(\xi)=\sec^{2}\xi$.

B 题

1. 若函数$f(x)$在(a,b)内具有二阶导数，且$f(x_1)=f(x_2)=f(x_3)$，其中$a<x_1<x_2<x_3<b$，证明：在(x_1,x_3)内至少有一点ξ，使得$f''(\xi)=0$.

2. （考研真题，2013 年数学一）设奇函数$f(x)$在$[-1,1]$上具有二阶导数，且$f(1)=1$，证明：

(1) 存在$\varepsilon\in(0,1)$，使得$f'(\varepsilon)=1$；

(2) 存在$\eta\in(-1,1)$，使得$f''(\eta)+f'(\eta)=1$.

3. （考研真题，2007 年数学二）设函数$f(x),g(x)$在$[a,b]$上连续，在(a,b)内具有二阶导数且存在相等的最大值，$f(a)=g(a), f(b)=g(b)$. 证明：存在$\xi\in(a,b)$，使得$f''(\xi)=g''(\xi)$.

4. 设函数$f(x)$可导，求证：$f(x)$在两零点之间一定有$f(x)+f'(x)$的零点.

5. 设函数$f(x)$在x_0的实心邻域内连续，在x_0的去心邻域内可导，且$\lim\limits_{x\to x_0^{+}}f'(x)=A$（有限或为无穷大），则

$$f'_{+}(x_0)=A.$$

6. 设$0<a<b$，$f(x)$在$[a,b]$上连续，在(a,b)内可导，试用柯西中值定理证明至少存在一点$\xi\in(a,b)$，满足

$$f(b)-f(a)=\xi f'(\xi)\ln\frac{b}{a}.$$

7. （考研真题，2020 年数学二）设$f(x)$在$[-2,2]$上可导，且$f'(x)>f(x)>0$，则（　　）.

A. $\dfrac{f(-2)}{f(-1)}>1$　　B. $\dfrac{f(0)}{f(-1)}>e$　　C. $\dfrac{f(1)}{f(-1)}<e^{2}$　　D. $\dfrac{f(2)}{f(-1)}<e^{3}$

8. （考研真题，2020 年数学三）设$\lim\limits_{x\to a}\dfrac{f(x)-a}{x-a}=b$，则$\lim\limits_{x\to a}\dfrac{\sin f(x)-\sin a}{x-a}=$________.

A. $b\sin a$　　B. $b\cos a$　　C. $b\sin f(a)$　　D. $b\cos f(a)$

3.2 洛必达法则

数学家小传 3-4
洛必达

PPT 课件 3-2
洛必达法则

如果当 $x\to a$(或 $x\to\infty$)时,两个函数 $f(x)$ 和 $g(x)$ 都趋于零或都趋于无穷大,那么极限 $\lim\limits_{\substack{x\to a\\(x\to\infty)}}\dfrac{f(x)}{g(x)}$ 可能存在、也可能不存在,通常把这种极限叫作未定式,并分别简记为 $\dfrac{0}{0}$ 或 $\dfrac{\infty}{\infty}$. 例如第一章讨论过的极限 $\lim\limits_{x\to 0}\dfrac{\sin x}{x}$ 就是未定式 $\dfrac{0}{0}$ 的一个例子,而 $\lim\limits_{x\to\infty}\dfrac{\ln x}{x}$ 是另一种未定式 $\dfrac{\infty}{\infty}$ 的例子. 这种类型的极限即使存在也无法利用"商的极限等于极限的商"的法则. 下面我们将根据柯西中值定理来推出求这类极限的一种简便且重要的方法.

3.2.1 $\dfrac{0}{0}$ 型

定理 3.2.1 设

(1) $\lim\limits_{x\to a}f(x)=\lim\limits_{x\to a}g(x)=0$;

(2) 在点 a 的某去心邻域 $\mathring{U}(a)$ 内,$f'(x)$ 及 $g'(x)$ 都存在且 $g'(x)\neq 0$;

(3) $\lim\limits_{x\to a}\dfrac{f'(x)}{g'(x)}$ 存在或为无穷大,

那么

$$\lim_{x\to a}\frac{f(x)}{g(x)}=\lim_{x\to a}\frac{f'(x)}{g'(x)}.$$

证 因为 $\lim\limits_{x\to a}\dfrac{f(x)}{g(x)}$ 与函数 $f(x)$ 及 $g(x)$ 在 a 的函数值无关,故补充定义 $f(a)=g(a)=0$,于是由条件(1)(2)知 $f(x)$,$g(x)$ 在 a 的邻域 $U(a)$(包括点 a)是连续的. 任取邻域内一点 $x\neq a$,则 $f(x)$,$g(x)$ 在 $[x,a]$ 或 $[a,x]$ 上连续,在 (x,a) 或 (a,x) 内可导,从而满足柯西中值定理的条件,于是由式(3-4)有

$$\frac{f(x)}{g(x)}=\frac{f(x)-f(a)}{g(x)-g(a)}=\frac{f'(\xi)}{g'(\xi)}\quad(\xi \text{ 在 } x \text{ 与 } a \text{ 之间}).$$

因为 $x\to a$ 时,有 $\xi\to a$,并且有条件(3),于是令 $x\to a$,并对上式两边取极限,即得

$$\lim_{x\to a}\frac{f(x)}{g(x)}=\lim_{\xi\to a}\frac{f'(\xi)}{g'(\xi)}=\lim_{x\to a}\frac{f'(x)}{g'(x)}.$$

注 定理 3.2.1 表明,当 $\lim\limits_{x\to a}\dfrac{f'(x)}{g'(x)}$ 存在时,$\lim\limits_{x\to a}\dfrac{f(x)}{g(x)}$ 也存在且等于 $\lim\limits_{x\to a}\dfrac{f'(x)}{g'(x)}$;当 $\lim\limits_{x\to a}\dfrac{f'(x)}{g'(x)}$ 是无穷大时,$\lim\limits_{x\to a}\dfrac{f(x)}{g(x)}$ 也是无穷大. 这种在一定条件下通过分子分母分别求导再求极限来确定未定式极限的方法称为洛必达(L' Hospital)法则.

例 1 求 $\lim\limits_{x\to1}\dfrac{\ln x}{x-1}$.

解 这是未定式$\dfrac{0}{0}$,应用洛必达法则有

$$\lim_{x\to1}\frac{\ln x}{x-1}=\lim_{x\to1}\frac{(\ln x)'}{(x-1)'}=\lim_{x\to1}\frac{\frac{1}{x}}{1}=1.$$

注 如果求导后 $\dfrac{f'(x)}{g'(x)}$ 仍是 $\dfrac{0}{0}$ 型,满足定理 3.2.1 的条件,则可继续使用洛必达法则.

例 2 求 $\lim\limits_{x\to1}\dfrac{x^3-3x+2}{x^3-x^2-x+1}$.

解 这是未定式$\dfrac{0}{0}$,两次应用洛必达法则有

$$\lim_{x\to1}\frac{x^3-3x+2}{x^3-x^2-x+1}\overset{\frac{0}{0}}{=}\lim_{x\to1}\frac{3x^2-3}{3x^2-2x-1}\overset{\frac{0}{0}}{=}\lim_{x\to1}\frac{6x}{6x-2}=\frac{3}{2}.$$

定理 3.2.1 的结果可以推广到其他类型的极限过程,如 $x\to a^-$,$x\to a^+$,$x\to\infty$,$x\to-\infty$和 $x\to+\infty$情形,即如果

$$\lim_{x\to a^-}\frac{f(x)}{g(x)},\quad \lim_{x\to a^+}\frac{f(x)}{g(x)},\quad \lim_{x\to\infty}\frac{f(x)}{g(x)},\quad \lim_{x\to-\infty}\frac{f(x)}{g(x)},\quad \lim_{x\to+\infty}\frac{f(x)}{g(x)}$$

都是$\dfrac{0}{0}$未定式,那么在与上述定理相仿的条件下,相应地有类似的结果.例如有

$$\lim_{x\to\infty}\frac{f(x)}{g(x)}=\lim_{x\to\infty}\frac{f'(x)}{g'(x)}.$$

注 例 2 中的 $\lim\limits_{x\to1}\dfrac{6x}{6x-2}$已不是未定式,直接应用极限的求商法则.若对它应用洛必达法则,将导致错误的结果.

例 3 求 $\lim\limits_{x\to+\infty}\dfrac{\frac{\pi}{2}-\arctan x}{\frac{1}{x}}$.

解 这是未定式$\dfrac{0}{0}$,于是有

$$\lim_{x\to+\infty}\frac{\frac{\pi}{2}-\arctan x}{\frac{1}{x}}=\lim_{x\to+\infty}\frac{-\frac{1}{1+x^2}}{-\frac{1}{x^2}}=\lim_{x\to+\infty}\frac{x^2}{1+x^2}=1.$$

3.2.2 $\dfrac{\infty}{\infty}$型

定理 3.2.2 设

(1) $\lim\limits_{x\to a}f(x)=\lim\limits_{x\to a}g(x)=\infty$;

（2）在点 a 的某去心邻域 $\mathring{U}(a)$ 内，$f'(x)$ 及 $g'(x)$ 都存在且 $g'(x)\neq 0$；

（3）$\lim\limits_{x\to a}\dfrac{f'(x)}{g'(x)}$ 存在或为无穷大，

那么

$$\lim_{x\to a}\frac{f(x)}{g(x)}=\lim_{x\to a}\frac{f'(x)}{g'(x)}.$$

证明从略.

同样的，如果求导后 $\dfrac{f'(x)}{g'(x)}$ 仍是 $\dfrac{\infty}{\infty}$ 型，满足定理 3.2.2 的条件，那么可继续使用洛必达法则. 对于其他类型的极限过程，如 $x\to a^-$，$x\to a^+$，$x\to\infty$，$x\to-\infty$ 和 $x\to+\infty$ 情形，$\dfrac{\infty}{\infty}$ 型的未定式的洛必达法则依然成立.

例 4　求 $\lim\limits_{x\to+\infty}\dfrac{\ln x}{x^n}\ (n>0)$.

解　这是未定式 $\dfrac{\infty}{\infty}$，应用洛必达法则有

$$\lim_{x\to+\infty}\frac{\ln x}{x^n}=\lim_{x\to+\infty}\frac{\frac{1}{x}}{nx^{n-1}}=\lim_{x\to+\infty}\frac{1}{nx^n}=0.$$

例 5　求 $\lim\limits_{x\to+\infty}\dfrac{x^n}{e^{\lambda x}}$（$n$ 为正整数，$\lambda>0$）.

解　这是未定式 $\dfrac{\infty}{\infty}$，连续应用洛必达法则 n 次，得

$$\lim_{x\to+\infty}\frac{x^n}{e^{\lambda x}}=\lim_{x\to+\infty}\frac{nx^{n-1}}{\lambda e^{\lambda x}}=\lim_{x\to+\infty}\frac{n(n-1)x^{n-2}}{\lambda^2 e^{\lambda x}}=\cdots$$

$$=\lim_{x\to+\infty}\frac{n!}{\lambda^n e^{\lambda x}}=0.$$

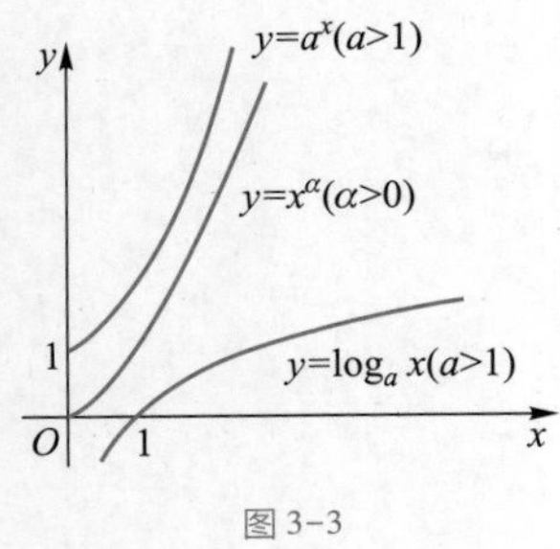

图 3-3

从例 4 与例 5 看出，虽然当 $x\to+\infty$ 时，对数函数 $\ln x$、幂函数 $x^n(n>0)$、指数函数 $e^{\lambda x}(\lambda x>0)$ 均为无穷大，但是它们增大的速度不同：指数函数增大得最快，幂函数次之，对数函数最慢.这个结论同样适用于函数 $a^x(a>1)$，$x^\alpha(\alpha>0)$，$\log_a x(a>1)$，如图 3-3 所示.

3.2.3　其他型的未定式

其他五种未定式的类型：$0\cdot\infty$，$\infty-\infty$，0^0，1^∞，∞^0 都可以转化为 $\dfrac{0}{0}$ 型或

$\frac{\infty}{\infty}$型计算,下面用例子说明.

1. $0\cdot\infty$型

例6 求 $\lim\limits_{x\to0^+}x^{\alpha}\ln x\,(\alpha>0)$.

解 这是未定式 $0\cdot\infty$型,将函数 x^{α} 倒置,便化为$\frac{\infty}{\infty}$型,再应用洛必达法则,得

$$\lim_{x\to0^+}x^{\alpha}\ln x=\lim_{x\to0^+}\frac{\ln x}{x^{-\alpha}}\overset{\frac{\infty}{\infty}}{=}\lim_{x\to0^+}\frac{\frac{1}{x}}{-\alpha x^{-\alpha-1}}=\lim_{x\to0^+}\frac{-x^{\alpha}}{\alpha}=0.$$

注 如果将 $\ln x$ 倒置,则有

$$\lim_{x\to0^+}x^{\alpha}\ln x=\lim_{x\to0^+}\frac{x^{\alpha}}{\frac{1}{\ln x}}\overset{\frac{0}{0}}{=}\lim_{x\to0^+}\frac{\alpha x^{\alpha-1}}{-\frac{1}{\ln^2x}\cdot\frac{1}{x}}=\lim_{x\to0^+}(-\alpha x^{\alpha}\ln^2x).$$

显然这种方法不可取.

2. $\infty-\infty$型

例7 求 $\lim\limits_{x\to\frac{\pi}{2}}(\sec x-\tan x)$.

解 这是未定式$\infty-\infty$型,通分转化为$\frac{0}{0}$型,再应用洛必达法则,得

$$\lim_{x\to\frac{\pi}{2}}(\sec x-\tan x)=\lim_{x\to\frac{\pi}{2}}\frac{1-\sin x}{\cos x}\overset{\frac{0}{0}}{=}\lim_{x\to\frac{\pi}{2}}\frac{-\cos x}{-\sin x}=0.$$

3. $0^0,1^{\infty},\infty^0$型

这三种未定式一般利用对数恒等式 $y=\mathrm{e}^{\ln y}$转化为 $0\cdot\infty$型,再转化为$\frac{0}{0}$型或$\frac{\infty}{\infty}$型计算.

例8 求 $\lim\limits_{x\to0^+}x^{x}$.

解 这是未定式 0^0 型. 设 $y=x^x$,则 $\ln y=x\ln x$,而

$$\lim_{x\to0^+}x\ln x\overset{\infty\cdot0}{=}\lim_{x\to0^+}\frac{\ln x}{\frac{1}{x}}=0,$$

于是有

$$\lim_{x\to0^+}y=\lim_{x\to0^+}\mathrm{e}^{\ln y}=\mathrm{e}^{\lim\limits_{x\to0^+}\ln y}=\mathrm{e}^0=1.$$

例9 求 $\lim\limits_{x\to\infty}\left(1+\frac{1}{x}\right)^x$.

解 这是第一章讨论过的重要极限,这里用洛必达法则求解.

由于它是未定式 1^∞ 型,设 $y=\left(1+\frac{1}{x}\right)^x$,则 $\ln y=x\ln\left(1+\frac{1}{x}\right)$. 而

$$\lim_{x\to\infty}x\ln\left(1+\frac{1}{x}\right)\overset{\infty\cdot 0}{=}\lim_{x\to\infty}\frac{\ln\left(1+\frac{1}{x}\right)}{\frac{1}{x}}$$

$$\overset{\frac{0}{0}}{=}\lim_{x\to\infty}\frac{\frac{1}{1+\frac{1}{x}}\cdot\left(-\frac{1}{x^2}\right)}{-\frac{1}{x^2}}$$

$$=\lim_{x\to\infty}\frac{x}{x+1}=1,$$

于是有

$$\lim_{x\to\infty}y=\lim_{x\to\infty}\mathrm{e}^{\ln y}=\mathrm{e}^{\lim\limits_{x\to\infty}\ln y}=\mathrm{e}.$$

例 10　求 $\lim\limits_{x\to 0}\left(\frac{1+2^x}{2}\right)^{\frac{1}{x}}$.

解　这是未定式 1^∞ 型.

设 $y=\left(\frac{1+2^x}{2}\right)^{\frac{1}{x}}$,则 $\ln y=\frac{1}{x}\ln\left(\frac{1+2^x}{2}\right)$. 而

$$\lim_{x\to 0}\frac{1}{x}\ln\left(\frac{1+2^x}{2}\right)\overset{\infty\cdot 0}{=}\lim_{x\to 0}\frac{\ln(1+2^x)-\ln 2}{x}$$

$$\overset{\frac{0}{0}}{=}\lim_{x\to 0}\frac{\frac{1}{1+2^x}\cdot(2^x\ln 2)}{1}$$

$$=\lim_{x\to 0}\frac{2^x\ln 2}{1+2^x}=\frac{1}{2}\ln 2,$$

于是有

$$\lim_{x\to 0}y=\lim_{x\to 0}\mathrm{e}^{\ln y}=\mathrm{e}^{\lim\limits_{x\to 0}\ln y}=\mathrm{e}^{\frac{1}{2}\ln 2}=\sqrt{2}.$$

洛必达法则是求未定式极限的一种有效方法,但最好能与其他求极限的方法结合使用. 例如能化简时尽量先化简,可以应用等价无穷小或重要极限时,尽可能使用,这样可以使运算更加便捷.

例 11　求极限 $\lim\limits_{x\to 0}\cot x\left(\frac{1}{\sin x}-\frac{1}{x}\right)$.

解　通分后化为 $\frac{0}{0}$ 型未定式. 若直接使用洛必达法则,则分子、分母

的导数(尤其是高阶导数)较繁,故在运算中可进行化简和作等价无穷小代换,过程如下:

$$\lim_{x\to0}\cot x\left(\frac{1}{\sin x}-\frac{1}{x}\right)=\lim_{x\to0}\frac{\cos x(x-\sin x)}{x\sin^2 x}$$

$$=\lim_{x\to0}\frac{x-\sin x}{x\cdot x^2}\quad(\lim_{x\to0}\cos x=1,\sin x\sim x)$$

$$\overset{\frac{0}{0}}{=}\lim_{x\to0}\frac{1-\cos x}{3x^2}$$

$$=\lim_{x\to0}\frac{\frac{1}{2}x^2}{3x^2}=\frac{1}{6}\left(1-\cos x\sim\frac{1}{2}x^2\right).$$

最后,我们指出,本节定理给出的是求未定式的一种方法.当定理条件满足时,所求的极限当然存在(或为∞),但当定理的条件不满足时,所求极限却不一定不存在,也就是说,当 $\lim\frac{f'(x)}{g'(x)}$ 不存在时(等于无穷大的情况除外),$\lim\frac{f(x)}{g(x)}$ 仍然可能存在.

习题 3-2

A 题

1. 下列求极限中都应用了洛必达法则,其解法有无错误?

(1) $\lim_{x\to0}\frac{x^2+1}{x-1}=\lim_{x\to0}\frac{(x^2+1)'}{(x-1)'}=\lim_{x\to0}\frac{2x}{1}=0.$

(2) 由于

$$\lim_{x\to\infty}\frac{\sin x+x}{x}=\lim_{x\to\infty}\frac{(\sin x+x)'}{x'}=\lim_{x\to\infty}\frac{\cos x+1}{1}$$

极限不存在,故原极限不存在.

2. 用洛必达法则求下列极限:

(1) $\lim_{x\to a}\frac{\sin x-\sin a}{x-a}$;　(2) $\lim_{x\to+\infty}\frac{\ln\left(1+\frac{1}{x}\right)}{\arctan x-\frac{\pi}{2}}$;

(3) $\lim_{x\to0}\frac{1-\cos x^2}{x^3\sin x}$;　(4) $\lim_{x\to0}\frac{2e^{2x}-e^x-3x-1}{e^x x\tan x}$;

(5) $\lim_{x\to\frac{\pi}{2}}\frac{\ln\sin x}{(\pi-2x)^2}$;　(6) $\lim_{x\to0^+}\frac{\ln\tan 7x}{\ln\tan 2x}$;

(7) $\lim_{x\to1}\left(\frac{1}{\ln x}-\frac{1}{x-1}\right)$;　(8) $\lim_{x\to0}\left(\frac{1}{x}-\cot x\right)$;

(9) $\lim\limits_{x\to 0}\left[\dfrac{\ln(1+x)}{x}\right]^{\cot x}$；　　(10) $\lim\limits_{x\to +\infty}(x+\mathrm{e}^x)^{\frac{1}{x}}$；

(11) $\lim\limits_{x\to 0} x\mathrm{e}^{\frac{1}{x}}$；　　(12) $\lim\limits_{x\to 0}\left(\dfrac{\sin x}{x}\right)^{\cot^2 x}$；

(13) $\lim\limits_{x\to 0^+} x^{\sin x}$；　　(14) $\lim\limits_{x\to \infty}\left(\dfrac{a^{\frac{1}{x}}+b^{\frac{1}{x}}+c^{\frac{1}{x}}}{3}\right)^{3x}$ $(a>0,b>0,c>0)$.

3. 验证下列极限存在，但不能用洛必达法则求出：

(1) $\lim\limits_{x\to 0}\dfrac{x^2\sin\dfrac{1}{x}}{\sin x}$；　　(2) $\lim\limits_{x\to +\infty}\dfrac{\mathrm{e}^x-\mathrm{e}^{-x}}{\mathrm{e}^x+\mathrm{e}^{-x}}$.

B 题

1. 单项选择题

(1) (考研真题，2009 年数学一) 当 $x\to 0$ 时，已知 $f(x)=x-\sin ax$ 与 $g(x)=x^2\ln(1-bx)$ 是等价无穷小，则(　　).

A. $a=1,b=-\dfrac{1}{6}$　　B. $a=1,b=\dfrac{1}{6}$

C. $a=-1,b=-\dfrac{1}{6}$　　D. $a=-1,b=\dfrac{1}{6}$

(2) (考研真题，2011 年数学二) 已知 $f(x)$ 在 $x=0$ 处可导，且 $f(0)=0$，则 $\lim\limits_{x\to 0}\dfrac{x^2f(x)-2f(x^3)}{x^3}$ 的值是(　　).

A. $-2f'(0)$　　B. $-f'(0)$　　C. $f'(0)$　　D. 0

(3) (考研真题，2013 年数学一) 已知 $\lim\limits_{x\to 0}\dfrac{x-\arctan x}{x^k}=c$，则 k,c 的值是(　　).

A. $k=2,c=-\dfrac{1}{2}$　　B. $k=2,c=\dfrac{1}{2}$

C. $k=3,c=-\dfrac{1}{3}$　　D. $k=3,c=\dfrac{1}{3}$

(4) (考研真题，2022 年数学一) 设 $\lim\limits_{x\to 1}\dfrac{f(x)}{\ln x}=1$，则(　　).

A. $f(1)=0$　　B. $\lim\limits_{x\to 1}f(x)=0$　　C. $f'(1)=1$　　D. $\lim\limits_{x\to 1}f'(x)=1$

2. (考研真题，2013 年数学二) 当 $x\to 0$ 时，$1-\cos x\cos 2x\cos 3x$ 与 ax^n 为等价无穷小，求 n 与 a 的值.

3. 求下列函数极限：

(1) (考研真题，2004 年数学三) $\lim\limits_{x\to 0}\left(\dfrac{1}{\sin^2 x}-\dfrac{\cos^2 x}{x^2}\right)$；

(2)(考研真题,2008 年数学一)$\lim\limits_{x\to 0}\dfrac{[\sin x-\sin(\sin x)]\sin x}{x^4}$;

(3)(考研真题,2013 年数学二)$\lim\limits_{x\to 0}\left[2-\dfrac{\ln(1+x)}{x}\right]^{\frac{1}{x}}$;

(4)(考研真题,2011 年数学一)$\lim\limits_{x\to 0}\left[\dfrac{\ln(1+x)}{x}\right]^{\frac{1}{e^x-1}}$.

4. 讨论函数

$$f(x)=\begin{cases}\left[\dfrac{(1+x)^{\frac{1}{x}}}{e}\right]^{\frac{1}{x}}, & x>0,\\ e^{-\frac{1}{2}}, & x\leqslant 0\end{cases}$$

在点 $x=0$ 处的连续性.

5.(考研真题,2006 年数学一)设数列$\{x_n\}$满足 $0<x_1<\pi$,$x_{n+1}=\sin x_n$ $(n=1,2,\cdots)$.

(1)求证 $\lim\limits_{n\to\infty}x_n$ 存在,并求极限.

(2)计算 $\lim\limits_{n\to\infty}\left(\dfrac{x_{n+1}}{x_n}\right)^{\frac{1}{x_n^2}}$.

6.(考研真题,2003 年数学二)设

$$f(x)=\begin{cases}\dfrac{\ln(1+ax^3)}{x-\arcsin x}, & x<0,\\ 6, & x=0,\\ \dfrac{e^{ax}+x^2-ax-1}{x\sin\dfrac{x}{4}}, & x>0.\end{cases}$$

问 a 为何值时,$f(x)$在 $x=0$ 处连续;a 为何值时,$x=0$ 是$f(x)$的可去间断点.

7.(考研真题,2023 年数学三)$\lim\limits_{x\to\infty}x^2\left(2-x\sin\dfrac{1}{x}-\cos\dfrac{1}{x}\right)=$________.

3.3 泰勒公式

洛必达法则的另一项重要应用是证明泰勒公式.泰勒公式在研究函数的性质上起着很大的作用.

3.3.1 泰勒公式

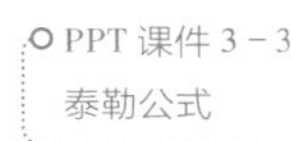

由第 2 章微分的近似计算知道,若函数 $y=f(x)$在一点 x_0 处可微,则

在它附近一点 x 的函数值 $f(x)$ 可以表示为

$$f(x)=f(x_0)+f'(x_0)(x-x_0)+o(x-x_0),$$

于是

$$f(x)\approx f(x_0)+f'(x_0)(x-x_0),$$

即 $f(x)$ 用关于 $(x-x_0)$ 的线性函数，或称为一次多项式近似代替，其误差是比 $(x-x_0)$ 高阶的无穷小.

上述的近似表达式启发我们若用 $(x-x_0)$ 的高阶多项式去逼近函数值 $f(x)$，可能得到更高的精确度. 自然，这有可能要求 f 有更强的条件，例如高阶导数的存在.

事实上，若记误差

$$R_1(x)=f(x)-[f(x_0)+f'(x_0)(x-x_0)],$$

并假设 $f''(x_0)$ 存在，则在下式中先用洛必达法则然后根据二阶导数的定义得

$$\begin{aligned}\lim_{x\to x_0}\frac{R_1(x)}{(x-x_0)^2}&=\lim_{x\to x_0}\frac{f(x)-[f(x_0)+f'(x_0)(x-x_0)]}{(x-x_0)^2}\\&\overset{\frac{0}{0}}{=}\lim_{x\to x_0}\frac{f'(x)-f'(x_0)}{2(x-x_0)}\\&\overset{\frac{0}{0}}{=}\frac{1}{2}f''(x_0).\end{aligned}$$

可以看出，当 $f''(x_0)$ 存在时，误差 $R_1(x)$ 是 $(x-x_0)$ 的二阶无穷小.

若在近似公式中增加一项 $\frac{1}{2!}f''(x_0)(x-x_0)^2$，也就是采用近似公式

$$f(x)\approx f(x_0)+f'(x_0)(x-x_0)+\frac{1}{2!}f''(x_0)(x-x_0)^2,$$

并记由此产生的误差是

$$R_2(x)=f(x)-\left[f(x_0)+f'(x_0)(x-x_0)+\frac{1}{2!}f''(x_0)(x-x_0)^2\right],$$

则当 $f'''(x_0)$ 存在时，用上述同样的方法可以得到

$$\lim_{x\to x_0}\frac{R_2(x)}{(x-x_0)^3}=\frac{1}{3!}f'''(x_0).$$

也就是说，用 $(x-x_0)$ 的二次多项式逼近函数值 $f(x)$，所得的误差是 $(x-x_0)$ 的三阶无穷小，显然精确度提高了.

以此类推，如果函数$f(x)$在x_0处有直到$n+1$阶导数，则用$(x-x_0)$的n次多项式逼近函数值$f(x)$，可以得到近似公式

$$f(x)\approx f(x_0)+f'(x_0)(x-x_0)+\frac{f''(x_0)}{2!}(x-x_0)^2+\cdots+\frac{f^{(n)}(x_0)}{n!}(x-x_0)^n$$

$$=\sum_{k=0}^{n}\frac{f^{(k)}(x_0)}{k!}(x-x_0)^k,$$

这里约定$f^{(0)}(x_0)=f(x_0)$．上述近似公式的误差是

$$R_n(x)=f(x)-\sum_{k=0}^{n}\frac{f^{(k)}(x_0)}{k!}(x-x_0)^k,$$

则经过连续使用n次洛必达法则，再根据$n+1$阶导数的定义得

$$\lim_{x\to x_0}\frac{R_n(x)}{(x-x_0)^{n+1}}=\frac{1}{(n+1)!}f^{(n+1)}(x_0),\tag{3-5}$$

即$R_n(x)$是$(x-x_0)$的$n+1$阶无穷小．下面进一步探讨$R_n(x)$的具体表达式．

从式(3-5)中猜测$R_n(x)$可能会有以下的形式

$$R_n(x)=\frac{f^{(n+1)}(\xi)}{(n+1)!}(x-x_0)^{n+1}\quad(\xi\text{ 在 }x_0\text{ 与 }x\text{ 之间}).$$

于是下面应用柯西中值定理得到

定理3.3.1（泰勒中值定理）　如果函数$f(x)$在含有x_0的某个开区间(a,b)内具有直到$n+1$阶导数，则对任一$x\in(a,b)$，有

$$f(x)=f(x_0)+f'(x_0)(x-x_0)+\frac{f''(x_0)}{2!}(x-x_0)^2+\cdots+\frac{f^{(n)}(x_0)}{n!}(x-x_0)^n+R_n(x),\tag{3-6}$$

其中

$$R_n(x)=\frac{f^{(n+1)}(\xi)}{(n+1)!}(x-x_0)^{n+1},\tag{3-7}$$

这里ξ是x_0与x之间的某个值．

证　下面只证明$x>x_0$的情形．

根据定义有

$$R_n(x)=f(x)-\sum_{k=0}^{n}\frac{f^{(k)}(x_0)}{k!}(x-x_0)^k,$$

求$R_n(x)$的各阶导数得

$$R_n'(x)=f'(x)-\sum_{k=1}^{n}\frac{f^{(k)}(x_0)}{(k-1)!}(x-x_0)^{k-1},$$

$$\cdots\cdots\cdots\cdots$$

$$R_n^{(m)}(x)=f^{(m)}(x)-\sum_{k=m}^{n}\frac{f^{(k)}(x_0)}{(k-m)!}(x-x_0)^{k-m},$$

$$\cdots\cdots\cdots\cdots$$

$$R_n^{(n)}(x)=f^{(n)}(x)-f^{(n)}(x_0),$$

$$R_n^{(n+1)}(x)=f^{(n+1)}(x).$$

容易看出

$$R_n(x_0)=R_n'(x_0)=\cdots=R_n^{(m)}(x_0)=\cdots=R_n^{(n)}(x_0)=0.$$

对函数 $R_n(x)$ 和 $(x-x_0)^{n+1}$ 在区间 $[x_0,x]$ 上应用柯西中值定理，得

$$\frac{R_n(x)}{(x-x_0)^{n+1}}=\frac{R_n(x)-R_n(x_0)}{(x-x_0)^{n+1}-(x_0-x_0)^{n+1}}$$

$$=\frac{R_n'(\xi_1)}{(n+1)(\xi_1-x_0)^n}\quad(x_0<\xi_1<x).$$

继续对函数 $R_n'(x)$ 和 $(x-x_0)^n$ 以及它们的导数在区间 $[x_0,\xi_1]$ 上应用柯西中值定理，于是有

$$\frac{R_n'(\xi_1)}{(n+1)(\xi_1-x_0)^n}=\frac{R_n'(\xi_1)-R_n'(x_0)}{(n+1)[(\xi_1-x_0)^n-(x_0-x_0)^n]}$$

$$=\frac{R_n''(\xi_2)}{n(n+1)(\xi_2-x_0)^{n-1}}$$

$$=\cdots$$

$$=\frac{R_n^{(n)}(\xi_n)}{(n+1)!\ (\xi_n-x_0)}$$

$$=\frac{R_n^{(n)}(\xi_n)-R_n^{(n)}(x_0)}{(n+1)!\ [(\xi_n-x_0)-(x_0-x_0)]}$$

$$=\frac{R_n^{(n+1)}(\xi)}{(n+1)!}$$

$$=\frac{f^{(n+1)}(\xi)}{(n+1)!}.$$

其中 $x_0<\xi<\xi_n<\cdots<\xi_2<\xi_1<x$. 由此即得

$$R_n(x)=\frac{f^{(n+1)}(\xi)}{(n+1)!}(x-x_0)^{n+1}.$$

注　(1) 公式(3-6)称为 $f(x)$ 在 x_0 附近的关于 $(x-x_0)$ 的幂级数展

开式，也称 n 阶泰勒公式，其中 $R_n(x)$ 称为泰勒公式的余项，(3-7) 所表示的余项称为拉格朗日余项．记

$$p_n(x)=f(x_0)+f'(x_0)(x-x_0)+\frac{f''(x_0)}{2!}(x-x_0)^2+\cdots+\frac{f^{(n)}(x_0)}{n!}(x-x_0)^n,$$

则 $p_n(x)$ 称为 $f(x)$ 在 x_0 附近的 n 次泰勒多项式，$\frac{f^{(k)}(x_0)}{k!}(k=1,2,\cdots,n)$ 称为泰勒系数．

当 $n=0$ 时，泰勒公式(3-6)变成

$$f(x)=f(x_0)+f'(\xi)(x-x_0)\quad(\xi \text{ 在 } x_0 \text{ 与 } x \text{ 之间}),$$

即为拉格朗日中值定理，因此泰勒中值定理是拉格朗日中值定理的推广．

(2) 拉格朗日余项(3-7)为泰勒公式中的误差提供了估计.以泰勒多项式 $p_n(x)$ 近似表示 $f(x)$ 时，其误差为 $|R_n(x)|$，设当 $x\in(a,b)$ 时，$|f^{(n+1)}(x)|\leqslant M$，则有误差估计式

$$|R_n(x)|=\left|\frac{f^{(n+1)}(\xi)}{(n+1)!}(x-x_0)^{n+1}\right|\leqslant\frac{M}{(n+1)!}|x-x_0|^{n+1}. \tag{3-8}$$

(3) 由于 $\lim\limits_{x\to x_0}\frac{R_n(x)}{(x-x_0)^n}=0$，即当 $x\to x_0$ 时，$R_n(x)$ 是比 $(x-x_0)^n$ 更高阶的无穷小，因此在不需要余项的精确表达式时，n 阶泰勒公式(3-6)可表示为

$$f(x)=f(x_0)+f'(x_0)(x-x_0)+\frac{f''(x_0)}{2!}(x-x_0)^2+\cdots+\frac{f^{(n)}(x_0)}{n!}(x-x_0)^n+o[(x-x_0)^n],$$

其中 $o[(x-x_0)^n]$ 称为佩亚诺余项．

(4) 当 $x_0=0$ 时，ξ 在 0 和 x 之间．因此可以令 $\xi=\theta x(0<\theta<1)$，从而 $f(x)$ 在 $x_0=0$ 点附近的泰勒公式(3-6)变成较简单的形式：

$$f(x)=f(0)+f'(0)x+\frac{f''(0)}{2!}x^2+\cdots+\frac{f^{(n)}(0)}{n!}x^n+\frac{f^{(n+1)}(\theta x)}{(n+1)!}x^{n+1}\quad(0<\theta<1). \tag{3-9}$$

称为带有拉格朗日余项的麦克劳林公式．

带佩亚诺余项的麦克劳林公式是

$$f(x)=f(0)+f'(0)x+\frac{f''(0)}{2!}x^2+\cdots+\frac{f^{(n)}(0)}{n!}x^n+o(x^n). \tag{3-10}$$

由(3-9)或(3-10)可得到在 $x_0=0$ 点附近 $f(x)$ 的近似公式

$$f(x)\approx f(0)+f'(0)x+\frac{f''(0)}{2!}x^2+\cdots+\frac{f^{(n)}(0)}{n!}x^n,$$

误差估计式(3-8)相应变成

$$|R_n(x)|\leqslant\frac{M}{(n+1)!}|x|^{n+1}.\tag{3-11}$$

3.3.2　几个常用函数的展开式

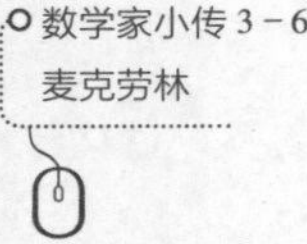

例1　写出函数$f(x)=\mathrm{e}^x$在$x=0$点的带有拉格朗日余项的n阶麦克劳林公式.

解　因为

$$f'(x)=f''(x)=\cdots=f^{(n)}(x)=\mathrm{e}^x,$$

所以

$$f'(0)=f''(0)=\cdots=f^{(n)}(0)=1,$$

代入公式(3-9),注意到$f^{(n+1)}(\theta x)=\mathrm{e}^{\theta x}$便得

$$\mathrm{e}^x=1+x+\frac{x^2}{2!}+\cdots+\frac{x^n}{n!}+\frac{\mathrm{e}^{\theta x}}{(n+1)!}x^{n+1}\quad(0<\theta<1).$$

例2　写出函数$f(x)=\sin x$在$x=0$点的带有拉格朗日余项的n阶麦克劳林公式.

解　因为

$$f(x)=\sin x,\quad f'(x)=\cos x=\sin\left(x+\frac{\pi}{2}\right),\quad\cdots,\quad f^{(n)}(x)=\sin\left(x+\frac{n\pi}{2}\right),$$

所以

$$f(0)=0,\quad f'(0)=1,\quad f''(0)=0,\quad f'''(0)=-1,\quad\cdots,$$
$$f^{(2m)}(0)=0,\quad f^{(2m+1)}(0)=(-1)^m.$$

代入公式(3-9),令$n=2m$,于是有

$$\sin x=x-\frac{x^3}{3!}+\frac{x^5}{5!}-\cdots+(-1)^{m-1}\frac{x^{2m-1}}{(2m-1)!}+R_{2m}(x),$$

其中

$$R_{2m}(x)=\frac{f^{(2m+1)}(\theta x)}{(2m+1)!}x^{2m+1}=\frac{\sin\left[\theta x+(2m+1)\frac{\pi}{2}\right]}{(2m+1)!}x^{2m+1}\quad(0<\theta<1).$$

类似可得

$$\cos x=1-\frac{x^2}{2!}+\frac{x^4}{4!}-\cdots+(-1)^m\frac{x^{2m}}{(2m)!}+R_{2m+1}(x),$$

其中

$$R_{2m+1}(x)=\frac{\cos[\theta x+(m+1)\pi]}{(2m+2)!}x^{2m+2}\quad(0<\theta<1).$$

例 3　写出函数 $f(x)=\ln(1+x)$ 在 $x=0$ 点的带有拉格朗日余项的 n 阶麦克劳林公式.

解　因为

$$f^{(n)}(x)=(-1)^{n-1}\frac{(n-1)!}{(1+x)^n},$$

所以 $f^{(n)}(0)=(-1)^{n-1}(n-1)!$.代入公式(3-9),于是有

$$\ln(1+x)=x-\frac{1}{2}x^2+\frac{1}{3}x^3-\cdots+(-1)^{n-1}\frac{1}{n}x^n+R_n(x),$$

其中

$$R_n(x)=\frac{(-1)^n}{(n+1)(1+\theta x)^{n+1}}x^{n+1}\quad(0<\theta<1).$$

例 4　写出函数 $f(x)=(1+x)^\alpha$ 在 $x=0$ 点的带有拉格朗日余项的 n 阶麦克劳林公式.

解　因为

$$f^{(n)}(x)=\alpha(\alpha-1)\cdots(\alpha-n+1)(1+x)^{\alpha-n},$$

所以 $f^{(n)}(0)=\alpha(\alpha-1)\cdots(\alpha-n+1)$,代入公式(3-9),于是有

$$(1+x)^\alpha=1+\alpha x+\frac{\alpha(\alpha-1)}{2!}x^2+\cdots+\frac{\alpha(\alpha-1)\cdots(\alpha-n+1)}{n!}x^n+R_n(x),$$

其中

$$R_n(x)=\frac{\alpha(\alpha-1)\cdots(\alpha-n+1)(\alpha-n)}{(n+1)!}(1+\theta x)^{\alpha-n-1}x^{n+1}\quad(0<\theta<1).$$

数学家小传 3-7
佩亚诺

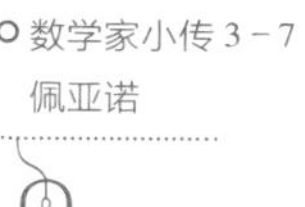

由以上带有拉格朗日余项的麦克劳林公式,易得相应的带有佩亚诺型余项的麦克劳林公式:

$$e^x=1+x+\frac{x^2}{2!}+\cdots+\frac{x^n}{n!}+o(x^n),$$

$$\sin x=x-\frac{x^3}{3!}+\frac{x^5}{5!}-\cdots+(-1)^{m-1}\frac{x^{2m-1}}{(2m-1)!}+o(x^{2m}),$$

$$\cos x=1-\frac{x^2}{2!}+\frac{x^4}{4!}-\cdots+(-1)^m\frac{x^{2m}}{(2m)!}+o(x^{2m+1}),$$

注　一般说来,在麦克劳林公式中,“o”中 x 的方次与泰勒多项式的次数相同.但在 $\sin x$ 和 $\cos x$ 的泰勒公式中,“o”中 x 的方次却比泰勒多项式的次数高一次.这是因为在这两个泰勒多项式中,与“o”中 x 同方次幂的系数为零的缘故.

$$\ln(1+x)=x-\frac{x^2}{2}+\frac{x^3}{3}-\cdots+(-1)^{n-1}\frac{x^n}{n}+o(x^n),$$

$$(1+x)^\alpha=1+\alpha x+\frac{\alpha(\alpha-1)}{2!}x^2+\cdots+\frac{\alpha(\alpha-1)\cdots(\alpha-n+1)}{n!}x^n+o(x^n).$$

由上述论述可以看出,为了求函数在某点的泰勒公式,需先求出函数在该点的各阶导数值,这对于某些比较复杂的函数也许是件困难的事情,那么是否有其他方法来求泰勒公式呢?再次应用洛必达法则可以得到如下结论:

定理 3.3.2 设 $y=f(x)$ 在 x_0 点附近有定义,且在 x_0 点 n 阶导数存在,假设有 $n+1$ 个常数 $a_0,a_1,\cdots,a_n$ 使得下式成立:

$$f(x)=a_0+a_1(x-x_0)+\cdots+a_n(x-x_0)^n+o[(x-x_0)^n],$$

则有

$$a_k=\frac{1}{k!}f^{(k)}(x_0),\quad k=0,1,\cdots,n,$$

其中 $f^{(0)}(x_0)=f(x_0)$.

可见,不管用什么方法,只要证明了 $f(x)$ 可以用 $(x-x_0)$ 的某个 n 次多项式逼近,其误差当 $x\to x_0$ 时是 $(x-x_0)^n$ 的高阶无穷小,那么这个多项式再加上 $o[(x-x_0)^n]$ 就一定是 $f(x)$ 在 x_0 点的泰勒公式. 于是某些比较复杂的函数的泰勒公式就可以利用以上几个常用函数的麦克劳林公式来求得.

例 5 确定常数 a,b,c,使得

$$\ln x=a+b(x-2)+c(x-2)^2+o[(x-2)^2].$$

解 设 $f(x)=\ln x, x_0=2$,由定理 3.3.2 知上式就是 $\ln x$ 在 $x_0=2$ 的二阶泰勒公式,即

$$\ln x=f(2)+f'(2)(x-2)+\frac{f''(2)}{2!}(x-2)^2+o[(x-2)^2].$$

而

$$a=f(2),\quad b=f'(2),\quad c=\frac{1}{2!}f''(2),$$

求得

$$a=\ln 2,\quad b=\left.\frac{1}{x}\right|_{x=2}=\frac{1}{2},\quad c=-\left.\frac{1}{2x^2}\right|_{x=2}=-\frac{1}{8},$$

从而有

$$\ln x=\ln 2+\frac{1}{2}(x-2)-\frac{1}{8}(x-2)^2+o[(x-2)^2].$$

注 例 5 也可以将$\dfrac{x-2}{2}$替代 x 代入到 $\ln(1+x)$ 的麦克劳林公式中，间接求得

$$\begin{aligned}\ln x&=\ln[2+(x-2)]=\ln 2+\ln\left(1+\frac{x-2}{2}\right)\\&=\ln 2+\frac{x-2}{2}-\frac{1}{2}\left(\frac{x-2}{2}\right)^2+o\left[\left(\frac{x-2}{2}\right)^2\right]\\&=\ln 2+\frac{x-2}{2}-\frac{1}{8}(x-2)^2+o[(x-2)^2],\end{aligned}$$

从而有

$$a=\ln 2,\quad b=\frac{1}{2},\quad c=-\frac{1}{8}.$$

例 6 求 $y=\mathrm{e}^{-x^2}$在 $x=0$ 点带佩亚诺余项的麦克劳林公式.

解 将$-x^2$ 替代 x 代入到 e^x 的麦克劳林公式中求得

$$\begin{aligned}\mathrm{e}^{-x^2}&=1+(-x^2)+\frac{1}{2!}(-x^2)^2+\cdots+\frac{1}{n!}(-x^2)^n+o[(x^2)^n]\\&=1-x^2+\frac{1}{2!}x^4+\cdots+\frac{(-1)^n}{n!}x^{2n}+o(x^{2n}).\end{aligned}$$

由定理 3.3.2 知即为所求.

3.3.3 泰勒公式的应用

1. 近似计算

利用泰勒公式近似计算函数值较之微分精确度更高，适用范围更广，并且可以估计误差.

例 7 计算 e 的近似值，使误差小于10^{-6}.

解 因为

$$\mathrm{e}^x\approx 1+x+\frac{x^2}{2!}+\cdots+\frac{x^n}{n!},$$

误差为

$$|R_n(x)|=\left|\frac{\mathrm{e}^{\theta x}}{(n+1)!}x^{n+1}\right|<\frac{\mathrm{e}^{|x|}}{(n+1)!}|x|^{n+1}\quad(0<\theta<1).$$

取 $x=1$,则得无理数 e 的近似式是

$$\mathrm{e}\approx 1+1+\frac{1}{2!}+\cdots+\frac{1}{n!},$$

其误差为

$$|R_n|<\frac{\mathrm{e}}{(n+1)!}<\frac{3}{(n+1)!}.$$

取 $n=10$ 时,有 $\frac{3}{(10+1)!}<10^{-6}$,从而求得近似值是

$$\mathrm{e}\approx 1+1+\frac{1}{2!}+\cdots+\frac{1}{10!}\approx 2.718\ 282.$$

例 8　用 $\sin x$ 在 $x=0$ 点的 1 次,3 次和 5 次泰勒多项式依次近似代替 $\sin x$,并估计误差.

解

$$\sin x\approx x,$$

误差为

$$|R_2|=\left|-\frac{\cos\theta x}{3!}x^3\right|\leqslant\frac{|x|^3}{6}\quad(0<\theta<1).$$

同理可得

$$\sin x\approx x-\frac{1}{3!}x^3,$$

$$\sin x\approx x-\frac{1}{3!}x^3+\frac{1}{5!}x^5,$$

其误差绝对值依次不超过 $\frac{1}{5!}|x|^5$ 和 $\frac{1}{7!}|x|^7$.以上三个泰勒多项式及正弦函数的图形都画在图 3-4 中,以便于比较.

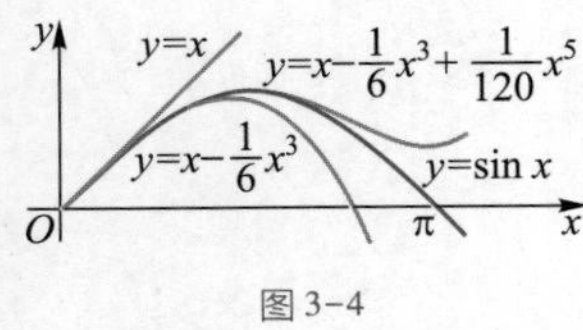

图 3-4

2. 计算未定式的极限

例 9　利用带有佩亚诺余项的麦克劳林公式,求极限 $\lim\limits_{x\to 0}\frac{\sqrt{1-2x}-\sqrt[3]{1-3x}}{\sin^2 x}$.

解　由于分式的分母 $\sin^2 x\sim x^2\,(x\to 0)$,故只需将分子中的 $\sqrt{1-2x}$,$\sqrt[3]{1-3x}$ 分别用带有佩亚诺型余项的二阶麦克劳林公式表示,即

$$\sqrt{1-2x}=[1+(-2x)]^{\frac{1}{2}}=1+\frac{1}{2}(-2x)+\frac{\frac{1}{2}\left(\frac{1}{2}-1\right)}{2!}(-2x)^2+o(x^2),$$

$$\sqrt[3]{1-3x}=[1+(-3x)]^{\frac{1}{3}}=1+\frac{1}{3}(-3x)+\frac{\frac{1}{3}\left(\frac{1}{3}-1\right)}{2!}(-3x)^2+o(x^2),$$

于是

$$\begin{aligned}\sqrt{1-2x}-\sqrt[3]{1-3x}&=\left[1-x-\frac{x^2}{2}+o(x^2)\right]-[1-x-x^2+o(x^2)]\\&=\frac{1}{2}x^2+o(x^2).\end{aligned}$$

注　需要熟记常用函数的麦克劳林公式.

对上式作运算时,把两个 $o(x^2)$ 的代数和仍记为 $o(x^2)$,故

$$\lim_{x\to 0}\frac{\sqrt{1-2x}-\sqrt[3]{1-3x}}{\sin^2 x}=\lim_{x\to 0}\frac{\frac{1}{2}x^2+o(x^2)}{x^2}=\frac{1}{2}.$$

3. 证明不等式

例 10　设 $\lim\limits_{x\to 0}\frac{f(x)}{x}=1$,且 $f''(x)>0$. 证明:$f(x)>x(x\neq 0)$.

证　因为 $\lim\limits_{x\to 0}\frac{f(x)}{x}=1$,所以 $f(0)=0,f'(0)=1$. 而 $f(x)$ 在 $x=0$ 点处的一阶泰勒公式为

$$f(x)=f(0)+f'(0)x+\frac{f''(\xi)}{2!}x^2,$$

即

$$f(x)=x+\frac{f''(\xi)}{2!}x^2.$$

又由于 $f''(x)>0$,故 $f(x)>x$.

习题 3-3

A 题

1. 设有 n 次多项式 $f(x)=a_0+a_1x+\cdots+a_nx^n$,证明:$f(x)$ 一定可以按 $(x-x_0)$ 的幂展

开成多项式，即$f(x)$可以改写成

$$f(x)=b_0+b_1(x-x_0)+\cdots+b_n(x-x_0)^n,$$

其中

$$b_k=\frac{1}{k!}f^{(k)}(x_0),\quad k=0,1,2,\cdots,n;\quad f^{(0)}(x_0)=f(x_0).$$

2. 按$(x-4)$的幂展开多项式$f(x)=x^4-5x^3+x^2-3x+4$.

3. 求下列函数在给定点处带佩亚诺余项的 n 阶泰勒公式：

(1) $y=\ln(1+x), x_0=1$；　　(2) $y=\dfrac{1}{x}, x_0=-1$；

(3) $y=\sqrt{x}, x_0=4$；　　(4) $y=xe^x, x_0=0$.

4. 应用三阶泰勒公式求下列各数的近似值，并估计误差.

(1) $\sqrt[3]{30}$；　　(2) $\sqrt{e}$.

5. 利用泰勒公式求下列极限：

(1) $\lim\limits_{x\to 0}\dfrac{\sin x-x\cos x}{\sin^3 x}$；

(2) $\lim\limits_{x\to 0}\dfrac{\cos x-e^{-\frac{x^2}{2}}}{x^2[x+\ln(1-x)]}$.

B 题

1. （考研真题，2015 年数学一）设函数$f(x)=x+a\ln(1+x)+bx\sin x, g(x)=kx^3$，若$f(x)$与$g(x)$在$x\to 0$是等价的无穷小，求 a,b,k 值.

2. 设$f(x)$在$[0,2]$二阶可导，且当$x\in[0,2]$时，$|f(x)|\leqslant 1$，$|f''(x)|\leqslant 1$，证明：$|f'(x)|\leqslant 2, x\in[0,2]$.

3. （考研真题，2023 年数学一）当$x\to 0$时，函数$f(x)=ax+bx^2+\ln(1+x)$与$g(x)=e^{x^2}-\cos x^2$是等价无穷小，则$ab=$________.

4. （考研真题，2021 年数学一）设函数$f(x,y)=\dfrac{\sin x}{1+x^2}$在$x=0$处的 3 阶泰勒多项式为$ax+bx^2+cx^3$，则（　　）.

A. $a=1,b=0,c=-\dfrac{7}{6}$　　B. $a=1,b=0,c=\dfrac{7}{6}$

C. $a=-1,b=-1,c=-\dfrac{7}{6}$　　D. $a=-1,b=-1,c=\dfrac{7}{6}$

5. （考研真题，2020 年数学三）已知 a,b 为常数，且$\left(1+\dfrac{1}{n}\right)^n-e$与$\dfrac{b}{n^a}$当$n\to\infty$时均为等价无穷小，求 a,b.

3.4 函数的单调性与曲线的凹凸性

3.4.1 函数单调性的判定法

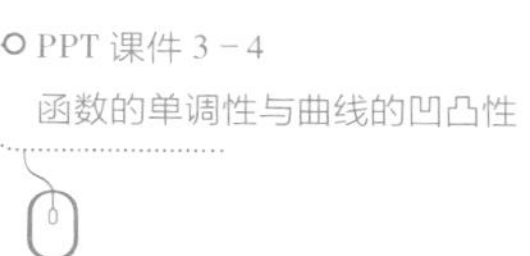

单调性是函数的一个重要性质,但利用定义来讨论单调性往往非常困难,下面利用导数对函数的单调性进行研究.

如图 3-5 所示,如果函数 $y=f(x)$ 在 $[a,b]$ 上单调增加(单调减少),那么它的图形是一条沿 x 轴正向上升(下降)的曲线,曲线上各点的切线的斜率是非负的(非正的),即

$$f'(x)\geqslant 0 \quad (f'(x)\leqslant 0).$$

由此可见,函数的单调性与导数的符号有密切的联系.

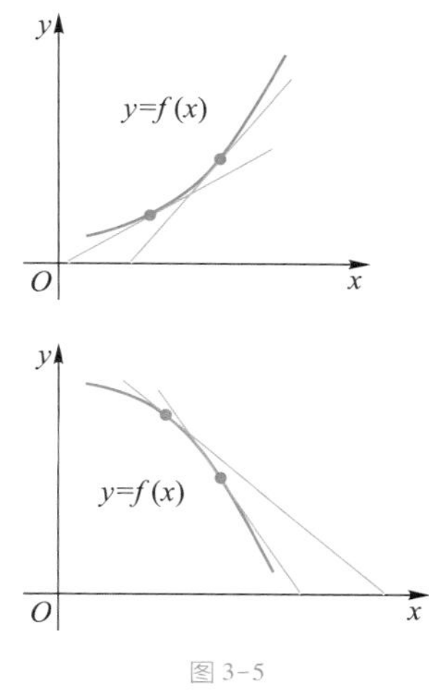

图 3-5

反过来,能否用导数的符号来判定函数的单调性呢?为此,需要探讨函数改变量 $f(x_2)-f(x_1)$ 与自变量改变量 x_2-x_1 的关系.应用拉格朗日中值定理,我们得到了上述问题的肯定回答.

定理 3.4.1 设函数 $y=f(x)$ 在 $[a,b]$ 上连续,在 (a,b) 内可导.

(1) 如果在 (a,b) 内 $f'(x)>0$,那么函数 $y=f(x)$ 在 $[a,b]$ 上严格单调增加;

(2) 如果在 (a,b) 内 $f'(x)<0$,那么函数 $y=f(x)$ 在 $[a,b]$ 上严格单调减少.

证 在 $[a,b]$ 上任取两点 x_1,x_2,且 $x_1<x_2$,则 $y=f(x)$ 在 $[x_1,x_2]$ 上连续,在 (x_1,x_2) 内可导,应用拉格朗日中值定理,得到

$$f(x_2)-f(x_1)=f'(\xi)(x_2-x_1) \quad (x_1<\xi<x_2).$$

若在 (a,b) 内 $f'(x)>0$,则 $f'(\xi)>0$;又 $x_2-x_1>0$,从而有 $f(x_2)-f(x_1)>0$,即 $f(x_1)<f(x_2)$. 这表明 $y=f(x)$ 在 $[a,b]$ 上严格单调增加;

若在 (a,b) 内 $f'(x)<0$,则 $f'(\xi)<0$;又 $x_2-x_1>0$,从而有 $f(x_2)-f(x_1)<0$,即 $f(x_1)>f(x_2)$,也即 $y=f(x)$ 在 $[a,b]$ 上严格单调减少.

注 (1) 定理中的闭区间换成其他各种区间(包括无穷区间),结论同样成立.

(2) "在 (a,b) 内 $f'(x)>0(<0)$" 是函数 $y=f(x)$ 在 $[a,b]$ 上严格单调增加(或减少)的充分条件但非必要条件,试举例说明.

(3) 若不要求严格单调,则类似可证:若函数 $y=f(x)$ 在 $[a,b]$ 上连续,在 (a,b) 内可导,则函数 $y=f(x)$ 在 $[a,b]$ 上单调增加(或减少)的充分必要条件是 $f'(x)\geqslant 0$(或 $f'(x)\leqslant 0$),$\forall x\in(a,b)$.

例 1 讨论函数 $y=x-\mathrm{e}^x$ 的单调性.

解 函数的定义域是 $(-\infty,+\infty)$,并且 $y'=1-\mathrm{e}^x$. 当 $x\in(-\infty,0)$ 时,$y'>0$,所以函数在 $(-\infty,0]$ 内严格单调增加;当 $x\in(0,+\infty)$ 时,$y'<0$,所以

函数在 $[0,+\infty)$ 内严格单调减少．

注　通常称导数等于零的点为函数的驻点（或稳定点，临界点）．在例 1 中，当 $x=0$ 时，$y'=0$，所以单调增加区间 $(-\infty,0]$ 与单调减少区间 $[0,+\infty)$ 的分界点 $x=0$ 就是函数的驻点．

例 2　讨论函数 $y=\sqrt[3]{x^2}$ 的单调性．

解　函数的定义域是 $(-\infty,+\infty)$．当 $x\neq 0$，函数的导数是 $y'=\dfrac{2}{3\sqrt[3]{x}}$；当 $x=0$ 时，函数的导数不存在．

当 $x\in(-\infty,0)$ 时，$y'<0$，所以函数在 $(-\infty,0]$ 内严格单调减少；

当 $x\in(0,+\infty)$ 时，$y'>0$，所以函数在 $[0,+\infty)$ 内严格单调增加．

函数图形如图 3-6 所示．

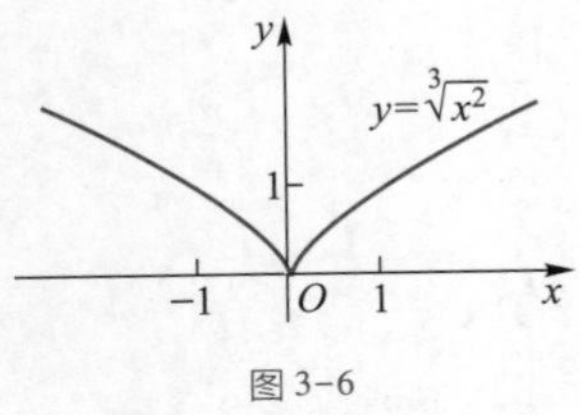

图 3-6

注　例 2 中单调减少区间 $(-\infty,0]$ 和单调增加区间 $[0,+\infty)$ 的分界点 $x=0$ 是函数的不可导的点．

从上述例子可见，有些函数 $f(x)$ 在它的定义区间上不是单调的．但如果它除去有限个导数不存在的点外导数存在且连续，那么只要用函数的驻点和导数不存在的点来划分函数的定义区间，就能保证 $f'(x)$ 在各个部分区间内保持固定的符号，因而函数 $f(x)$ 在每个部分区间上单调．

例 3　确定函数 $y=\sqrt[3]{(2x-3)(3-x)^2}$ 的单调区间．

解　函数的定义域是 $(-\infty,+\infty)$．

$$y'=\frac{2}{3}(2x-3)^{-\frac{2}{3}}(3-x)^{\frac{2}{3}}-\frac{2}{3}(3-x)^{-\frac{1}{3}}(2x-3)^{\frac{1}{3}}$$

$$=\frac{-2(x-2)}{\sqrt[3]{(2x-3)^2(3-x)}}.$$

令 $y'=0$，得驻点 $x_1=2$；当 $x_2=\dfrac{3}{2}$ 及 $x_3=3$ 时，y' 不存在．它们将定义域分成四个区间 $\left(-\infty,\dfrac{3}{2}\right)$，$\left(\dfrac{3}{2},2\right)$，$(2,3)(3,+\infty)$．列表讨论如表 3-1 所示．

表 3-1

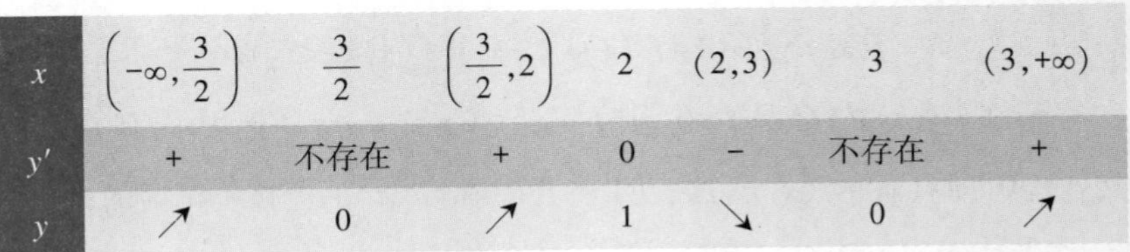

x	$\left(-\infty,\frac{3}{2}\right)$	$\frac{3}{2}$	$\left(\frac{3}{2},2\right)$	2	$(2,3)$	3	$(3,+\infty)$
y'	+	不存在	+	0	−	不存在	+
y	↗	0	↗	1	↘	0	↗

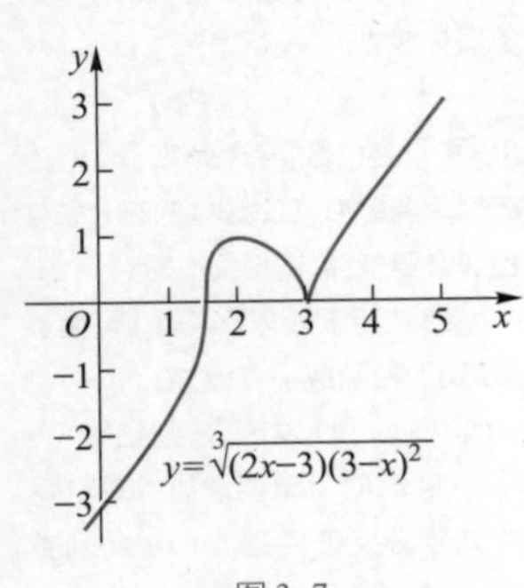

图 3-7

故函数的单调增加区间是 $(-\infty,2]$，$[3,+\infty)$；单调减少区间是 $[2,3]$，如图 3-7 所示．

应用函数的单调性可以证明不等式，证明关键在于构造合适的辅助函数，并与区间的端点值进行比较．

例 4 证明：当 $x\in(0,2\pi]$ 时，$\sin x<x$.

证 结论变形为 $x-\sin x>0$. 故设

$$f(x)=x-\sin x,$$

则有 $f(0)=0$. 由于 $f(x)$ 在 $[0,2\pi]$ 上连续，且

$$f'(x)=1-\cos x>0,\quad x\in(0,2\pi),$$

所以 $f(x)$ 在 $[0,2\pi]$ 上严格单调增加，从而 $f(x)>f(0)\ (x\in(0,2\pi])$，即 $f(x)>0$. 于是

$$\sin x<x\quad (x\in(0,2\pi]).$$

例 5 证明：$f(x)=x+\ln x$ 在定义域内有唯一的零点.

证 函数的定义域是 $(0,+\infty)$. $f(x)$ 在定义域内可导，且

$$f'(x)=1+\frac{1}{x}>0,$$

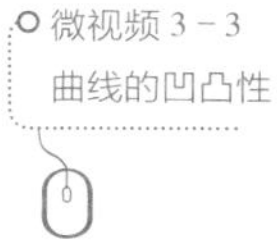

所以 $f(x)$ 在 $(0,+\infty)$ 上严格单调增加，这表明 $f(x)$ 与 x 轴至多一个交点，即 $f(x)$ 至多有一个零点.

又闭区间 $\left[\frac{1}{\mathrm{e}},1\right]\subset(0,+\infty)$，所以 $f(x)$ 在 $\left[\frac{1}{\mathrm{e}},1\right]$ 上连续，且

$$f\left(\frac{1}{\mathrm{e}}\right)=\frac{1}{\mathrm{e}}-1<0,\quad f(1)=1>0.$$

所以由零点存在定理，$f(x)$ 在 $(0,+\infty)$ 内至少有一个零点. 因此，$f(x)=x+\ln x$ 在定义域内有唯一的零点.

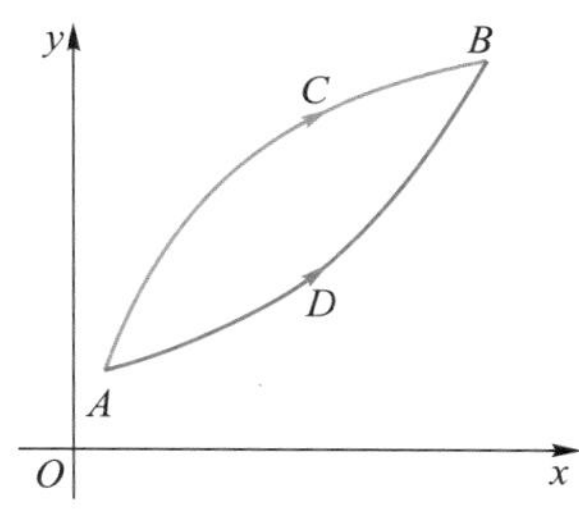

图 3-8

3.4.2 曲线的凹凸性与拐点

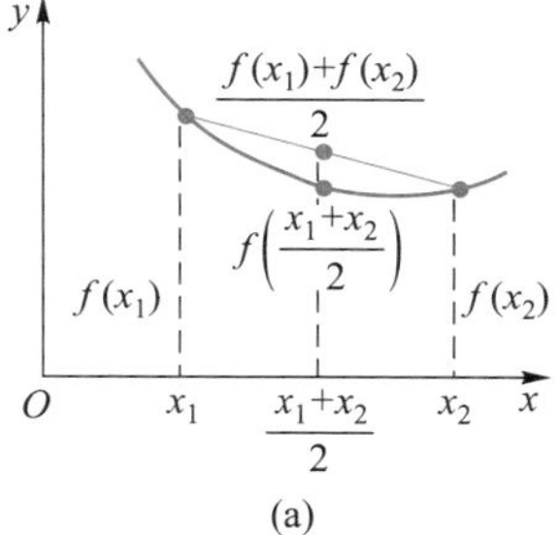

(a)

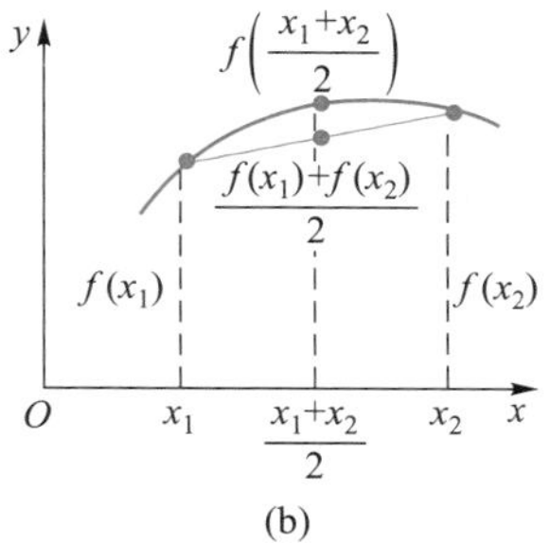

(b)

图 3-9

函数的单调性反映在图形上是曲线的上升或下降，但曲线在上升或下降中还有一个弯曲方向问题. 如图 3-8 中有两条弧，虽然它们都是上升的，但是图形却有明显的不同，$\overset{\frown}{ACB}$ 是向上凸的曲线弧，而 $\overset{\frown}{ADB}$ 是向上凹的曲线弧，它们的凹凸性不同. 下面我们研究曲线的凹凸性及其判别法.

从图 3-9 可以看出，如果在曲线弧上任取两点，则对于一些曲线弧，连接这两点的弦总位于这两点间的弧段的上方(图 3-9(a))，而有些曲线弧情况正好相反(图 3-9(b)).

曲线的这种性质就是曲线的凹凸性. 因此曲线的凹凸性可以用联结

曲线弧上任意两点的弦的中点与曲线弧上相应点(即具有相同横坐标的点)的位置关系来描述. 下面给出曲线凹凸性的定义.

定义 3.4.1 设函数 $f(x)$ 在区间 I 上连续. 如果对 I 上任意两点 x_1, x_2 恒有

$$f\left(\frac{x_1+x_2}{2}\right)<\frac{f(x_1)+f(x_2)}{2},$$

那么称 $f(x)$ 在 I 上的图形是(向上)凹的(或凹弧);如果恒有

$$f\left(\frac{x_1+x_2}{2}\right)>\frac{f(x_1)+f(x_2)}{2},$$

那么称 $f(x)$ 在 I 上的图形是(向上)凸的(或凸弧).

如果函数 $f(x)$ 在 I 内具有二阶导数,那么可以利用二阶导数的符号来判定曲线的凹凸性,这就是下面的曲线的凹凸性的判定定理. 我们仅就 I 为闭区间的情形来叙述定理,当 I 不是闭区间时,定理类似.

定理 3.4.2 设函数 $f(x)$ 在 $[a,b]$ 上连续,在 (a,b) 内具有一阶和二阶导数,那么

(1) 如果在 (a,b) 内 $f''(x)>0$,那么函数 $y=f(x)$ 在 $[a,b]$ 上的图形是凹的;

(2) 如果在 (a,b) 内 $f''(x)<0$,那么函数 $y=f(x)$ 在 $[a,b]$ 上的图形是凸的.

证 先证情形(1). 在 $[a,b]$ 上任取两点 x_1,x_2,且 $x_1<x_2$,记

$$x_0=\frac{x_1+x_2}{2}.$$

由泰勒中值定理得

$$f(x_1)=f(x_0)+f'(x_0)(x_1-x_0)+\frac{f''(\xi_1)}{2}(x_1-x_0)^2,\quad 其中\ x_1<\xi_1<x_0,$$

$$f(x_2)=f(x_0)+f'(x_0)(x_2-x_0)+\frac{f''(\xi_2)}{2}(x_2-x_0)^2,\quad 其中\ x_0<\xi_2<x_2.$$

因为

$$x_1-x_0=-(x_2-x_0),$$

所以

$$f(x_1)+f(x_2)=2f(x_0)+\frac{f''(\xi_1)+f''(\xi_2)}{2}(x_1-x_0)^2,$$

由条件知$f''(\xi_1)>0, f''(\xi_2)>0$,从而有

$$f(x_1)+f(x_2)>2f(x_0),$$

即

$$\frac{f(x_1)+f(x_2)}{2}>f\left(\frac{x_1+x_2}{2}\right).$$

所以$f(x)$在$[a,b]$上的图形是凹的.情形(2)的证明与(1)类似.

例 6　判定曲线 $y=x^3-\frac{1}{2}x+1$ 的凹凸性.

解　函数的定义域是$(-\infty,+\infty)$,且

$$y'=3x^2-\frac{1}{2},\quad y''=6x.$$

当 $x>0$ 时,$y''>0$,故在区间$[0,+\infty)$上曲线是凹的;

当 $x<0$ 时,$y''<0$,故在区间$(-\infty,0]$上曲线是凸的(图 3-10).

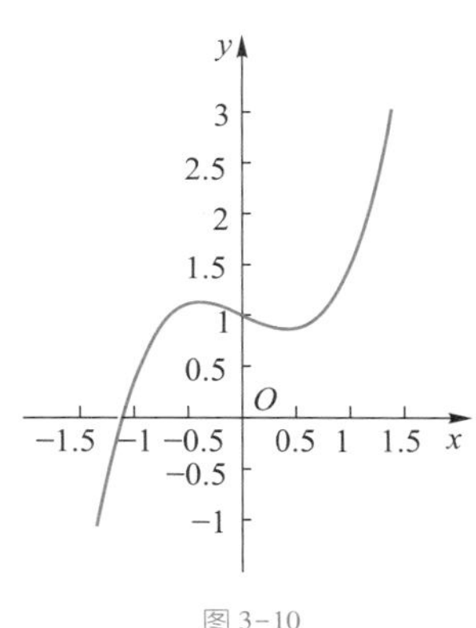

图 3-10

一般地,如果曲线 $y=f(x)$ 在经过点$(x_0,f(x_0))$时,曲线的凹凸性改变了,那么称点$(x_0,f(x_0))$是曲线的拐点. 例 6 中在 $x=0$ 两侧,y''符号不同,曲线的凹凸性不同,所以点$(0,1)$是这个曲线的拐点.

例 7　判定曲线 $y=x^4$的凹凸性及求拐点.

解　函数的定义域是$(-\infty,+\infty)$,并且

$$y'=4x^3,\quad y''=12x^2.$$

当 $x\neq0$ 时,得 $y''>0$,故曲线在$(-\infty,0]\cup[0,+\infty)$上是凹的,即$(-\infty,+\infty)$是凹区间.

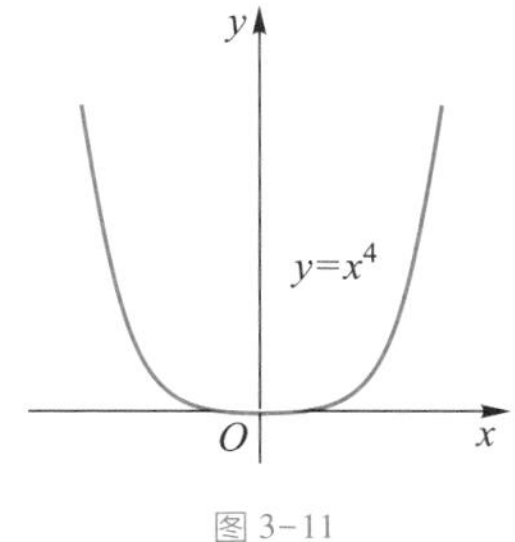

图 3-11

虽然在 $x=0$ 处 $y''=0$,但不论 $x>0$ 还是 $x<0$ 都有 $y''>0$,即曲线经过点$(0,0)$时凹凸性没有发生改变,故$(0,0)$点不是拐点,该曲线没有拐点(图 3-11).

例 8　判定曲线 $y=\sqrt[3]{x}$的凹凸性及求拐点.

解　函数的定义域是$(-\infty,+\infty)$. 当 $x\neq0$ 时,

$$y'=\frac{1}{3\sqrt[3]{x^2}},\quad y''=-\frac{2}{9x\sqrt[3]{x^2}},$$

当 $x=0$ 时,y',y''都不存在.

当 $x>0$ 时,$y''<0$,故在区间$[0,+\infty)$上曲线是凸的;当 $x<0$ 时,$y''>0$,故在区间$(-\infty,0]$上曲线是凹的. 所以点$(0,0)$是曲线的拐点(图 3-12).

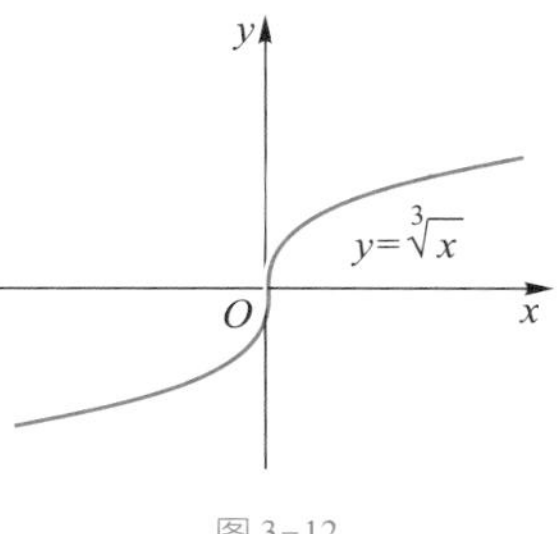

图 3-12

判定曲线凹凸性的关键在于找到曲线的拐点．从以上例子知，满足 $f''(x)=0$ 的点和二阶导数不存在的点都有可能是函数的拐点．同时我们可以证明对于有连续的二阶导数的函数而言，不满足 $f''(x)=0$ 的点 $(x,f(x))$ 一定不是拐点，因此我们可以按照以下步骤来判定拐点：

（1） 求 $f''(x)$；

（2） 令 $f''(x)=0$，求出方程在给定的区间 I 内的实根，并求出在区间 I 内 $f''(x)$ 不存在的点；

（3） 对于(2)求出的点 x_0，检查 $f''(x)$ 在 x_0 左右两侧邻近的符号，那么当两侧符号相反时，点 $(x_0,f(x_0))$ 是拐点，当左右符号相同时，点 $(x_0,f(x_0))$ 不是拐点．

例 9 求曲线 $y=x\sqrt[3]{(x-1)^2}$ 的凹、凸区间及拐点．

解 函数的定义域是 $(-\infty,+\infty)$，并且

$$y'=(x-1)^{\frac{2}{3}}+\frac{2}{3}x(x-1)^{-\frac{1}{3}},\quad y''=\frac{2(5x-6)}{9\sqrt[3]{(x-1)^4}}.$$

令 $y''=0$，得 $x=\dfrac{6}{5}$；当 $x=1$ 时，y'' 不存在．列表讨论如表 3-2 所示．

表 3-2

x	$(-\infty,1)$	1	$\left(1,\frac{6}{5}\right)$	$\frac{6}{5}$	$\left(\frac{6}{5},+\infty\right)$
y''	-	不存在	-	0	+
y	凸	非拐点	凸	拐点	凹

由于曲线在 $x=1$ 处连续，所以 $\left(-\infty,\dfrac{6}{5}\right]$ 是曲线的凸区间，$\left[\dfrac{6}{5},+\infty\right)$ 是曲线的凹区间，拐点是 $\left(\dfrac{6}{5},\dfrac{6}{25}\sqrt[3]{5}\right)$．

习题 3-4

A 题

1. 设 $y=f(x)$ 在 $[a,b]$ 上连续，在 (a,b) 内可导．试举例说明在 (a,b) 内 $f'(x)>$

0(<0)是函数 $y=f(x)$ 在 $[a,b]$ 上严格单调增加(减少)的充分条件而非必要条件.

2. 判断下列函数的单调性,并确定单调区间:

(1) $y=\arctan x-x$; (2) $y=x+\sin x$;

(3) $y=x+\dfrac{1}{x}$; (4) $y=2x^3-6x^2-18x-7$;

(5) $y=x^n e^{-x}(n>0,x\geqslant 0)$; (6) $y=(x-2)^2(x+1)^{\frac{2}{3}}$.

3. 证明下列不等式:

(1) $e^x>1+x \quad (x\neq 0)$; (2) $1+\dfrac{1}{2}x>\sqrt{1+x} \quad (x>0)$;

(3) $\ln(1+x)>x-\dfrac{x^2}{2} \quad (x>0)$; (4) $2^x>x^2 \quad (x>4)$;

(5) $\sin x+\tan x>2x \quad \left(0<x<\dfrac{\pi}{2}\right)$.

4. 判断下列曲线的凹凸性,并求凹、凸区间及拐点:

(1) $y=x\arctan x$; (2) $y=xe^x$;

(3) $y=3x^4-4x^3+1$; (4) $y=x^2+\dfrac{1}{x}$;

(5) $y=\dfrac{3}{5}x^{\frac{5}{3}}-\dfrac{3}{2}x^{\frac{2}{3}}+1$.

5. 证明方程 $x^n+nx-1=0$(n 为正整数)存在唯一的正实根.

6. 设 $y=f(x)$ 在 (a,b) 内有连续的二阶导数,若点 $(x_0,f(x_0))$ $(x_0\in(a,b))$ 是曲线 $y=f(x)$ 的拐点,则必有 $f''(x_0)=0$.

7. 问 a,b 取何值时,点 $(1,\ln 2)$ 为 $y=\ln(ax^2+b)$ 的拐点.

8. 试确定曲线 $y=ax^3+bx^2+cx+d$,使得在切点 $(3,-4)$ 处曲线有水平切线,且 $\left(\dfrac{5}{3},\dfrac{20}{27}\right)$ 为拐点.

B 题

1. (考研真题,2011 年数学一)曲线 $y=(x-1)(x-2)^2(x-3)^3(x-4)^4$ 的拐点是(　　).

A. (1,0)　　B. (2,0)　　C. (3,0)　　D. (4,0)

2. (考研真题,2014 年数学一)设 $f(x)$ 二阶可导,且 $g(x)=f(0)(1-x)+f(1)x$,则在 $[0,1]$ 上有(　　).

A. $f'(x)\geqslant 0$ 时,$f(x)\geqslant g(x)$　　B. $f'(x)\geqslant 0$ 时,$f(x)\leqslant g(x)$

C. $f''(x)\geqslant 0$ 时,$f(x)\geqslant g(x)$　　D. $f''(x)\geqslant 0$ 时,$f(x)\leqslant g(x)$

3. (考研真题,2006 年数学二)当 $0<a<b<\pi$ 时,证明 $b\sin b+2\cos b+\pi b>a\sin a+2\cos a+\pi a$.

4. (考研真题,2002 年数学二)设 $0<a<b$,证明不等式 $\dfrac{2a}{a^2+b^2}<\dfrac{\ln b-\ln a}{b-a}<\dfrac{1}{\sqrt{ab}}$.

5. (考研真题,2015 年数学二)已知函数 $f(x)$ 在区间 $[a,+\infty)$ 内具有 2 阶导数,$f(a)=0,f'(x)>0,f''(x)>0$. 设 $b>a$,曲线 $y=f(x)$ 在点 $(b,f(b))$ 处的切线与 x 轴的交点是 $(x_0,0)$,证明:$a<x_0<b$.

6. (考研真题,2011 年数学一)求方程 $k\arctan x-x=0$ 不同实根的个数,其中 k 是参数.

7. (考研真题,2023 年数学二)设数列 $\{x_n\}$,$\{y_n\}$ 满足 $x_1=y_1=\dfrac{1}{2}$,$x_{n+1}=\sin x_n$,$y_{n+1}=\dfrac{1}{2}y_n^2$,则当 $n\to\infty$ 时,(　　).

A. x_n 是 y_n 的高阶无穷小　　B. y_n 是 x_n 的高阶无穷小

C. x_n 是 y_n 的等价无穷小　　D. x_n 是 y_n 的同阶但非等价无穷小

PPT 课件 3-5
函数的极值与最值

3.5　函数的极值与最值

微视频 3-4
函数的极值

3.5.1　函数的极值及其求法

函数的极值反映了函数在某一点附近的大小情况,刻画的是函数的局部性质.

定义 3.5.1　设函数 $f(x)$ 在点 x_0 的某邻域 $U(x_0)$ 内有定义,如果对于去心邻域 $\mathring{U}(x_0)$ 内的任一 x,有

$$f(x)<f(x_0)\quad(\text{或 } f(x)>f(x_0)),$$

那么称 $f(x_0)$ 是函数 $f(x)$ 的一个极大值(或极小值).

函数的极大值与极小值统称为函数的极值,使函数取得极值的点称为极值点.

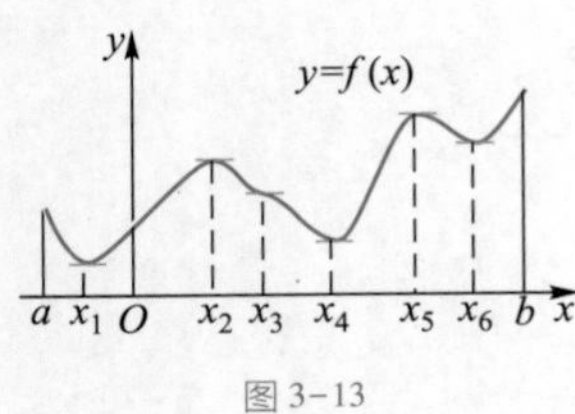

图 3-13

如图 3-13 所示,设函数 $y=f(x)$ 的定义区间是 $[a,b]$. $f(x)$ 有两个极大值:$f(x_2)$,$f(x_5)$;三个极小值:$f(x_1)$,$f(x_4)$,$f(x_6)$. 其中极大值 $f(x_2)$ 比

极小值$f(x_6)$还小．就整个定义域$[a,b]$来说，只有一个极小值$f(x_1)$同时是最小值，而没有一个极大值是最大值．

上述例子说明：(1) 极大值和极小值只是一个局部范围内函数的最大值和最小值，但不一定是定义区间内的最大值和最小值.

(2) 反过来，一个函数在区间内的最大值和最小值也不一定是极大值和极小值．本例中函数的最大值在区间的端点取到，而端点由于没有极值点要求的邻域，所以不可能成为极值点．

但是，如果函数的最大值(或最小值)在定义区间内达到，则必为极大值(或极小值).

(3) 在函数取得极值处，曲线的切线是水平的．但曲线上有水平切线的地方，函数不一定取得极值，例如在图 3-13 中的$x=x_3$处，曲线上有水平切线，但$f(x_3)$不是极值．

下面讨论函数取得极值的必要条件．

定理 3.5.1(必要条件)　设函数$f(x)$在x_0处可导，且在x_0处取得极值，那么$f'(x_0)=0$.

证　首先有

$$f'(x_0)=\lim_{x\to x_0}\frac{f(x)-f(x_0)}{x-x_0}.$$

不妨设$f(x)$在x_0处取得极大值，于是有

$$f(x_0)>f(x)\quad (x\neq x_0).$$

因此当$x>x_0$时，$\dfrac{f(x)-f(x_0)}{x-x_0}<0$；当$x<x_0$时，$\dfrac{f(x)-f(x_0)}{x-x_0}>0$. 根据函数在一点可导的条件及极限的保号性，得到

$$f'(x_0)=f'_+(x_0)=\lim_{x\to x_0^+}\frac{f(x)-f(x_0)}{x-x_0}\leqslant 0,$$

$$f'(x_0)=f'_-(x_0)=\lim_{x\to x_0^-}\frac{f(x)-f(x_0)}{x-x_0}\geqslant 0,$$

所以，$f'(x_0)=0$.

注　定理 3.5.1 说明对可导函数而言，极值点一定是驻点，但是函数的驻点不一定是极值点，例如函数$f(x)=x^3$的导数$f'(x)=3x^2$，$f'(0)=0$，所以$x=0$是此函数的驻点，但是$x=0$不是这函数的极值点. 因此，函数的驻点只是可能的极值点．此外，函数在它的不可导点也可能取到极值，例如函数$f(x)=|x|$在点$x=0$处不可导，但函数在该点取到极小值.

怎样判定函数的驻点或不可导点是极值点呢？下面给出两个判定极值的充分条件．

定理 3.5.2(第一充分条件)　设函数$f(x)$在x_0处连续，且在x_0的某

去心邻域 $\mathring{U}(x_0,\delta)$ 内可导,

（1）若 $x\in(x_0-\delta,x_0)$ 时, $f'(x)>0$,而 $x\in(x_0,x_0+\delta)$ 时, $f'(x)<0$,则 $f(x)$ 在 x_0 处取得极大值;

（2）若 $x\in(x_0-\delta,x_0)$ 时, $f'(x)<0$,而 $x\in(x_0,x_0+\delta)$ 时, $f'(x)>0$,则 $f(x)$ 在 x_0 处取得极小值;

（3）若 $x\in\mathring{U}(x_0,\delta)$ 时, $f'(x)$ 的符号保持不变,则 $f(x)$ 在 x_0 处没有极值.

注　定理 3.5.2 通过考察在 x_0 处左、右两侧导数 $f'(x)$ 的符号来判别,对 $f(x)$ 在 x_0 处的可导性不做要求. 若导数的符号不同,则 x_0 必是极值点,否则就不是极值点.

证　（1）根据函数单调性的判定法,函数 $f(x)$ 在 $(x_0-\delta,x_0)$ 内严格单调增加,在 $(x_0,x_0+\delta)$ 内严格单调减少,又因为 $f(x)$ 在 x_0 处连续,故 $x\in\mathring{U}(x_0,\delta)$ 时,总有 $f(x)<f(x_0)$. 所以 $f(x_0)$ 是 $f(x)$ 的一个极大值. 类似可证(2)、(3).

例1　求函数

$$f(x)=(x+1)\sqrt[3]{(x-2)^2}$$

的极值.

解　（1）$f(x)$ 在 $(-\infty,+\infty)$ 上连续,且当 $x\neq2$ 时,

$$f'(x)=\frac{5x-4}{3\sqrt[3]{x-2}};$$

（2）令 $f'(x)=0$,得驻点 $x=\dfrac{4}{5}$; $x=2$ 是 $f(x)$ 的不可导点;

（3）列表讨论在可能极值点两侧 $f'(x)$ 的符号变化情况(表 3-3):

表 3-3

x	$\left(-\infty,\dfrac{4}{5}\right)$	$\dfrac{4}{5}$	$\left(\dfrac{4}{5},2\right)$	2	$(2,+\infty)$
$f'(x)$	+	0	−	不存在	+
$f(x)$	↗	极大值	↘	极小值	↗

（4）$x=\dfrac{4}{5}$ 是极大值点,极大值是 $f\left(\dfrac{4}{5}\right)=\dfrac{9}{5}\sqrt[3]{\dfrac{36}{25}}$; $x=2$ 是极小值点,极小值是 $f(2)=0$.

若函数 $f(x)$ 在驻点处的二阶导数存在且不为零,则可以利用驻点处二阶导数的符号来判定函数可否取得极值.

定理 3.5.3(第二充分条件)　设函数 $f(x)$ 在 x_0 处具有二阶导数且 $f'(x_0)=0$, $f''(x_0)\neq0$,那么

（1）当 $f''(x_0)<0$ 时，函数 $f(x)$ 在 x_0 处取得极大值；

（2）当 $f''(x_0)>0$ 时，函数 $f(x)$ 在 x_0 处取得极小值．

证 （1）因为 $f''(x_0)<0$，所以由二阶导数的定义有

$$f''(x_0)=\lim_{x\to x_0}\frac{f'(x)-f'(x_0)}{x-x_0}<0.$$

根据函数极限的局部保号性，当 x 在 x_0 的足够小的去心邻域内时，

$$\frac{f'(x)-f'(x_0)}{x-x_0}<0.$$

而 $f'(x_0)=0$，所以有

$$\frac{f'(x)}{x-x_0}<0,$$

于是在这个去心邻域中，当 $x<x_0$，$f'(x)>0$；当 $x>x_0$，$f'(x)<0$，即在点 x_0 两侧，$f'(x)$ 的符号不同，由定理 3.5.2 知函数 $f(x)$ 在 x_0 处取得极大值．类似可证(2)．

例 2 求函数 $f(x)=x^2e^{-x}$ 的极值．

解 $f'(x)=e^{-x}(2x-x^2)$，$f''(x)=e^{-x}(x^2-4x+2)$，$x\in(-\infty,+\infty)$．

令 $f'(x)=0$，求得驻点 $x_1=0$，$x_2=2$．

$f''(0)=2>0$，故 $f(x)$ 在 $x=0$ 处取得极小值，极小值是 $f(0)=0$；

$f''(2)=-2e^{-2}<0$，故 $f(x)$ 在 $x=2$ 处取得极大值，极大值是 $f(2)=4e^{-2}$．

注 当 $f'(x_0)=f''(x_0)=0$ 时，$f(x)$ 在 x_0 处能否取得极值无法判定，它可能有极大值，也可能有极小值，也可能没有极值．例如，$f_1(x)=-x^4$，$f_2(x)=x^4$，$f_3(x)=x^3$ 在 $x=0$ 处就分别属于这三种情形．因此，如果函数在驻点处的二阶导数为零，可以仍然用一阶导数在驻点左右邻近的符号来判定．

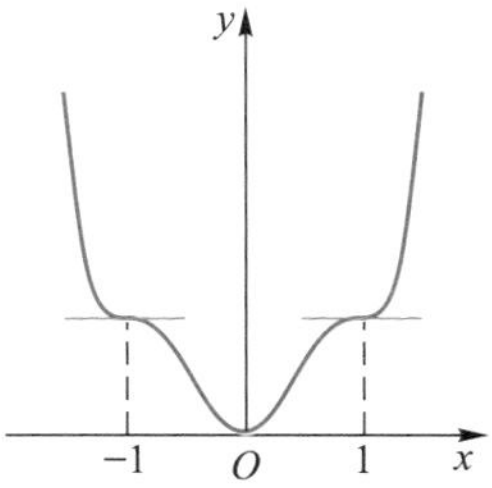

例 3 求函数 $f(x)=(x^2-1)^3+1$ 的极值．

解 $f'(x)=6x(x^2-1)^2$，$f''(x)=6(x^2-1)(5x^2-1)$．

令 $f'(x)=0$，求得驻点 $x_1=-1$，$x_2=1$，$x_3=0$．

$f''(0)=6>0$，所以 $f(x)$ 在 $x=0$ 处取得极小值，极小值是 $f(0)=0$．

$f''(-1)=f''(1)=0$，故用定理 3.5.3 无法判定．

因为 $f'(x)$ 在驻点 $x_1=-1$ 左右邻近两侧均有 $f'(x)<0$，即 $f'(x)$ 的符号没有变化，所以 $f(x)$ 在 $x=-1$ 处没有极值．

同理 $f'(x)$ 在驻点 $x_2=1$ 左右邻近两侧均有 $f'(x)>0$，即 $f'(x)$ 的符号也没有变化，所以 $f(x)$ 在 $x=1$ 处也没有极值（图 3-14）．

图 3-14

3.5.2 最大值和最小值问题

很多实际问题，如“产品最多”“用料最省”“路程最短”及“时间最

少”等，寻求的不是函数的极大值（或极小值），而是要寻求函数在一个区间的最大值（或最小值），即归结为求某个函数（通常称为目标函数）的最值问题．

一般来说，假设连续函数在某区间只有有限个一阶导数不存在的点，那么它的最值只可能在极值点、一阶导数不存在的点或端点取得，而驻点是可能的极值点．因此求连续函数在某区间上的最值的方法是：求出函数在所有驻点、不可导点和区间端点处的函数值，加以比较即得．

例 4 求函数 $f(x)=|x^2-4x+3|$ 在 $[0,5]$ 上的最大值与最小值．

解

$$f(x)=\begin{cases}x^2-4x+3, & x\in[0,1]\cup[3,5],\\ -x^2+4x-3, & x\in(1,3),\end{cases}$$

$$f'(x)=\begin{cases}2x-4, & x\in(0,1)\cup(3,5),\\ -2x+4, & x\in(1,3).\end{cases}$$

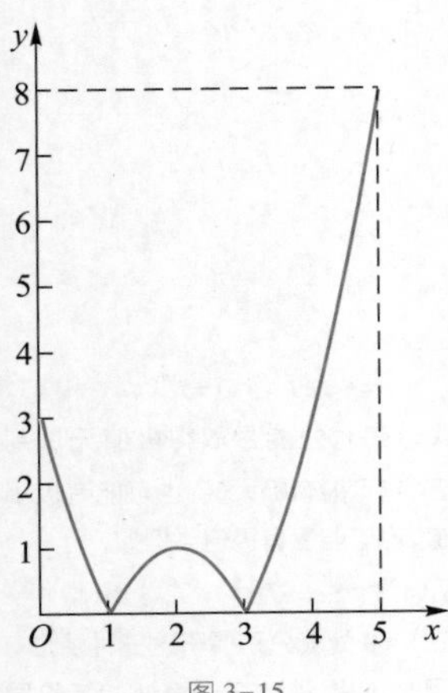

图 3-15

在 $(0,5)$ 内，$f(x)$ 的驻点是 $x=2$；不可导点是 $x=1,3$.

由于 $f(0)=3$，$f(1)=0$，$f(2)=1$，$f(3)=0$，$f(5)=8$，比较可得 $f(x)$ 在 $[0,5]$ 上的最大值是 $f(5)=8$，最小值是 $f(1)=f(3)=0$，如图 3-15 所示.

当函数 $f(x)$ 在区间（有限或无限，开或闭）内部可导且只有一个极值点 x_0 时，若 $f(x_0)$ 是极小值，则 $f(x_0)$ 就是该区间上的最小值；若 $f(x_0)$ 是极大值，则 $f(x_0)$ 就是该区间上的最大值（见习题 B 第 1 题）.

例 5 求曲线 $y=\dfrac{1}{\sqrt{x^2+1}}$ 上离原点距离最近的点的坐标．

解 设曲线上任一点的坐标是 $\left(x,\dfrac{1}{\sqrt{x^2+1}}\right)$，点到原点的距离平方

$$s(x)=x^2+\left(\frac{1}{\sqrt{x^2+1}}\right)^2=x^2+\frac{1}{x^2+1},\quad x\in(-\infty,+\infty).$$

由于到原点距离最近的点是 $s(x)$ 的最小值点，故只需求目标函数 $s(x)$ 的最小值点．因为 $s(x)$ 在 $(-\infty,+\infty)$ 上可导，且

$$s'(x)=2x-\frac{2x}{(x^2+1)^2}=\frac{2x^3(x^2+2)}{(x^2+1)^2},$$

令 $s'(x)=0$，得唯一的驻点 $x=0$. 当 $x<0$ 时，$s'(x)<0$；当 $x>0$ 时，$s'(x)>0$，所以 $x=0$ 也是区间内唯一的极小值点，从而也是 $(-\infty,+\infty)$ 上的最小值点．因此曲线上离原点最近的点的坐标是 $(0,1)$（图 3-16）.

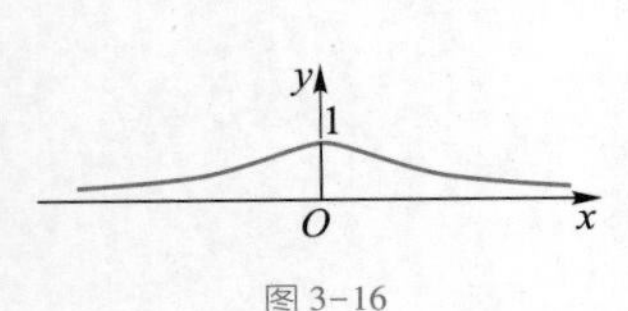

图 3-16

例 6 设有质量为 5 kg 的物体，置于水平面上，受力 $\boldsymbol{F}$ 的作用而开始移动，设摩擦系数 $\mu=0.25$. 问力 $\boldsymbol{F}$ 与水平线的交角 α 为多少时，才可使力 $\boldsymbol{F}$ 的大小为最小(图 3-17)？

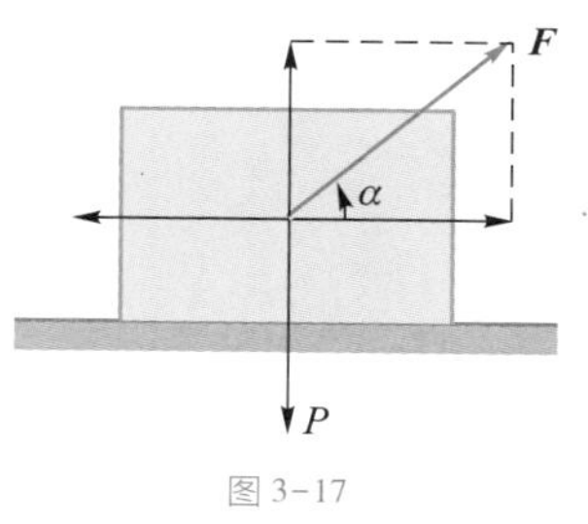

图 3-17

解 不妨用 F 表示力 $\boldsymbol{F}$ 的大小，通过受力分析，得到等式

$$F\cos\alpha=\mu(P-F\sin\alpha),\quad \alpha\in\left[0,\frac{\pi}{2}\right),$$

从而有

$$F=\frac{\mu P}{\cos\alpha+\mu\sin\alpha}.$$

要求 F 的最小值，由于 μP 是常数，故只需求 $\cos\alpha+\mu\sin\alpha$ 在 $\left[0,\frac{\pi}{2}\right)$ 的最大值，于是设目标函数

$$f(\alpha)=\cos\alpha+\mu\sin\alpha,$$

则有

$$f'(\alpha)=-\sin\alpha+\mu\cos\alpha.$$

令 $f'(\alpha)=0$，得唯一的驻点 $\alpha_0=\arctan\mu$，并且

$$f''(\alpha_0)=-\cos\alpha_0-\mu\sin\alpha_0<0,$$

所以 α_0 是唯一的极大值点，从而 $f(\alpha_0)$ 是 $\left[0,\frac{\pi}{2}\right)$ 的最大值，即当交角 $\alpha_0=\arctan\mu\approx14°2'$ 时，此时所需的力 $\boldsymbol{F}$ 最小.

例 7 要制造一个容积为 V 的圆柱体密封油罐，问油罐的高和底半径取多大时，用料最省？

解 用料最省就是要求圆柱体的表面积最小. 设油罐的高为 h，底面半径为 r，则表面积为

$$S=2\pi r^2+2\pi rh.$$

因为容积 $V=\pi r^2h$，所以 $h=\frac{V}{\pi r^2}$，代入上式得目标函数

$$S=S(r)=2\pi r^2+2\pi r\cdot\frac{V}{\pi r^2}=2\pi r^2+\frac{2V}{r},\quad r\in(0,+\infty),$$

于是

$$S'(r)=4\pi r-\frac{2V}{r^2}.$$

令 $S'(r)=0$，得到唯一的驻点是

需要注意的是，在实际问题中，如果目标函数在所考虑的区间内部只有唯一的驻点，而从实际问题本身又可以知道最值在区间内部存在，则无需判定驻点是否是极值点就可以得到结论：驻点处的函数值即为最值. 如例 7 就可根据实际问题本身的意义断定驻点 $r=\sqrt[3]{\frac{V}{2\pi}}$ 就是最小值点.

$$r=\sqrt[3]{\frac{V}{2\pi}}.$$

由实际问题知最小的表面积一定存在，且在$(0,+\infty)$内部取得，所以唯一的驻点是最小值点．于是当$r=\sqrt[3]{\frac{V}{2\pi}}$时，$S(r)$为最小值，此时

$$h=\frac{V}{\pi r^2}=2r.$$

即当油罐的高和底面直径相等时，用料最省．

3.5.3　经济问题应用举例

在经济应用中的一个重要问题就是经济效益的最优化，例如，在什么条件下才能达到利润最大、成本最小等，在数学上就是求相应经济函数的最值问题．

例 8（最大利润问题）　某工厂生产某种商品，月产量为 Q 件时，总成本为 $C(Q)=4Q+200$（万元），得到收益是 $R(Q)=10Q-0.01Q^2$（万元），问每月生产多少件产品时，所获利润最大？

解　由假设，利润函数是

$$L(Q)=R(Q)-C(Q)=6Q-0.01Q^2-200.$$

由实际问题知最大利润必定能取到．令 $L'(Q)=6-0.02Q=0$，解得 $Q=300$. 另外，

$$L''(Q)=-0.02<0,\quad L''(300)<0,$$

故 $L(300)=700$（万元）是 L 的最大值，即月生产量为 300 件时，所获利润最大，最大利润是 700 万元．

$L(Q)=R(Q)-C(Q)$取得最大值的必要条件为 $L'(Q)=0$，即 $R'(Q)=C'(Q)$. 换句话说，取得最大利润的必要条件为

边际收益 = 边际成本．

又 $L(Q)$取得最大值的充分条件是 $L''(Q)<0$，即 $R''(Q)<C''(Q)$，于是取得最大利润的充分条件是

边际收益的变化率 < 边际成本的变化率．

上式称为最大利润原则．

例 9（最优批量问题） 设某产品年销售量为 a 件，分成 x 批进货，均匀销售．假定每批采购的费用为 b 元，未销售产品的库存费用为 c 元/(年·件)．问分多少批次采购进货时，才能使采购与库存的总费用为最省？

解 易知采购进货费用是 $W_1(x)=bx$．由于产品均匀销售，因此平均库存的商品数应为每批次的进货量 $\frac{a}{x}$ 的一半，故商品库存费用是 $W_2(x)=\frac{ac}{2x}$，两者的总费用是

$$W(x)=W_1(x)+W_2(x)=bx+\frac{ac}{2x}.$$

由于 $W'(x)=b-\frac{ac}{2x^2}$，令 $W'(x)=0$ 解得

$$x=\sqrt{\frac{ac}{2b}}.$$

又 $W''(x)=\frac{ac}{x^3}>0$，所以 $W\left(\sqrt{\frac{ac}{2b}}\right)$ 为 $W(x)$ 的一个最小值，从而当批次 x 取最接近于 $\sqrt{\frac{ac}{2b}}$ 的一个自然数时，采购与库存费用之和最省．

习题 3-5

A 题

1. 求以下函数的极值：

(1) $f(x)=x^3-x^2-x+1$；

(2) $f(x)=x^3(x-5)^2$；

(3) $f(x)=x+\sqrt{1-x}$；

(4) $y=x^{\frac{2}{3}}e^{-x}$；

(5) $f(x)=1-\sqrt[3]{(x-2)^2}$；

(6) $f(x)=\sin x+\cos x$.

2. 试证明：如果函数 $y=ax^3+bx^2+cx+d$ 满足条件 $b^2-3ac<0$，那么该函数没有极值．

3. 设函数 $f(x)=(1+x^2+ax^4)e^{-x^2}$，证明当 $0\leqslant a\leqslant\frac{1}{2}$ 时，$f(x)$ 有唯一的极大值；当 a 取其他值时，结果又如何？

4. 求下列函数在所给区间上的最大值与最小值：

（1）$f(x)=2x^3+3x^2-12x+14, x\in[-3,4]$；

（2）$f(x)=x+\sqrt{1-x}, x\in[-5,1]$；

（3）$f(x)=\dfrac{x-1}{x+1}, x\in[0,4]$；

（4）$f(x)=|x^2-3x+2|, x\in[-3,4]$.

5. 问函数 $y=\dfrac{x}{x^2+1}(x\leqslant 0)$ 在何处取得最小值？

6. 求曲线 $y=\dfrac{1}{3}x^6(x>0)$ 上一点，使得经过该点处的法线在 y 轴上的截距最小.

7. 在椭圆 $\dfrac{x^2}{2}+\dfrac{y^2}{4}=1$ 中内接一个边平行于椭圆轴的矩形，问矩形的长和宽取多少时面积达到最大？

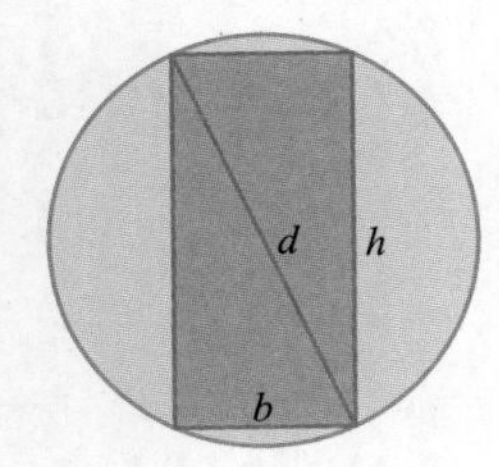

图 3-18

8. 已知容积为 V 的圆柱形锅炉的上下两个端面材料价格是 a 元/m²，侧面的材料是 b 元/m²，问底面直径和高的比例为多少时，造价最省？

9. 在直径为 d 的圆木中截取高 h 宽 b 的矩形梁（图 3-18）. 已知矩形截面的梁的强度与 bh^2 成正比，问如何选择才能使梁有最大抗弯强度？

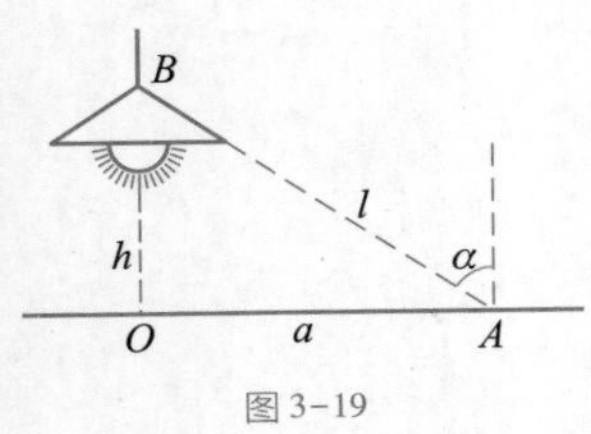

图 3-19

10. 已知电灯的照明度 $I=k\dfrac{\cos\alpha}{l^2}$，其中 k 为常数，α 为入射角，如图 3-19 所示，有一电灯可沿垂线 OB 上下移动，问它与水平桌面 OA 相距多少时，才能使水平桌面上一点 A 处有最大的照明度？

11. 假设某种商品的销售量 Q（单位：t）是单价 P（单位：万元）的函数 $Q=35-5P$，商品的总成本 C（单位：万元）是销售量 Q 的函数 $C=3Q+1$，每单位商品需纳税 2 万元，试求使销售利润最大的销售量和最大利润.

B 题

1. 设函数 $f(x)$ 在 x_0 处存在 n 阶导数，且 $f'(x_0)=f''(x_0)=\cdots=f^{(n-1)}(x_0)=0$，$f^{(n)}(x_0)\neq 0$，证明：

（1）n 是奇数，则 x_0 不是函数 $f(x)$ 的极值点；

（2）n 是偶数，则 x_0 是函数 $f(x)$ 的极值点：

当 $f^{(n)}(x_0)>0$ 时，x_0 是函数 $f(x)$ 的极小值点，$f(x_0)$ 是极小值；

当 $f^{(n)}(x_0)<0$ 时，x_0 是函数 $f(x)$ 的极大值点，$f(x_0)$ 是极大值.

2. 求函数 $f(x)=2\cos x+e^x+e^{-x}$ 的极值.

3. 求分段函数 $y=|xe^{-x}|$ 的极值点和拐点.

4. 一束光线由空气中 A 点经过水面折射后到达水中 B 点. 已知光在空气中和水

中传播的速度分别是 v_1 和 v_2，光线在介质中总是沿着耗时最少的路径传播．试确定光线传播的路径．

5.（考研真题，2021 年数学二）设函数 $f(x)=ax-b\ln x(a>0)$ 有两个零点，则 $\dfrac{b}{a}$ 的取值范围是（　　）．

A. $(\mathrm{e},+\infty)$　　B. $(0,\mathrm{e})$　　C. $\left(0,\dfrac{1}{\mathrm{e}}\right)$　　D. $\left(\dfrac{1}{\mathrm{e}},+\infty\right)$

6.（考研真题，2023 年数学二）设函数 $f(x)=(x^2+a)\mathrm{e}^x$．若 $f(x)$ 没有极值点，但曲线 $y=f(x)$ 有拐点，则 a 的取值范围是（　　）．

A. $[0,1)$　　B. $[1,+\infty)$　　C. $[1,2)$　　D. $[2,+\infty)$

7.（考研真题，2023 年数学三）已知函数 $y=y(x)$ 满足 $a\mathrm{e}^x+y^2+y-\ln(1+x)\cos y+b=0$，且 $y(0)=y'(0)=0$．

（1）求 a,b 的值；

（2）判断 $x=0$ 是否为函数 $y=y(x)$ 的极值点．

3.6 函数图形的描绘

PPT 课件 3－6 函数图形的描述

前面我们利用导数研究了函数的单调性、极值、最值和曲线的凹凸性．为了更准确地把握函数的特征，画出函数的图形，我们还需要了解函数所对应的曲线在无限延伸时的变化趋势，为此求曲线的渐近线是必要的．

3.6.1 渐近线

第 1 章我们介绍了曲线的垂直渐近线和水平渐近线．

1. 垂直渐近线

若 $\lim\limits_{x\to x_0}f(x)=\infty$，则直线 $x=x_0$ 是曲线 $y=f(x)$ 的垂直渐近线（垂直于 x 轴）．

例如，因为 $\lim\limits_{x\to 0}\dfrac{1}{x^2-3x}=\infty$，$\lim\limits_{x\to 3}\dfrac{1}{x^2-3x}=\infty$，所以 $x=0$ 和 $x=3$ 是函数 $y=\dfrac{1}{x^2-3x}$ 的垂直渐近线（图 3-20）．又如函数 $y=\tan x$ 有无数条垂直渐近线

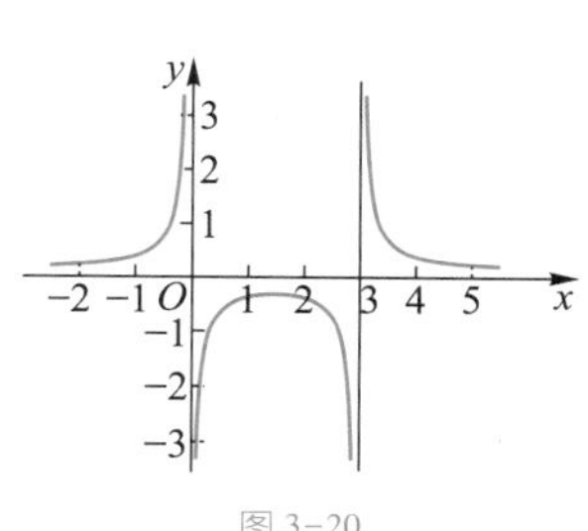

图 3-20

$y=k\pi+\dfrac{\pi}{2}(k\in\mathbf{Z})$.

2. 水平渐近线

若 $\lim\limits_{x\to\infty}f(x)=A$,则直线 $y=A$ 是曲线 $y=f(x)$ 的水平渐近线.

例如,因为 $\lim\limits_{x\to\infty}\dfrac{1}{x^2-3x}=0$,所以直线 $y=0$ 是曲线 $y=\dfrac{1}{x^2-3x}$ 的水平渐近线(图3-20).

一般地,曲线还可能有形如 $y=ax+b(a\neq0)$ 的斜渐近线.

3. 斜渐近线

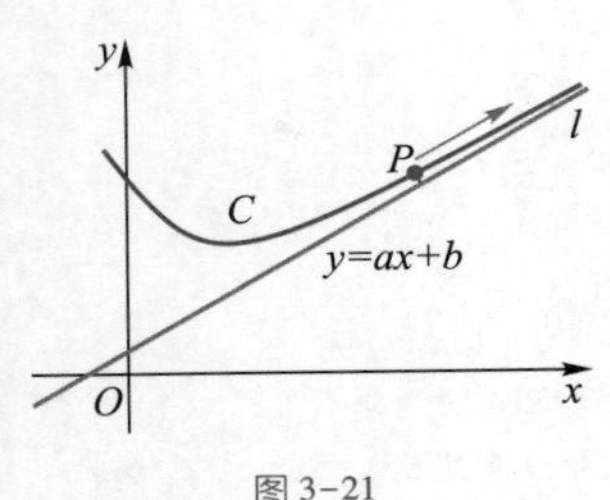

图3-21

定义3.6.1 当曲线 C 上的动点 P 沿着曲线 C 无限远离原点时,若动点 P 到某直线 l 的距离无限趋近于0(图3-21),则称直线 l 是曲线 C 的斜渐近线.

可以得到,直线 $y=ax+b(a\neq0)$ 是曲线 $y=f(x)$ 的斜渐近线的充要条件是

$$a=\lim_{x\to\infty}\frac{f(x)}{x},\quad b=\lim_{x\to\infty}[f(x)-ax].$$

例1 求函数 $y=\dfrac{x^2-2x-1}{x-1}$ 的渐近线.

解 首先

$$\lim_{x\to1}\frac{x^2-2x-1}{x-1}=\infty,$$

所以 $x=1$ 是曲线的垂直渐近线. 又有

$$a=\lim_{x\to\infty}\frac{f(x)}{x}=\lim_{x\to\infty}\frac{x^2-2x-1}{x(x-1)}=1,$$

$$b=\lim_{x\to\infty}[f(x)-ax]$$

$$=\lim_{x\to\infty}\left[\frac{x^2-2x-1}{x-1}-1\cdot x\right]$$

$$=\lim_{x\to\infty}\frac{1+x}{1-x}=-1,$$

于是直线 $y=x-1$ 是曲线的斜渐近线(图3-22).

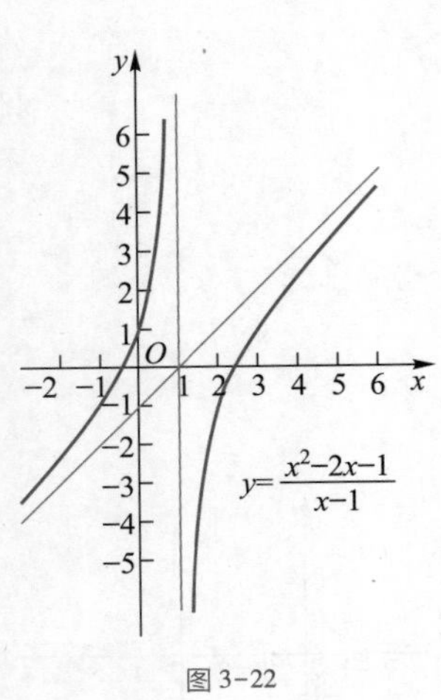

图3-22

类似可定义 $x\to x_0^+$, $x\to x_0^-$, $x\to+\infty$ 与 $x\to-\infty$ 时曲线的渐近线.

3.6.2 函数图形的描绘

函数作图的一般步骤如下：

（1）确定函数$f(x)$的定义域及函数的基本特性（如奇偶性、对称性、周期性）；

（2）求一阶导数$f'(x)$和二阶导数$f''(x)$；

（3）求$f'(x)$，$f''(x)$在定义域内的零点和$f'(x)$，$f''(x)$不存在的点，以及函数的间断点，并用这些点将定义域分成几个部分区间；

（4）列表确定在各个部分区间内$f'(x)$，$f''(x)$的符号，并由此判定函数的单调性、拐点、极值点和图形的凹凸性；

（5）确定函数图形的渐近线；

（6）算出$f'(x)$，$f''(x)$的零点和不存在点的函数值，定出图形上对应的点；为了使图形更准确，有时需要补充一些点；然后结合第（3）（4）步的结果，联结这些点画出函数$y=f(x)$的图形．

以下在列表时，我们将以 ↱ 表示曲线是单调增加且为凸的，⤴表示曲线是单调增加且为凹的，↷ 表示曲线是单调减少且为凸的，⤹表示曲线是单调减少且为凹的．

例 2　画出函数$y=x^3-6x^2+9x-5$的图形．

解　（1）函数$y=f(x)=x^3-6x^2+9x-5$定义域是$(-\infty,+\infty)$，且

$$f'(x)=3x^2-12x+9,\quad f''(x)=6x-12.$$

（2）令$f'(x)=0$，求得驻点$x_1=1$，$x_2=3$；令$f''(x)=0$，求得$x_3=2$. 没有$f'(x)$，$f''(x)$不存在的点和间断点.

（3）x_1，x_2，x_3将无穷区间分成四个部分区间，列表讨论如表 3-4 所示．

表 3-4

x	$(-\infty,1)$	1	$(1,2)$	2	$(2,3)$	3	$(3,+\infty)$
$f'(x)$	+	0	−	−	−	0	+
$f''(x)$	−	−	−	0	+	+	+
y	↱	极大	↷	拐点	⤹	极小	⤴

极大值$f(1)=-1$，极小值$f(3)=-5$，拐点$(2,-3)$．

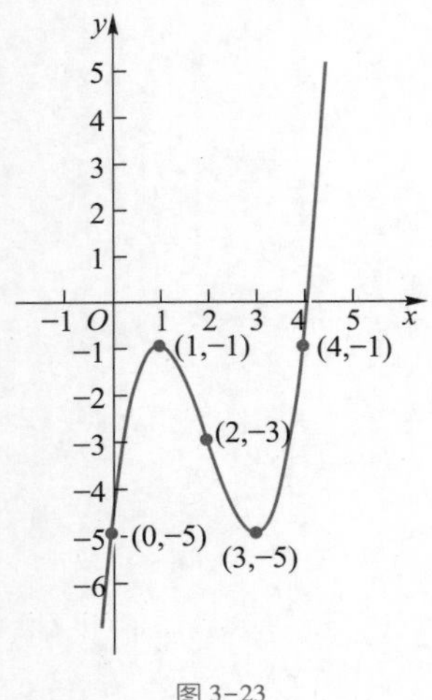

图 3-23

(4) 无渐近线.当 $x\to+\infty$时,$y\to+\infty$;$x\to-\infty$时,$y\to-\infty$.

(5) 取特殊点(0,-5),(4,-1),连同极大值点(1,-1)、极小值点(3,-5),拐点(2,-3),描点作图(图 3-23).

例 3 画出函数 $y=e^{-x^2}$的图形.

解 (1) 函数 $y=f(x)=e^{-x^2}$定义域是$(-\infty,+\infty)$,且为偶函数,它的图形关于 y 轴对称,故只需讨论$[0,+\infty)$上函数的图形.

(2) $f'(x)=-2xe^{-x^2}$,$f''(x)=2(2x^2-1)e^{-x^2}$.

令 $f'(x)=0$,求得驻点 $x_1=0$;令 $f''(x)=0$,求得 $x_2=\dfrac{1}{\sqrt{2}}$. 没有$f'(x)$,$f''(x)$不存在的点和间断点.

(3) x_1,x_2将$[0,+\infty)$分成两个部分区间,列表讨论如表 3-5 所示.

表 3-5

x	0	$\left(0,\dfrac{1}{\sqrt{2}}\right)$	$\dfrac{1}{\sqrt{2}}$	$\left(\dfrac{1}{\sqrt{2}},+\infty\right)$
$f'(x)$	0	−	−	−
$f''(x)$	−	−	0	+
y	极大	↷	拐点	↺

极大值$f(0)=1$,拐点$\left(\dfrac{1}{\sqrt{2}},\dfrac{1}{\sqrt{e}}\right)$.

(4) 渐近线:$\lim\limits_{x\to\infty}f(x)=0$,所以 $y=0$ 是函数图形的水平渐近线.

(5) 取一特殊点$(1,e^{-1})$,连同极大值点(0,1)、拐点$\left(\dfrac{1}{\sqrt{2}},\dfrac{1}{\sqrt{e}}\right)$,描点作出函数在$[0,+\infty)$上的图形,再利用对称性,便得到函数在$(-\infty,0]$的图形(图 3-24).

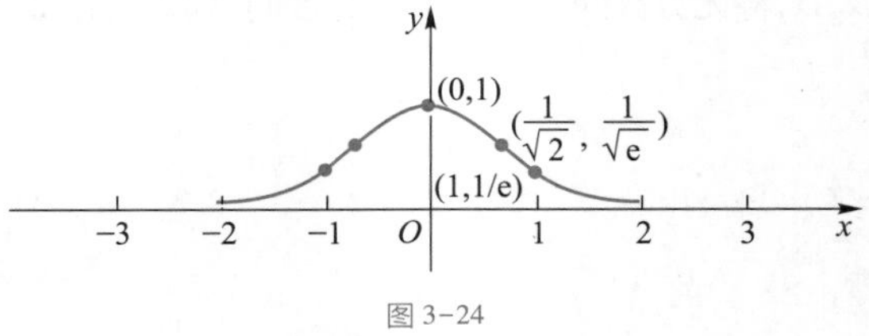

图 3-24

注 图 3-24 是概率统计中著名的正态分布曲线,也称为高斯曲线.

例 4 画出函数 $f(x)=\dfrac{2x-1}{(x-1)^2}$的图形.

解 (1) 函数 $y=f(x)$的定义域是$(-\infty,1)\cup(1,+\infty)$.且

$$f'(x)=\frac{-2x}{(x-1)^3},\quad f''(x)=\frac{2(2x+1)}{(x-1)^4}.$$

（2）令 $f'(x)=0$，求得驻点 $x_1=0$；令 $f''(x)=0$，求得 $x_2=-\frac{1}{2}$. $x_3=1$ 是函数的间断点.在定义域内没有 $f'(x)$，$f''(x)$ 不存在的点.

（3）x_1,x_2,x_3 将无穷区间分成四个部分区间，列表讨论如表 3-6 所示.

表 3-6

x	$\left(-\infty,-\frac{1}{2}\right)$	$-\frac{1}{2}$	$\left(-\frac{1}{2},0\right)$	0	$(0,1)$	$(1,+\infty)$
$f'(x)$	−	−	−	0	+	−
$f''(x)$	−	0	+	+	+	+
y	↷	拐点	⤹	极小	⤴	⤹

极小值 $f(0)=-1$，拐点 $\left(-\frac{1}{2},-\frac{8}{9}\right)$.

（4）渐近线：因为

$$\lim_{x\to1^-}f(x)=\lim_{x\to1^+}f(x)=+\infty,$$

所以 $x=1$ 是垂直渐近线；

因为

$$\lim_{x\to+\infty}f(x)=0,\quad \lim_{x\to-\infty}f(x)=0,$$

所以 $y=0$ 是水平渐近线.

（5）描点作图：取特殊点 $\left(-4,-\frac{9}{25}\right)$，$\left(\frac{1}{2},0\right)$，$\left(\frac{7}{10},\frac{40}{9}\right)$，$(2,3)$，$\left(4,\frac{7}{9}\right)$，$\left(7,\frac{13}{36}\right)$，连同极小值点 $(0,-1)$，拐点 $\left(-\frac{1}{2},-\frac{8}{9}\right)$，描点作图（图 3-25）.

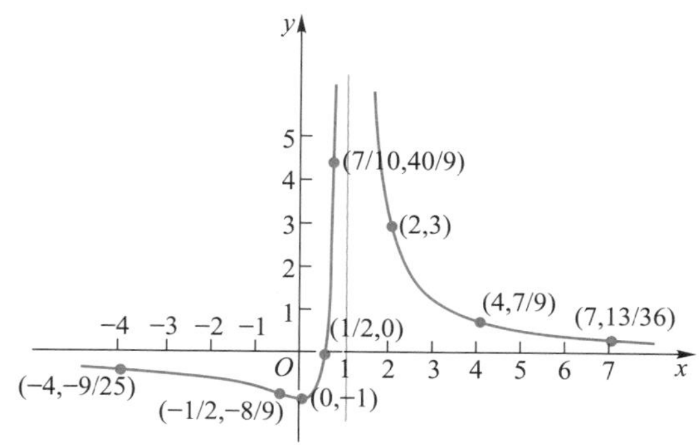

图 3-25

习题 3-6

A 题

1. 求曲线的渐近线：

（1）$y=\dfrac{1+e^{-x}}{1-e^{-x}}$；　（2）$y=\dfrac{x^2}{x-1}$；

（3）$y=x\ln\left(e+\dfrac{1}{x}\right)$.

2. 画出下列函数的图形：

（1）$y=x^3-6x$；　（2）$y=1-e^{-x^2}$；

（3）$y=\dfrac{2x}{1+x^4}$；　（4）$y=x^2+\dfrac{1}{x}$；

（5）$y=\dfrac{(x-1)^2}{x-2}$.

B 题

1.（考研真题，2012 年数学一）曲线 $y=\dfrac{x^2+x}{x^2-1}$ 的渐近线条数是（　　）.

A. 0　B. 1　C. 2　D. 3

2.（考研真题，2007 年数学一）曲线 $y=\dfrac{1}{x}+\ln(1+e^x)$ 的渐近线条数是（　　）.

A. 0　B. 1　C. 2　D. 3

3.（考研真题，2010 年数学二）求曲线 $y=\dfrac{2x^3}{x^2+1}$ 的渐近线方程.

4.（考研真题，2023 年数学一）函数 $y=x\ln\left(e+\dfrac{1}{x-1}\right)$ 的渐近线是（　　）.

A. $y=x+e$　B. $y=x+\dfrac{1}{e}$

C. $y=x$　D. $y=x-\dfrac{1}{e}$

5.（考研真题，2020 年数学二）求曲线 $y=\dfrac{x^{1+x}}{(1+x)^x}(x>0)$ 的斜渐近线.

3.7 曲率

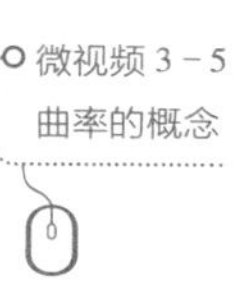

在前几节中,我们利用一阶导数判断函数的单调性,利用二阶导数判断曲线的凹凸性. 本节将利用一阶导数和二阶导数的比值判断曲线的弯曲程度,即曲率.

3.7.1 曲率的概念

在工程技术中需要定量地研究曲线的弯曲程度,例如船体结构中的钢梁、机床的转轴等,它们在荷载作用下要产生弯曲变形,在设计时要对它们的弯曲作一定的限制. 那么,曲线的弯曲程度和什么有关呢?

首先注意到,当点沿着曲线段变动时,切线也会变化(除非曲线是直线). 在图 3-26 中,从 P 到 Q 的曲线段与从 Q 到 R 的曲线段虽然具有相等的弧长,但其切线转过的角度不一样,满足 $\Delta\alpha_1<\Delta\alpha_2$. 从直观上看,后一曲线段较弯曲,可见弯曲程度和切线转过的角度有关. 再观察图 3-27,两个曲线段切线转过的角度相同,但显然短弧段的弯曲程度比长弧段厉害些,因此弯曲程度还与弧长有关.

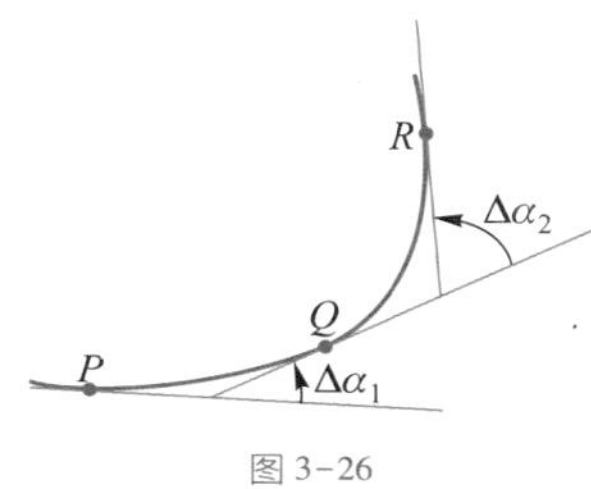

图 3-26

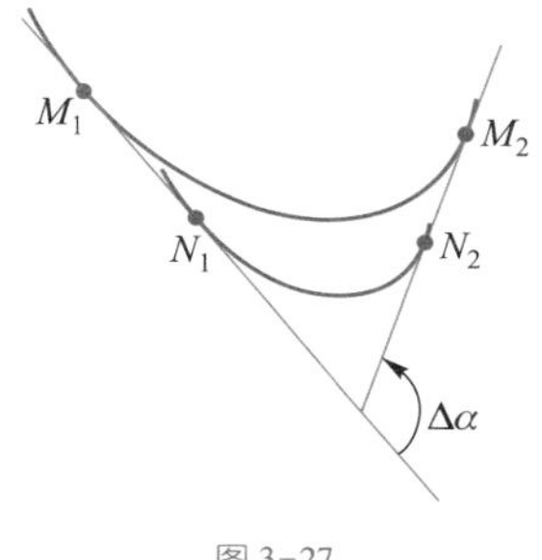

图 3-27

首先给出光滑曲线的概念. 设曲线 $y=f(x)$ 在区间 I 上的一阶导数 $f'(x)$ 存在且连续,从几何上看就是曲线上每一点都具有切线,且切线随切点的移动而连续移动,这样的曲线称为光滑曲线.

下面仅讨论平面光滑曲线的弯曲度.

定义 3.7.1 设 M 和 N 是光滑曲线 C 上任两点(图 3-28),设弧段 $\overset{\frown}{MN}$ 的长度为 $|\Delta s|$,动点从 M 移动到 N 时切线转过的角度为 $|\Delta\alpha|$,则用单位弧段上切线转过的角度表示弧段 $\overset{\frown}{MN}$ 的平均弯曲程度,称为弧段的平均曲率,记作 K,即

$$K=\left|\frac{\Delta\alpha}{\Delta s}\right|.$$

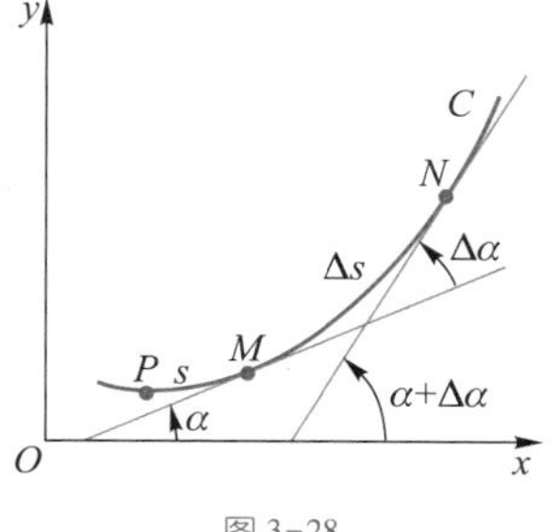

图 3-28

当 $\Delta s\to 0$ 时(即 $N\to M$ 时),平均曲率的极限称为曲线 C 在点 M 处的曲率,记作 k,即

$$k=\lim_{\Delta s\to 0}\left|\frac{\Delta\alpha}{\Delta s}\right|.$$

注　(1) 光滑曲线上的弧段是有向弧段，即在曲线 C 上规定依 x 增大的方向作为曲线的正向，以曲线上某一点 P 为计算弧长的起点，对曲线上任一点 $M(x,y)$，规定有向弧段 $\widehat{PM}$ 的值 s 如下：s 的绝对值等于这弧段的长度，当弧段 $\widehat{PM}$ 的方向和曲线正向一致时，$s>0$，相反时，$s<0$. 显然，弧长 s 是 x 的函数，记为 $s=s(x)$，它是 x 的单调增加函数．因此 $|\widehat{MN}|=||\widehat{PN}|-|\widehat{PM}||=|\Delta s|$.

(2) 按曲线上点的运动方向，切线转过的角度是有向角，沿逆时针方向为正，顺时针方向为负．由于不考虑曲线的弯曲方向，所以一律取 $|\Delta\alpha|$.

在极限 $\lim\limits_{\Delta s\to 0}\dfrac{\Delta\alpha}{\Delta s}=\dfrac{\mathrm{d}\alpha}{\mathrm{d}s}$ 存在的条件下，k 也可以表示成

$$k=\left|\frac{\mathrm{d}\alpha}{\mathrm{d}s}\right|. \tag{3-12}$$

例 1　求直线的曲率．

解　因为直线上任一点 M 的切线和直线重合，点在直线上运动时，切线转过的角度 $\Delta\alpha=0$，设经过的弧段为 $|\Delta s|$，则

$$\left|\frac{\Delta\alpha}{\Delta s}\right|=0,$$

从而在 M 点的曲率

$$k=\lim_{\Delta s\to 0}\left|\frac{\Delta\alpha}{\Delta s}\right|=0.$$

即直线不弯曲．

例 2　求半径为 a 的圆的曲率．

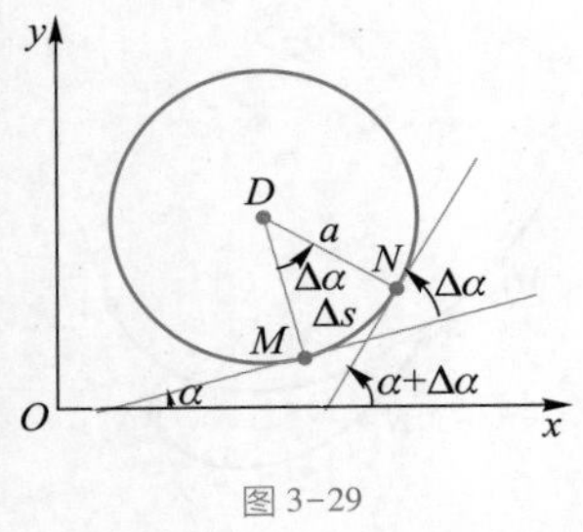

图 3-29

解　设圆上任一点为 M，M 运动到 N 点，转过的角度为 $|\Delta\alpha|$，则有圆心角 $\angle MDN=|\Delta\alpha|$（图 3-29）．注意到圆的弧长公式 $|\Delta s|=a\angle MDN$，于是有

$$\left|\frac{\Delta\alpha}{\Delta s}\right|=\left|\frac{\Delta\alpha}{a\Delta\alpha}\right|=\frac{1}{a},$$

从而

$$k=\lim_{\Delta s\to 0}\left|\frac{\Delta\alpha}{\Delta s}\right|=\lim_{\Delta s\to 0}\frac{1}{a}=\frac{1}{a}.$$

即圆上任一点的曲率都相等，都等于圆的半径的倒数．因此圆半径越小曲率越大，即圆弯曲得越厉害．

3.7.2　曲率的计算公式

为在平面直角坐标系里推导曲率的计算公式，需要先介绍弧微分的概念．

1. 弧微分

设函数 $y=f(x)$ 在区间 (a,b) 内具有连续导数，如前所述曲线 $y=f(x)$

上的弧长函数 $s=s(x)$ 是 x 的单调函数,下面求 $s(x)$ 的导数和微分.

如图 3-30 所示,设 $x,x+\Delta x\in(a,b)$,它们在曲线上的对应点是 M,N,相对于 x 的改变量 Δx,曲线上弧的改变量是 Δs,记 M,N 之间的弦长为 $|MN|$,于是有

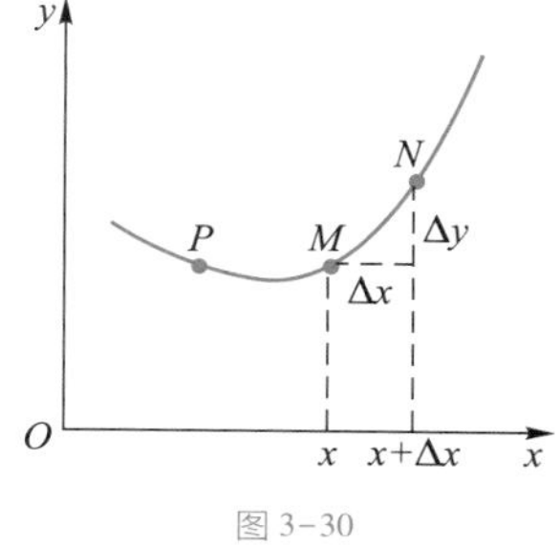

图 3-30

$$\left(\frac{\Delta s}{\Delta x}\right)^2=\left(\frac{\Delta s}{|MN|}\right)^2\cdot\left(\frac{|MN|}{\Delta x}\right)^2$$
$$=\left(\frac{\Delta s}{|MN|}\right)^2\cdot\frac{\Delta x^2+\Delta y^2}{\Delta x^2}$$
$$=\left(\frac{\Delta s}{|MN|}\right)^2\cdot\left[1+\left(\frac{\Delta y}{\Delta x}\right)^2\right],$$

故

$$\frac{\Delta s}{\Delta x}=\pm\sqrt{\left(\frac{\Delta s}{|MN|}\right)^2\cdot\left[1+\left(\frac{\Delta y}{\Delta x}\right)^2\right]},$$

$$\lim_{\Delta x\to 0}\frac{\Delta s}{\Delta x}=\pm\sqrt{\lim_{\Delta x\to 0}\left(\frac{\Delta s}{|MN|}\right)^2\cdot\left[1+\lim_{\Delta x\to 0}\left(\frac{\Delta y}{\Delta x}\right)^2\right]},$$

因为 $\Delta x\to 0$ 时,$N\to M$,所以

$$\lim_{\Delta x\to 0}\frac{\Delta s}{|MN|}=1.$$

而 $\lim\limits_{\Delta x\to 0}\frac{\Delta y}{\Delta x}=y'$,从而有

$$\frac{\mathrm{d}s}{\mathrm{d}x}=\pm\sqrt{1+y'^2},$$

由于 $s(x)$ 是 x 的单调增加函数,所以根号前面取正号,于是有

$$\mathrm{d}s=\sqrt{1+y'^2}\,\mathrm{d}x. \tag{3-13}$$

这就是弧微分公式.

2. 曲率计算公式

在平面直角坐标系里,设曲线的方程是 $y=f(x)$,且 $f(x)$ 具有二阶导数(这时 $f'(x)$ 连续,从而曲线是光滑的). 设曲线上任一点 $M(x,y)$ 处切线的倾角为 α,因为 $\tan\alpha=y'$,所以

$$\sec^2\alpha\cdot\frac{\mathrm{d}\alpha}{\mathrm{d}x}=y'',$$

$$\frac{\mathrm{d}\alpha}{\mathrm{d}x}=\frac{y''}{1+\tan^2\alpha}=\frac{y''}{1+y'^2},$$

于是

$$d\alpha=\frac{y''}{1+y'^2}dx.$$

由式(3-12),(3-13)得点 M 处曲率的计算公式是

$$k=\frac{|y''|}{(1+y'^2)^{\frac{3}{2}}}. \tag{3-14}$$

设曲线的参数方程是

$$\begin{cases}x=x(t),\\ y=y(t),\end{cases}$$

利用参数方程所确定的函数的求导法,求出 y'_x, y''_x,代入式(3-14)便得

$$k=\frac{|x'(t)y''(t)-x''(t)y'(t)|}{[x'^2(t)+y'^2(t)]^{\frac{3}{2}}}. \tag{3-15}$$

例 3 求曲线 $y=x^2-2x+1$ 在点(0,0)处的曲率.

解 因为

$$y'=2x-2,\quad y''=2,$$

所以

$$y'(0)=-2,\quad y''(0)=2,$$

于是由公式(3-14)得到

$$k=\left.\frac{|y''|}{(1+y'^2)^{\frac{3}{2}}}\right|_{x=0}=\frac{2}{(1+4)^{\frac{3}{2}}}=\frac{2}{5\sqrt{5}}.$$

例 4 求椭圆

$$\begin{cases}x=a\cos\theta,\\ y=b\sin\theta\end{cases}\quad(0\leqslant\theta\leqslant 2\pi,0<b\leqslant a)$$

的曲率,并判断在哪一点处曲率最大(小).

解 根据公式(3-15),椭圆上任一点的曲率为

$$k=\frac{|(-a\sin\theta)(-b\sin\theta)-(-a\cos\theta)(b\cos\theta)|}{(a^2\sin^2\theta+b^2\cos^2\theta)^{\frac{3}{2}}}$$

$$=\frac{ab}{(a^2\sin^2\theta+b^2\cos^2\theta)^{\frac{3}{2}}}$$

$$=\frac{ab}{[b^2+(a^2-b^2)\sin^2\theta]^{\frac{3}{2}}}.$$

注 在实际问题中,当 $|y'|$ 同 1 比较起来很小时(记为 $|y'|\ll 1$),可以忽略不计.这时由 $1+y'^2\approx 1$ 得到曲率的近似计算公式

$$k=\frac{|y''|}{(1+y'^2)^{\frac{3}{2}}}\approx|y''|.$$

经过这样的简化后,对一些问题的计算和讨论就方便多了.

当 $\theta=0,\pi$ 时,$k_{\max}=\frac{a}{b^2}$,即在长轴的左、右两个端点$(\pm a,0)$,椭圆的曲率最大;当 $\theta=\frac{\pi}{2},\frac{3\pi}{2}$时,$k_{\min}=\frac{b}{a^2}$,即在短轴的上、下两个端点$(0,\pm b)$,椭圆的曲率最小.

3.7.3 曲率圆与曲率半径

为了形象地表示曲线在一点处的曲率,我们借助同曲率的圆,即有如下概念:

定义 3.7.2 设曲线 $y=f(x)$ 在点 $M(x,y)$ 处的曲率为 $k(k\neq 0)$. 在点 M 处的曲线的法线上,在凹的一侧取一点 D,使

$$|DM|=\frac{1}{k}=\rho.$$

以 D 为圆心,ρ 为半径作圆(图 3-31),这个圆就称为曲线在点 M 处的曲率圆,曲率圆的圆心 D 称为曲线在点 M 处的曲率中心,曲率圆的半径ρ 称为曲线在点 M 处的曲率半径.

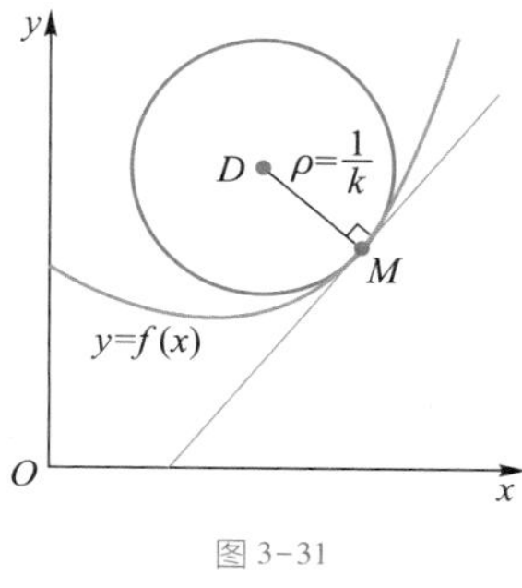

图 3-31

注 (1) 由定义,曲线 $y=f(x)$ 在点 $M(x,y)$ 处的曲率半径 ρ 与在该点处的曲率 k 互为倒数,因此有

$$\rho=\frac{1}{k}=\frac{(1+y'^2)^{\frac{3}{2}}}{|y''|}.$$

(2) 曲线和曲率圆在点 M 处具有相同的切线和曲率,且在点 M 附近有相同的凹向,因此在实际问题中,常用曲率圆在点 M 邻近一段圆弧来近似代替曲线弧,以使问题简化.

(3) 通过计算可以推导出过曲线在点 $M(x,y)$ 处曲率中心(α,β)的公式是

$$\alpha=x-\frac{y'(1+y'^2)}{y''},\quad \beta=y+\frac{1+y'^2}{y''}.$$

曲率圆和曲率中心的概念在工程设计中有重要的应用价值.

例 5 求曲线 $y=\sin x$ 在 $x=\pi$ 处的曲率半径.

解 因为 $y'=\cos x,y''=-\sin x$,所以 $y'|_{x=\pi}=-1,y''|_{x=\pi}=0$,从而

$$k=\left.\frac{|y''|}{(1+y'^2)^{\frac{3}{2}}}\right|_{x=\pi}=0,$$

所以曲率半径 $\rho=+\infty$.

例 6 设工件内表面的截线为半椭圆 $\frac{x^2}{16}+\frac{y^2}{4}=1(x\geqslant 0)$(图 3-32). 现在用砂轮磨削其内表面,问用直径多大的砂轮才比较合适?

解 为了在磨削中不使砂轮与工件接触处附近那部分工件磨去太多,砂轮的半径应不大于椭圆上各点处曲率半径中的最小值,而由例 4 知半椭圆在长轴的端点(4,0)曲率最大,因此曲率半径最小. 在(4,0)处的曲率半径

$$\rho=\frac{1}{k_{\max}}=\left.\frac{b^2}{a}\right|_{a=4,b=2}=\frac{4}{4}=1.$$

所以选用的砂轮直径不得超过 2 个单位长.

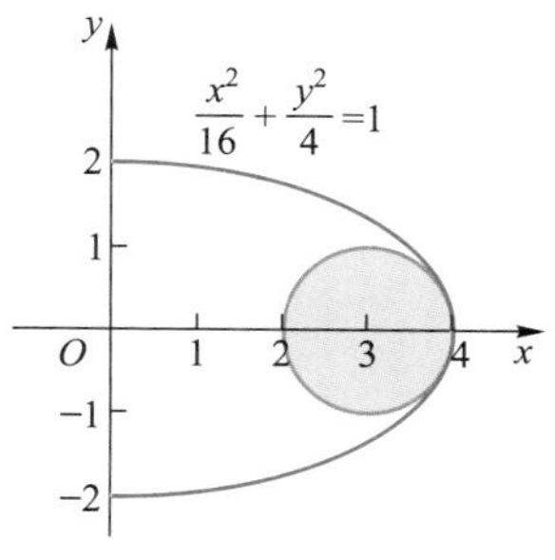

图 3-32

习题 3-7

A 题

1. 求曲线 $xy=1$ 在点 $(1,1)$ 处的曲率.

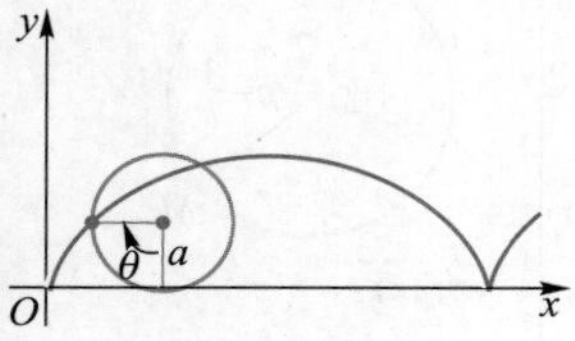

2. 求曲线 $y=\ln\sec x$ 在点 $\left(\frac{\pi}{3},\ln 2\right)$ 处的曲率.

3. 求曲线 $x^2+xy+y^2=3$ 在点 $(1,1)$ 处的曲率半径.

4. 抛物线 $y=2x^2-4x+3$ 在哪点处曲率最大？并求曲率半径.

5. 求摆线 $\begin{cases}x=a(\theta-\sin\theta),\\ y=a(1-\cos\theta)\end{cases}$ $(0\leqslant\theta\leqslant 2\pi, a>0)$ 在 $\theta=\frac{\pi}{2}$ 处的曲率，并求最小曲率（图 3-33）.

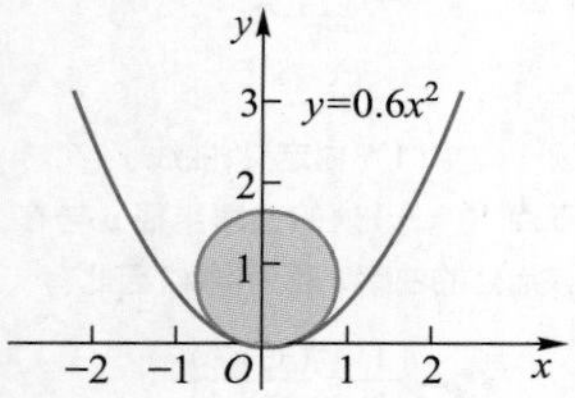

图 3-33

6. 设工件内表面的截线为抛物线 $y=0.6x^2$（图 3-34）. 现在用砂轮磨削其内表面，问用直径多大的砂轮才比较合适？

图 3-34

B 题

1.（考研真题，2012 年数学二）曲线 $y=x^2+x\,(x<0)$ 上曲率为 $\frac{\sqrt{2}}{2}$ 的点的坐标为________.

2.（考研真题，2009 年数学二）若 $f''(x)$ 不变号，且曲线 $y=f(x)$ 在点 $(1,1)$ 上的曲率圆为 $x^2+y^2=2$，则函数 $f(x)$ 在区间 $(1,2)$ 内（　　）.

A. 有极值点，无零点　　B. 无极值点，有零点

C. 有极值点，有零点　　D. 无极值点，无零点

3. 求曲线 $y=\tan x$ 在点 $\left(\frac{\pi}{4},1\right)$ 处的曲率圆方程.

4. 一飞机沿抛物线路径 $y=\frac{x^2}{10\ 000}$（y 轴铅直向上，单位：m）作俯冲飞行，在坐标原点 O 处飞机的速度为 $v=200$ m/s. 飞行员体重 $G=70$ kg，求飞机俯冲至最低点即原点 O 处时座椅对飞行员的反冲力.

3.8　方程的近似解

PPT 课件 3-8
方程的近似解

在许多实际问题中，经常遇到求解高次代数方程和一般的函数方程

的问题．要求得这类方程实根的精确解，往往比较困难，所以有必要讨论怎样求方程的近似解．本节将介绍两种求方程的近似解的方法——二分法和切线法．按照这些方法，编出程序就可以在计算机上求得足够精确的近似解．

3.8.1 二分法

设函数 $f(x)$ 在区间 $[a,b]$ 上连续，$f(a)\cdot f(b)<0$，且方程 $f(x)=0$ 在 (a,b) 内仅有一个实根 ξ，求 ξ 的近似解．

不妨设 $f(a)>0$，若取端点 a 或 b 作为 ξ 的近似解，则误差小于 $b-a$；为缩小误差，现取区间 $[a,b]$ 的中点 $\xi_1=\dfrac{a+b}{2}$，计算 $f(\xi_1)$．

若 $f(\xi_1)=0$，则 $\xi=\xi_1$.若 $f(\xi_1)>0$，由于 $f(\xi_1)\cdot f(b)<0$，所以方程的根 ξ 必属于 $[\xi_1,b]$，于是令 $a_1=\xi_1,b_1=b$；若 $f(\xi_1)<0$，由于 $f(a)\cdot f(\xi_1)<0$，所以方程的根 ξ 必属于 $[a,\xi_1]$，于是令 $a_1=a,b_1=\xi_1$.这时若取区间 $[a_1,b_1]$ 端点 a_1 或 b_1 作为 ξ 的近似解，则误差小于 $\dfrac{1}{2}(b-a)$.

继续取区间 $[a_1,b_1]$ 的中点 $\xi_2=\dfrac{a_1+b_1}{2}$，计算 $f(\xi_2)$，重复上述做法，当 $\xi_2\neq\xi$ 时，可推知 $a_2<\xi<b_2$. 这时若取区间 $[a_2,b_2]$ 端点 a_2 或 b_2 作为 ξ 的近似解，其误差小于 $\dfrac{1}{2^2}(b-a)$.

如此重复 n 次，可推得 $a_n<\xi<b_n$，这时若取区间 $[a_n,b_n]$ 端点 a_n 或 b_n 作为 ξ 的近似解，则误差小于 $\dfrac{1}{2^n}(b-a)$.

这种通过不断取解的存在区间中点从而缩小解的存在区间的方法就是二分法．

例 1　用二分法求方程 $x^3-3x^2+6x-1=0$ 在区间 $(0,1)$ 的实根的近似解，使误差不超过 0.01.

解　令

$$f(x)=x^3-3x^2+6x-1,$$

则 $f(x)$ 在区间 $[0,1]$ 上连续，又 $f(0)=-1<0,f(1)=3>0$，由零点存在定理

知 $f(x)=0$ 在 $(0,1)$ 内至少有一个实根；而

$$f'(x)=3x^2-6x+6=3[(x-1)^2+1]>0,$$

故 $f(x)$ 在 $(-\infty,+\infty)$ 内单调增加，从而 $f(x)=0$ 在 $(0,1)$ 内有唯一的实根 ξ.

令 $[a,b]=[0,1]$，取 $\xi_1=0.5$，$f(\xi_1)\approx 1.38>0$，故

$[a_1,b_1]=[0,0.5]$，取 $\xi_2=0.25$，$f(\xi_2)\approx 0.33>0$，故

$[a_2,b_2]=[0,0.25]$，取 $\xi_3=0.13$，$f(\xi_3)\approx -0.27<0$，故

$[a_3,b_3]=[0.13,0.25]$，取 $\xi_4=0.19$，$f(\xi_4)\approx 0.04>0$，故

$[a_4,b_4]=[0.13,0.19]$，取 $\xi_5=0.16$，$f(\xi_5)\approx -0.11<0$，故

$[a_5,b_5]=[0.16,0.19]$，取 $\xi_6=0.18$，$f(\xi_6)\approx -0.01<0$，故

$[a_6,b_6]=[0.18,0.19]$，此时有

$$0.18<\xi<0.19,$$

无论取 0.18 还是取 0.19 作为根 ξ 的近似解，其误差都不超过 $0.19-0.18=0.01$.

注　按误差不超过 0.01 的要求，为计算方便，计算时中点值只取两位小数.

3.8.2　切线法

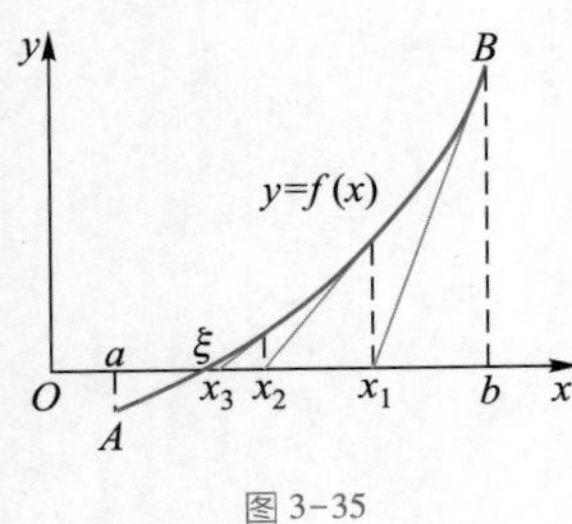

图 3-35

设函数 $f(x)$ 在 $[a,b]$ 上具有二阶导数，$f(a)\cdot f(b)<0$，且 $f'(x)$，$f''(x)$ 保持定号．在上述条件下，$f(x)$ 在 $[a,b]$ 上单调且其图形是凹(或凸)的，方程 $f(x)=0$ 在 (a,b) 内有唯一的实根 ξ.下面来求 ξ 的近似解．先考虑 $f(a)<0,f(b)>0,f'(x)>0,f''(x)>0$ 的情形(图 3-35).

过点 $B(b,f(b))$ 作 $y=f(x)$ 的切线，交 x 轴于 x_1 点．因为切线方程是

$$y-f(b)=f'(b)(x-b),$$

令 $y=0$，求得切线与 x 轴的交点的横坐标为

$$x_1=b-\frac{f(b)}{f'(b)}.$$

从图可见 x_1 比 b 更接近 ξ.

过点 $(x_1,f(x_1))$ 再作 $y=f(x)$ 的切线，交 x 轴于 x_2 点．同理求得切线与 x 轴的交点的横坐标为

$$x_2=x_1-\frac{f(x_1)}{f'(x_1)}.$$

由图可见 x_2 又比 x_1 更接近 ξ.

注　(1) 除了如图 3-35 所示情形外，还有以下三种情形：

① $f'>0,f''<0$；

② $f'<0,f''>0$；

③ $f'<0,f''<0$.

仿照上述作法同样可求得近似解.

(2) 一般地，我们总是选取函数值与 $f''(x)$ 同号的端点作切线．因为 $f''(x)>0,f(b)>0$，所以选择从 B 点开始做切线．若从函数值与 $f''(x)$ 异号的端点开始做，则不一定能保证切线与 x 轴的交点的横坐标能比原来的端点更接近方程的根 ξ.

继续上述步骤，一般地在点$(x_{n-1},f(x_{n-1}))$作切线，可得到根的近似值

$$x_n=x_{n-1}-\frac{f(x_{n-1})}{f'(x_{n-1})}. \tag{3-16}$$

这种在弧的一端作切线，逐次求得近似值的方法就称为切线法.

例 2　用切线法求方程

$$x^3-3x^2+6x-1=0$$

在区间$(0,1)$的实根的近似解，使误差不超过 0.01.

解　令$f(x)=x^3-3x^2+6x-1$，由例 1 知$f(x)=0$在$(0,1)$内有唯一的实根ξ.

因为$f'(x)=3x^2-6x+6>0$，$f''(x)=6x-6<0$，而$f(0)=-1<0$，所以从端点$(0,-1)$处开始做切线，故令$x_0=0$.

于是利用公式(3-16)，得

$$x_1=0-\frac{f(0)}{f'(0)}=-\frac{-1}{6}\approx 0.17;$$

$$x_2=0.17-\frac{f(0.17)}{f'(0.17)}\approx 0.17-\frac{-0.06}{5.07}\approx 0.18;$$

$$x_3=0.18-\frac{f(0.18)}{f'(0.18)}\approx 0.18-\frac{-0.01}{5.02}\approx 0.18.$$

注意到$f(0.18)<0$，计算$f(0.19)\approx 0.04>0$，所以必有

$$0.18<\xi<0.19.$$

即以 0.18 或 0.19 作为根的近似值，其误差都小于 0.01.

习题 3-8

A 题

试证明下列方程在指定的区间内有唯一的实根，并分别用二分法和切线法求这个根的近似值，使误差不超过 0.01.

(1) $x^3+3x+1=0, x\in(-1,0)$;

(2) $x\ln x-1=0, x\in(1,2)$.

本章学习要点

1. 理解并会运用罗尔定理、拉格朗日中值定理. 了解并会用柯西中值定理.

2. 掌握用洛必达法则求未定式极限的方法,并能熟练应用.

3. 理解并会用泰勒定理.

4. 掌握用导数判断函数的单调性,会用导数判断函数图形的凹凸性,会求函数图形的拐点.

5. 理解函数的极值概念,掌握用导数求函数极值的方法,掌握函数最大值和最小值的求法及其简单应用.

6. 会求函数图形的水平、铅直和斜渐近线,能描绘函数的图形.

7. 了解曲率和曲率半径的概念,会计算曲率和曲率半径.

网上更多……　第 3 章自测 A 题
第 3 章自测 B 题
第 3 章综合练习 A 题
第 3 章综合练习 B 题

第 4 章　不定积分

前面我们讨论了函数的求导运算．现在我们要研究相反的问题,就是从已知函数的导数求出原来的函数．不定积分是求导运算的逆运算．由于许多实际问题需要解决和求导问题相反的问题,即某个函数的导数已知,要求这个函数,由此引出了原函数和不定积分的概念．

4.1　不定积分的概念和性质

4.1.1　原函数

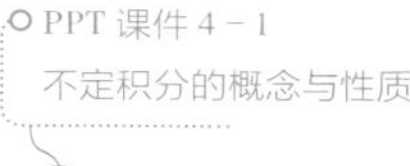

PPT 课件 4－1
不定积分的概念与性质

在实际应用中,常常需要讨论在函数关系式 $F'(x)=f(x)$ 中,当函数 $f(x)$ 为已知时,求函数 $F(x)$ 的问题．这就引出如下概念.

定义 4.1.1　如果在区间 I 上有可导函数 $F(x)$ 满足关系 $F'(x)=f(x)$，或者 $\mathrm{d}F(x)=f(x)\mathrm{d}x$，那么 $F(x)$ 称为 $f(x)$ 在 I 上的一个原函数.

例 1　函数 $F(x)=\dfrac{1}{3}x^3$ 在整个 x 轴上是函数 $f(x)=x^2$ 的原函数,因为对于任何 x 都有 $\left(\dfrac{1}{3}x^3\right)'=x^2$.

至于一个已知函数的原函数是否唯一的问题,回答是否定的．试看例 1 的结果,由于除了 $\left(\dfrac{1}{3}x^3\right)'=x^2$ 外,还有

$$\left(\frac{1}{3}x^3+1\right)'=x^2.$$

事实上,对于任意一个常数 C，都有

$$\left(\frac{1}{3}x^3+C\right)'=x^2,$$

所以 $\dfrac{1}{3}x^3+1$，$\dfrac{1}{3}x^3+2$，$\cdots$，$\dfrac{1}{3}x^3+C$ 都是 x^2 的原函数．可见 x^2 的原函数

有无数多个.

一般来说,设 $F(x)$ 为 $f(x)$ 在区间 I 的一个原函数, C 为任意常数,那么由于

$$[F(x)+C]'=F'(x)=f(x),$$

因此, $F(x)+C$ 也是 $f(x)$ 在 I 上的原函数.

事实上可以证明:若 $F(x)$ 是 $f(x)$ 的一个原函数,则 $f(x)$ 的其他原函数 $G(x)$ 具有形式 $G(x)=F(x)+C_0$ (C_0 为常数). 这是因为若 $F'(x)=f(x)$, $G'(x)=f(x)$, 则得 $[G(x)-F(x)]'=G'(x)-F'(x)=0$, 所以 $G(x)-F(x)=C_0$ (C_0 为常数).

结论　$f(x)$ 的任意两个原函数只差一个常数. 因此,当 C 为任意常数时,

$$F(x)+C$$

就表示 $f(x)$ 的所有原函数. $f(x)$ 的全体原函数组成的集合是

$$\{F(x)+C:-\infty<C<+\infty\}.$$

4.1.2　不定积分的性质和基本积分公式

定义 4.1.2　设 $F(x)$ 是 $f(x)$ 在区间 I 的一个原函数,那么 $f(x)$ 在区间 I 的原函数的一般表达式 $F(x)+C$ 称为 $f(x)$ 在区间 I 的不定积分,记作 $\int f(x)\mathrm{d}x$, 即 $\int f(x)\mathrm{d}x=F(x)+C$, 其中 C 为任意常数.

因此,记号 $\int f(x)\mathrm{d}x$ 可看成函数 $f(x)$ 在区间 I 上的任意一个原函数的代表.记号中的函数 $f(x)$ 称为被积函数, $f(x)\mathrm{d}x$ 称为被积表达式, C 称为积分常数, x 称为积分变量.

利用微分的符号,由不定积分的概念易知

$$\mathrm{d}\int f(x)\mathrm{d}x=f(x)\mathrm{d}x,$$

$$\int \mathrm{d}f(x)=f(x)+C,$$

它们说明了积分运算 $\int$ 与微分运算 d 的互逆性.由此易知

$$\int 2x\mathrm{d}x=x^2+C,\text{因为}\quad \mathrm{d}(x^2)=2x\mathrm{d}x;$$

$$\int \cos x\mathrm{d}x=\sin x+C,\quad 因为\quad \mathrm{d}\sin x=\cos x\mathrm{d}x.$$

由不定积分的定义,容易推出它有如下一些性质:

性质 1　设函数 $f(x)$ 及 $g(x)$ 的原函数均存在,则 $\int[f(x)\pm g(x)]\mathrm{d}x=\int f(x)\mathrm{d}x\pm\int g(x)\mathrm{d}x$.

证明从略.

性质 2　设函数 $f(x)$ 的原函数存在,k 为非零常数,则 $\int kf(x)\mathrm{d}x=k\int f(x)\mathrm{d}x$.

证明从略.

积分运算是微分运算的逆运算,因此可以在微分学的基础上导出积分公式. 下面我们把一些基本的积分公式列出来,称为基本积分表.

微视频 4-1
基本积分表

$$\int k\mathrm{d}x=kx+C\ (k 为常数);$$

$$\int x^{\mu}\mathrm{d}x=\frac{x^{\mu+1}}{\mu+1}+C\quad(\mu\neq-1);$$

$$\int\frac{1}{x}\mathrm{d}x=\ln|x|+C\quad(x\neq0);$$

$$\int\frac{1}{1+x^2}\mathrm{d}x=\arctan x+C;$$

$$\int\frac{1}{\sqrt{1-x^2}}\mathrm{d}x=\arcsin x+C;$$

$$\int\cos x\mathrm{d}x=\sin x+C;$$

$$\int\sin x\mathrm{d}x=-\cos x+C;$$

$$\int\frac{1}{\cos^2x}\mathrm{d}x=\int\sec^2x\mathrm{d}x=\tan x+C;$$

$$\int\frac{1}{\sin^2x}\mathrm{d}x=\int\csc^2x\mathrm{d}x=-\cot x+C;$$

$$\int\sec x\tan x\mathrm{d}x=\sec x+C;$$

$$\int\csc x\cot x\mathrm{d}x=-\csc x+C;$$

$$\int e^x dx = e^x + C;$$

$$\int a^x dx = \frac{a^x}{\ln a} + C.$$

例2 求 $\int \frac{1}{x^3} dx$.

解 $$\int \frac{1}{x^3} dx = \int x^{-3} dx = \frac{x^{-3+1}}{-3+1} + C = -\frac{1}{2x^2} + C.$$

例2和例3中的被积函数都是幂函数,只是使用分式或者根式来表示. 因此,可以先换成 x^α 的形式,再应用幂函数求不定积分的公式.

例3 求 $\int x^2\sqrt{x}\, dx$.

解 $$\int x^2\sqrt{x}\, dx = \int x^{\frac{5}{2}} dx = \frac{x^{\frac{5}{2}+1}}{\frac{5}{2}+1} + C = \frac{2}{7}x^{\frac{7}{2}} + C.$$

例4 求 $\int \left(\frac{3}{1+x^2} - 2\cos x\right) dx$.

解 $$\int \left(\frac{3}{1+x^2} - 2\cos x\right) dx = 3\int \frac{1}{1+x^2} dx - 2\int \cos x dx$$
$$= 3\arctan x - 2\sin x + C.$$

例5 求 $\int \sin^2\frac{x}{2} dx$.

解 对于这样的积分,基本积分公式中没有可以直接套用的公式,所以先要利用三角函数变形,由三角函数知识得 $\sin^2\frac{x}{2} = \frac{1}{2}(1 - \cos x)$,因此

$$\int \sin^2\frac{x}{2} dx = \int \frac{1}{2}(1 - \cos x) dx = \frac{1}{2}\int dx - \frac{1}{2}\int \cos x dx$$
$$= \frac{1}{2}x - \frac{1}{2}\sin x + C.$$

例6 求 $\int \left(\frac{1}{2\sqrt{x}} - \frac{2}{\sqrt{1-x^2}} + 3e^x\right) dx$.

解 $$\int \left(\frac{1}{2\sqrt{x}} - \frac{2}{\sqrt{1-x^2}} + 3e^x\right) dx$$
$$= \frac{1}{2}\int \frac{1}{\sqrt{x}} dx - 2\int \frac{1}{\sqrt{1-x^2}} dx + 3\int e^x dx$$
$$= \sqrt{x} - 2\arcsin x + 3e^x + C.$$

习题 4-1

A 题

求下列不定积分：

(1) $\int \frac{\mathrm{d}x}{x^3}$；

(2) $\int x^3\sqrt{x}\,\mathrm{d}x$；

(3) $\int \frac{\mathrm{d}x}{x^2\sqrt{x}}$；

(4) $\int x\sqrt{x\sqrt{x}}\,\mathrm{d}x$；

(5) $\int \frac{\mathrm{d}t}{\sqrt{2t}}$；

(6) $\int \sqrt[m]{x^n}\,\mathrm{d}x$；

(7) $\int (x^2-1)^2\mathrm{d}x$；

(8) $\int (x^2+3x+2)\mathrm{d}x$；

(9) $\int (x^2+1)^2\mathrm{d}x$；

(10) $\int (\sqrt{x}+1)(\sqrt{x^3}+1)\mathrm{d}x$.

B 题

求下列不定积分：

(1) $\int \frac{1+x}{\sqrt{x}}\mathrm{d}x$；

(2) $\int \frac{3x^4+3x^2+2}{x^2+1}\mathrm{d}x$；

(3) $\int \frac{x^2+\sqrt{x^3}+3}{\sqrt{x}}\mathrm{d}x$；

(4) $\int \mathrm{e}^x\left(1+\frac{\mathrm{e}^{-x}}{\sqrt{x}}\right)\mathrm{d}x$；

(5) $\int 5^x\mathrm{e}^x\mathrm{d}x$；

(6) $\int \frac{1}{x^2(1+x^2)}\mathrm{d}x$；

(7) $\int \sec x(\sec x+\tan x)\mathrm{d}x$；

(8) $\int \cos^2\frac{x}{2}\mathrm{d}x$；

(9) $\int \frac{\cos 2x}{\sin x+\cos x}\mathrm{d}x$；

(10) $\int \frac{\cos 2x}{\sin^2 x\cos^2 x}\mathrm{d}x$.

4.2 换元积分法

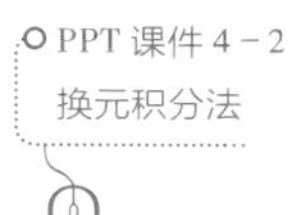

换元法，简单来说，就是通过积分变量的置换，使欲求的积分获得基本积分公式中已有的形式或者原函数为已知的其他形式.

4.2.1 第一类换元积分

定理 4.2.1 设 $u=\varphi(x)$，且 $\varphi'(x)$，$f(u)$ 均连续，则有

$$\int f[\varphi(x)]\varphi'(x)\mathrm{d}x=\int f(u)\mathrm{d}u\Big|_{u=\varphi(x)}.$$

证 设 $F(u)$ 为 $f(u)$ 的原函数，即有

$$\int f(u)\mathrm{d}u=F(u)+C.$$

因为

$$F[\varphi(x)]'=F'(u)\varphi'(x)=f[\varphi(x)]\varphi'(x),$$

所以

$$\int f[\varphi(x)]\varphi'(x)\mathrm{d}x=F[\varphi(x)]+C=F(u)+C\Big|_{u=\varphi(x)}=\int f(u)\mathrm{d}u\Big|_{u=\varphi(x)}.$$

因此，在计算积分 $\int g(x)\mathrm{d}x$ 时，若能将被积表达式 $g(x)\mathrm{d}x$ 变形为 $g(x)\mathrm{d}x=f[\varphi(x)]\varphi'(x)\mathrm{d}x$，然后令 $u=\varphi(x)$，并且积分 $\int f(u)\mathrm{d}u$ 容易求出，则由定理 4.2.1 可求出 $\int g(x)\mathrm{d}x$.

要将 $g(x)\mathrm{d}x$ 变成 $f[\varphi(x)]\mathrm{d}\varphi(x)$ 的形式，常常需要从 $g(x)$ 中分出部分因式与 $\mathrm{d}x$ 结合，凑成 $\mathrm{d}\varphi(x)$. 我们称这种换元法为第一类换元积分法，也称凑微分法. 至于 $\varphi(x)$ 如何选择，并无一定的规律，需要在熟记基本积分公式的基础上，通过大量的练习，才能做到熟能生巧，巧能生精.

例 1 求 $\int\cos 2x\mathrm{d}x$.

解 在基本积分公式表中只有 $\int\cos x\mathrm{d}x=\sin x+C$，为了求出这个积分，令 $u=2x$，则 $\mathrm{d}u=2\mathrm{d}x$，将 u 看作新的积分变量，得

$$\int\cos 2x\mathrm{d}x=\frac{1}{2}\int\cos u\mathrm{d}u=\frac{1}{2}\sin u+C.$$

再将 u 换成 $2x$，即得

$$\int\cos 2x\mathrm{d}x=\frac{1}{2}\sin 2x+C.$$

例 2 求 $\int \frac{1}{1-2x}\mathrm{d}x$.

解 令 $u=1-2x$, 则 $\mathrm{d}u=-2\mathrm{d}x$, $\mathrm{d}x=-\frac{1}{2}\mathrm{d}u$,因此

$$\int \frac{1}{1-2x}\mathrm{d}x=-\frac{1}{2}\int \frac{1}{1-2x}\mathrm{d}(1-2x)=-\frac{1}{2}\int \frac{1}{u}\mathrm{d}u$$

$$=-\frac{1}{2}\ln|u|+C=-\frac{1}{2}\ln|1-2x|+C.$$

例 3 求 $\int x\mathrm{e}^{-x^2}\mathrm{d}x$.

解 令 $u=-x^2$, 则 $\mathrm{d}u=-2x\mathrm{d}x$, 因此

$$\int x\mathrm{e}^{-x^2}\mathrm{d}x=-\frac{1}{2}\int \mathrm{e}^u\mathrm{d}u=-\frac{1}{2}\mathrm{e}^u+C$$

$$=-\frac{1}{2}\mathrm{e}^{-x^2}+C.$$

在运算熟练以后,碰到比较简单的变换 $u=\varphi(x)$, 不必再把中间变量 u 写出来.

例 4 求 $\int x^2\sqrt{4-3x^3}\,\mathrm{d}x$.

解 $$\int x^2\sqrt{4-3x^3}\,\mathrm{d}x=-\frac{1}{9}\int \sqrt{4-3x^3}\,\mathrm{d}(4-3x^3)$$

$$=-\frac{1}{9}\int (4-3x^3)^{\frac{1}{2}}\mathrm{d}(4-3x^3)$$

$$=-\frac{1}{9}\frac{(4-3x^3)^{\frac{1}{2}+1}}{\frac{1}{2}+1}+C$$

$$=-\frac{2}{27}(4-3x^3)^{\frac{3}{2}}+C.$$

例 5 求 $\int \frac{1}{\sqrt{a^2-x^2}}\mathrm{d}x \quad (a>0)$.

解 $$\int \frac{1}{\sqrt{a^2-x^2}}\mathrm{d}x=\int \frac{1}{\sqrt{1-\left(\frac{x}{a}\right)^2}}\mathrm{d}\left(\frac{x}{a}\right)=\arcsin\frac{x}{a}+C.$$

例 6 求 $\int \frac{1}{a^2+x^2}\mathrm{d}x$.

解 $$\int \frac{1}{a^2+x^2}\mathrm{d}x=\frac{1}{a^2}\int \frac{1}{1+\left(\frac{x}{a}\right)^2}\mathrm{d}x=\frac{1}{a}\int \frac{1}{1+\left(\frac{x}{a}\right)^2}\mathrm{d}\left(\frac{x}{a}\right)$$

$$= \frac{1}{a}\arctan\frac{x}{a} + C.$$

例7　求 $\int \frac{1}{a^2 - x^2}\mathrm{d}x$.

解

$$\int \frac{1}{a^2 - x^2}\mathrm{d}x = \frac{1}{2a}\int\left(\frac{1}{a+x} + \frac{1}{a-x}\right)\mathrm{d}x$$

$$= \frac{1}{2a}\int\left[\frac{1}{a+x}\mathrm{d}(a+x) - \frac{1}{a-x}\mathrm{d}(a-x)\right]$$

$$= \frac{1}{2a}[\ln|a+x| - \ln|a-x|] + C$$

$$= \frac{1}{2a}\ln\left|\frac{a+x}{a-x}\right| + C.$$

例8　求 $\int \csc x\mathrm{d}x$.

解

$$\int \csc x\mathrm{d}x = \int\frac{1}{\sin x}\mathrm{d}x = \int\frac{1}{2\sin\frac{x}{2}\cos\frac{x}{2}}\mathrm{d}x$$

$$= \int\frac{1}{\tan\frac{x}{2}\cos^2\frac{x}{2}}\mathrm{d}\left(\frac{x}{2}\right)$$

$$= \int\frac{1}{\tan\frac{x}{2}}\mathrm{d}\left(\tan\frac{x}{2}\right) = \ln\left|\tan\frac{x}{2}\right| + C.$$

注意到

$$\tan\frac{x}{2} = \frac{\sin\frac{x}{2}}{\cos\frac{x}{2}} = \frac{2\sin^2\frac{x}{2}}{\sin x} = \frac{1-\cos x}{\sin x} = \csc x - \cot x,$$

最终得

$$\int\csc x\mathrm{d}x = \ln\left|\tan\frac{x}{2}\right| + C = \ln|\csc x - \cot x| + C.$$

例9　求 $\int \sec x\mathrm{d}x$.

解

$$\int\sec x\mathrm{d}x = \int\csc\left(x + \frac{\pi}{2}\right)\mathrm{d}\left(x + \frac{\pi}{2}\right)$$

$$= \ln\left|\csc\left(x + \frac{\pi}{2}\right) - \cot\left(x + \frac{\pi}{2}\right)\right| + C$$

$$= \ln|\sec x + \tan x| + C.$$

例 10 求 $\int \cos 3x\cos 2x\mathrm{d}x$.

解 利用三角函数积化和差公式得

$$\begin{aligned}\int \cos 3x\cos 2x\mathrm{d}x &= \frac{1}{2}\int(\cos x + \cos 5x)\mathrm{d}x\\ &= \frac{1}{2}\left(\int\cos x\mathrm{d}x + \int\cos 5x\mathrm{d}x\right)\\ &= \frac{1}{2}\sin x + \frac{1}{10}\sin 5x + C.\end{aligned}$$

例 11 求 $\int \frac{1}{1+\mathrm{e}^x}\mathrm{d}x$.

解

$$\begin{aligned}\int \frac{1}{1+\mathrm{e}^x}\mathrm{d}x &= \int \frac{\mathrm{e}^{-x}}{\mathrm{e}^{-x}+1}\mathrm{d}x\\ &= -\int \frac{1}{\mathrm{e}^{-x}+1}\mathrm{d}(\mathrm{e}^{-x}+1)\\ &= -\ln(\mathrm{e}^{-x}+1) + C.\end{aligned}$$

4.2.2 第二类换元积分

上面介绍的第一类换元积分法是通过变量代换 $u=\varphi(x)$，将积分 $\int f[\varphi(x)]\varphi'(x)\mathrm{d}x$ 转化为积分 $\int f(u)\mathrm{d}u$. 在计算不定积分时,更多需要通过变量代换 $x=\varphi(t)$，将 $\int f(x)\mathrm{d}x$ 转化为 $\int f[\varphi(t)]\varphi'(t)\mathrm{d}t$ 来计算,这就是所谓的第二类换元积分法.

定理 4.2.2 设 $f(x)$ 连续，$x=\varphi(t)$ 有连续的导数 $\varphi'(t)$，且 $\varphi'(t)\neq 0$，则有

$$\int f(x)\mathrm{d}x = \int f[\varphi(t)]\varphi'(t)\mathrm{d}t\Big|_{t=\varphi^{-1}(x)},$$

其中 $t=\varphi^{-1}(x)$ 是 $x=\varphi(t)$ 的反函数.

证 设 $f[\varphi(t)]\varphi'(t)$ 的原函数为 $\phi(t)$，记 $\phi[\varphi^{-1}(x)]=F(x)$，利用复合函数及反函数的求导法则,得到

$$F'(x) = \frac{\mathrm{d}\phi}{\mathrm{d}t}\cdot\frac{\mathrm{d}t}{\mathrm{d}x} = f[\varphi(t)]\varphi'(t)\cdot\frac{1}{\varphi'(t)} = f[\varphi(t)] = f(x),$$

即 $F(x)$ 是 $f(x)$ 的原函数. 所以有

$$\int f(x)\mathrm{d}x = F(x) + C = \phi[\varphi^{-1}(x)] + C = \int f[\varphi(t)]\varphi'(t)\mathrm{d}t\Big|_{t=\varphi^{-1}(x)}.$$

例 12 求 $\int \sqrt{a^2 - x^2}\mathrm{d}x \quad (a > 0)$.

解 令 $x = a\sin t$, $-\frac{\pi}{2} < t < \frac{\pi}{2}$, 则 $\mathrm{d}x = a\cos t\mathrm{d}t$, 因此

$$\begin{aligned}\int \sqrt{a^2 - x^2}\mathrm{d}x &= \int a\cos t \cdot a\cos t\mathrm{d}t = a^2\int \cos^2 t\mathrm{d}t \\ &= a^2\int \frac{1 + \cos 2t}{2}\mathrm{d}t = \frac{a^2}{2}\left(\int \mathrm{d}t + \frac{1}{2}\int \cos 2t\mathrm{d}2t\right) \\ &= \frac{a^2}{2}\left(t + \frac{1}{2}\sin 2t\right) + C = \frac{a^2}{2}\left(\arcsin\frac{x}{a} + \frac{x\sqrt{a^2 - x^2}}{a^2}\right) + C.\end{aligned}$$

例 13 求 $\int \frac{1}{\sqrt{a^2 + x^2}}\mathrm{d}x \quad (a > 0)$.

解 令 $x = a\tan t$, $-\frac{\pi}{2} < t < \frac{\pi}{2}$,则 $\mathrm{d}x = a\sec^2 t\mathrm{d}t$, 因此

$$\begin{aligned}\int \frac{1}{\sqrt{a^2 + x^2}}\mathrm{d}x &= \int \frac{1}{\sqrt{a^2 + a^2\tan^2 t}}a\sec^2 t\mathrm{d}t \\ &= \int \frac{a\sec^2 t}{a\sec t}\mathrm{d}t = \int \sec t\mathrm{d}t \\ &= \ln|\sec t + \tan t| + C'.\end{aligned}$$

从 $\tan t = \frac{x}{a}$ 知

$$\sec t = \sqrt{1 + \tan^2 t} = \frac{\sqrt{a^2 + x^2}}{a}.$$

故最终得

$$\int \frac{1}{\sqrt{a^2 + x^2}}\mathrm{d}x = \ln\left|\frac{\sqrt{a^2 + x^2}}{a} + \frac{x}{a}\right| + C' = \ln\left|x + \sqrt{a^2 + x^2}\right| + C.$$

例 14 $\int \frac{1}{\sqrt{x^2 - a^2}}\mathrm{d}x \quad (a > 0)$.

解 当 $x > a$ 时,令 $x = a\sec t\left(0 < t < \frac{\pi}{2}\right)$, 则 $\mathrm{d}x = a\sec t\tan t\mathrm{d}t$,

因此

$$\int \frac{1}{\sqrt{x^2-a^2}}\mathrm{d}x = \int \frac{a\sec t\tan t}{a\tan t}\mathrm{d}t$$

$$= \int \sec t\mathrm{d}t = \ln|\sec t + \tan t| + C'.$$

由于

$$\sec t = \frac{x}{a},$$

因此

$$\tan t = \sqrt{\sec^2 t - 1} = \sqrt{\left(\frac{x}{a}\right)^2 - 1} = \frac{\sqrt{x^2-a^2}}{a},$$

故最终得

$$\int \frac{1}{\sqrt{x^2-a^2}}\mathrm{d}x = \ln\left|\frac{x}{a} + \frac{\sqrt{x^2-a^2}}{a}\right| + C' = \ln\left|x + \sqrt{x^2-a^2}\right| + C.$$

当 $x < -a$ 时,令 $x = a\sec t\left(\frac{\pi}{2} < t < \pi\right)$,可得相同的表达式.

总结　当被积函数含有根式 $\sqrt{a^2-x^2}$, $\sqrt{a^2+x^2}$ 与 $\sqrt{x^2-a^2}$ 时,可利用三角恒等式换元,以消除根号,从而使被积表达式简化. 当被积函数含有 $\sqrt{a^2-x^2}$ 时,可令 $x=a\sin t$; 含有 $\sqrt{x^2+a^2}$ 时,可令 $x=a\tan t$;含有 $\sqrt{x^2-a^2}$ 时,可令 $x=a\sec t$.

例 15　求 $\int \frac{1}{x\sqrt{1+x^2}}\mathrm{d}x$.

解法 1　令 $x = \tan t, t \in \left(-\frac{\pi}{2}, 0\right) \cup \left(0, \frac{\pi}{2}\right)$,则 $\mathrm{d}x = \sec^2 t\mathrm{d}t$,有

$$\int \frac{1}{x\sqrt{1+x^2}}\mathrm{d}x = \int \frac{1}{\tan t\sec t}\sec^2 t\mathrm{d}t$$

$$= \int \csc t\mathrm{d}t = \ln|\csc t - \cot t| + C.$$

从 $\tan t = x$ 可得

$$\cot t = \frac{1}{x}, \quad \csc t = \frac{\sqrt{1+x^2}}{x},$$

故有

$$\int \frac{1}{x\sqrt{1+x^2}}\mathrm{d}x = \ln\left|\frac{\sqrt{1+x^2}-1}{x}\right| + C.$$

解法 2　作变换 $u = \sqrt{1+x^2}$,则 $x^2 = u^2 - 1$, $x\mathrm{d}x = u\mathrm{d}u$,因此

$$\int \frac{1}{x\sqrt{1+x^2}}\mathrm{d}x = \int \frac{x\mathrm{d}x}{x^2\sqrt{1+x^2}} = \int \frac{\mathrm{d}u}{u^2-1} = \frac{1}{2}\int \left(\frac{1}{u-1} - \frac{1}{u+1}\right)\mathrm{d}u$$

$$= \frac{1}{2}\ln\left|\frac{u-1}{u+1}\right| + C = \frac{1}{2}\ln\left|\frac{\sqrt{1+x^2}-1}{\sqrt{1+x^2}+1}\right| + C$$

$$=\frac{1}{2}\ln\left|\frac{(\sqrt{1+x^2}-1)^2}{x^2}\right|+C=\ln\left|\frac{\sqrt{1+x^2}-1}{x}\right|+C.$$

例 16　求 $\int\frac{1}{\sqrt{x}(1+\sqrt[3]{x})}\mathrm{d}x$.

解　被积函数中含有根式 $\sqrt{x}$ 和 $\sqrt[3]{x}$，为了同时消除这些根式，以根指数的最小公倍数 6 为根指数，令 $t=\sqrt[6]{x}$，则 $x=t^6$，$\mathrm{d}x=6t^5\mathrm{d}t$，有

$$\int\frac{1}{\sqrt{x}(1+\sqrt[3]{x})}\mathrm{d}x=6\int\frac{t^2}{1+t^2}\mathrm{d}t=6\int\left(1-\frac{1}{1+t^2}\right)\mathrm{d}t$$

$$=6\int\mathrm{d}t-6\int\frac{1}{1+t^2}\mathrm{d}t=6t-6\arctan t+C$$

$$=6\sqrt[6]{x}-6\arctan\sqrt[6]{x}+C.$$

习题 4-2

A 题

求下面不定积分：

(1) $\int(3-2x)^3\mathrm{d}x$；　(2) $\int\frac{\mathrm{d}x}{1-2x}$；

(3) $\int(\sin ax-\mathrm{e}^{\frac{x}{b}})\mathrm{d}x$；　(4) $\int\frac{\sin\sqrt{x}}{\sqrt{x}}\mathrm{d}x$；

(5) $\int x^2\mathrm{e}^{-x^3}\mathrm{d}x$；　(6) $\int x\cos x^2\mathrm{d}x$；

(7) $\int\frac{x+1}{x^2+2x+5}\mathrm{d}x$；　(8) $\int\frac{3x^4}{1-x^4}\mathrm{d}x$；

(9) $\int\sqrt{x^2+a^2}\mathrm{d}x(a>0)$；　(10) $\int(a^2-x^2)^{\frac{3}{2}}\mathrm{d}x(a>0)$.

B 题

1. 求下面不定积分：

(1) $\int\frac{1+\ln x}{(x\ln x)^2}\mathrm{d}x$；　(2) $\int\frac{\mathrm{d}x}{\sin x\cos x}$；

(3) $\int\frac{\ln\tan x}{\cos x\sin x}\mathrm{d}x$；　(4) $\int\cos^3x\mathrm{d}x$；

(5) $\int \tan^3 x\sec x\mathrm{d}x$;　　(6) $\int \sin 5x\sin 7x\mathrm{d}x$;

(7) $\int \frac{1-x}{\sqrt{9-4x^2}}\mathrm{d}x$;　　(8) $\int \frac{x^3}{9+x^2}\mathrm{d}x$;

(9) $\int \frac{\mathrm{d}x}{x\sqrt{x^2-1}}$;　　(10) $\int \frac{\mathrm{d}x}{x\sqrt{1-x^2}}$.

2. (考研真题,2004 年数学一)已知 $f'(\mathrm{e}^x)=x\mathrm{e}^{-x}$, 且 $f(1)=0$, 求 $f(x)$.

3. (考研真题,2000 年数学二)设 $f(\ln x)=\frac{\ln(1+x)}{x}$, 计算 $\int f(x)\mathrm{d}x$.

4.3 分部积分法

PPT 课件 4-3 分部积分法

微视频 4-2 分部积分法

与微分法中乘积的求导法则对应,积分法中另一种重要方法是分部积分法. 当 $u(x)$ 和 $v(x)$ 是 x 的可导函数时,有求导公式:

$$(uv)'=u'v+uv',$$

即

$$uv'=(uv)'-vu'.$$

对这个等式左右两边同时求不定积分,得

$$\int uv'\mathrm{d}x=uv-\int u'v\mathrm{d}x,$$

或者写作

$$\int u\mathrm{d}v=uv-\int v\mathrm{d}u.$$

利用上式求积分的方法,称为分部积分法.

例 1　求 $\int x\mathrm{e}^x\mathrm{d}x$.

解　令 $u=x,\mathrm{d}v=\mathrm{e}^x\mathrm{d}x$, 则 $\mathrm{d}u=\mathrm{d}x,v=\mathrm{e}^x$, 由分部积分法得

$$\int x\mathrm{e}^x\mathrm{d}x=x\mathrm{e}^x-\int \mathrm{e}^x\mathrm{d}x=x\mathrm{e}^x-\mathrm{e}^x+C.$$

例 2　求 $\int x\cos x\mathrm{d}x$.

解　令 $u=x,\mathrm{d}v=\cos x\mathrm{d}x$, 则 $\mathrm{d}u=\mathrm{d}x,v=\sin x$, 由分部积分法得

$$\int x\cos x\mathrm{d}x=x\sin x-\int \sin x\mathrm{d}x=x\sin x+\cos x+C.$$

运算熟练以后，可以不必写出中间变量 u,v.

例3　求 $\int x^3\ln x\mathrm{d}x$.

解　$$\int x^3\ln x\mathrm{d}x=\frac{1}{4}\int\ln x\mathrm{d}(x^4)=\frac{1}{4}x^4\ln x-\frac{1}{4}\int x^4\frac{1}{x}\mathrm{d}x$$
$$=\frac{1}{4}x^4\ln x-\frac{1}{16}x^4+C=\frac{x^4}{16}(4\ln x-1)+C.$$

例4　求 $\int x\arctan x\mathrm{d}x$.

解　$$\int x\arctan x\mathrm{d}x=\frac{1}{2}\int\arctan x\mathrm{d}(x^2)$$
$$=\frac{1}{2}x^2\arctan x-\frac{1}{2}\int\frac{x^2}{1+x^2}\mathrm{d}x$$
$$=\frac{1}{2}x^2\arctan x-\frac{1}{2}\int\frac{1+x^2-1}{1+x^2}\mathrm{d}x$$
$$=\frac{1}{2}x^2\arctan x-\frac{1}{2}\int\mathrm{d}x+\frac{1}{2}\int\frac{1}{1+x^2}\mathrm{d}x$$
$$=\frac{1}{2}(x^2\arctan x-x+\arctan x)+C$$
$$=\frac{1}{2}(x^2+1)\arctan x-\frac{1}{2}x+C.$$

例5　求 $\int x^2\cos x\mathrm{d}x$.

解　$$\int x^2\cos x\mathrm{d}x=\int x^2\mathrm{d}(\sin x)=x^2\sin x-2\int x\sin x\mathrm{d}x$$
$$=x^2\sin x+2\int x\mathrm{d}(\cos x)$$
$$=x^2\sin x+2\left(x\cos x-\int\cos x\mathrm{d}x\right)$$
$$=x^2\sin x+2x\cos x-2\sin x+C.$$

有时，在应用分部积分公式后，又回到了原来的积分，此时也可以求出结果.

例6　求 $\int\sec^3 x\mathrm{d}x$.

解　$$\int\sec^3 x\mathrm{d}x=\int\sec x\mathrm{d}(\tan x)=\sec x\tan x-\int\tan^2 x\sec x\mathrm{d}x$$
$$=\sec x\tan x-\int(\sec^2 x-1)\sec x\mathrm{d}x$$

从这几个例子可以看出，在选择 u 和 $\mathrm{d}v$ 时，必须考虑到使分部后的积分 $\int v\mathrm{d}u$ 比原积分 $\int u\mathrm{d}v$ 更简单才行．如果分部不当，则会背道而驰，越算越复杂，最后得不出结果，或者虽然也可以得出结果，但是步骤非常复杂.

这几个例子表明：

（1）当被积函数为指数函数（或三角函数）与 x^n（n 为正整数）的乘积时，宜将 x^n 作为 u，其余部分结合 $\mathrm{d}x$ 作为 $\mathrm{d}v$. 例如，对 $\int x^m\mathrm{e}^{ax}\mathrm{d}x$，$\int x^m\sin ax\mathrm{d}x$，$\int x^m\cos ax\mathrm{d}x$（$m$ 为正整数，a 为常数），均可令 $u=x^m$，其余部分为 $\mathrm{d}v$.

（2）当被积函数为对数函数（或反三角函数）与 x^n（n 为正整数）的乘积时，宜将 x^n 与 $\mathrm{d}x$ 结合作为 $\mathrm{d}v$，其余部分作为 u. 例如，对 $\int x^n\ln x\mathrm{d}x$，$\int x^n\arcsin x\mathrm{d}x$，$\int x^n\arccos x\mathrm{d}x$ 与 $\int x^n\arctan x\mathrm{d}x$，均可令 $x^n\mathrm{d}x=\mathrm{d}v$，其余部分为 u.

有时，需要反复使用分部积分才能得到结果.

$$= \sec x\tan x - \int \sec^3 x\mathrm{d}x + \int \sec x\mathrm{d}x.$$

将等式变形，得到

$$2\int \sec^3 x\mathrm{d}x = \sec x\tan x + \int \sec x\mathrm{d}x = \sec x\tan x + \ln|\sec x + \tan x| + C',$$

从而

$$\int \sec^3 x\mathrm{d}x = \frac{1}{2}\sec x\tan x + \frac{1}{2}\ln|\sec x + \tan x| + C.$$

习题 4-3

A 题

求下列不定积分：

(1) $\int x\sin x\mathrm{d}x$；　(2) $\int \ln x\mathrm{d}x$；

(3) $\int \arcsin x\mathrm{d}x$；　(4) $\int \frac{\ln(\ln x)}{x}\mathrm{d}x$；

(5) $\int \ln^2 x\mathrm{d}x$；　(6) $\int x^2\mathrm{e}^{-x}\mathrm{d}x$；

(7) $\int \sin\sqrt{x}\mathrm{d}x$；　(8) $\int \frac{x\mathrm{e}^x}{\sqrt{\mathrm{e}^x - 1}}\mathrm{d}x$；

(9) $\int x^2\sin x\mathrm{d}x$；　(10) $\int x\tan^2 x\mathrm{d}x$.

B 题

1. 求下列不定积分：

(1) $\int \arctan x(1 + x^2)\mathrm{d}x$；　(2) $\int \mathrm{e}^x\sin^2 x\mathrm{d}x$；

(3) $\int \cos^4 x\mathrm{d}x$；　(4) $\int \cos\ln x\mathrm{d}x$；

(5) $\int (x^2 - 1)\sin x\mathrm{d}x$；　(6) $\int x\ln^2 x\mathrm{d}x$；

(7) $\int \mathrm{e}^{\sqrt{3x+9}}\mathrm{d}x$；　(8) $\int x\mathrm{e}^x\sin x\mathrm{d}x$.

2. （考研真题，2011 年数学一）计算不定积分 $\int \frac{\arctan \mathrm{e}^x}{\mathrm{e}^{2x}}\mathrm{d}x$.

3. （考研真题，2003 年数学一）计算不定积分 $\int \frac{x\mathrm{e}^{\arctan x}}{(1 + x^2)^{\frac{3}{2}}}\mathrm{d}x$.

4.4 有理函数和可以化为有理函数的积分

微视频 4-3
有理函数的积分

PPT 课件 4-4
有理函数和可以化为有理函数的积分

前面已经介绍了不定积分计算的两种基本方法——换元积分法和分部积分法．下面简单介绍有理函数和可以化为有理函数的积分．

4.4.1 有理函数的积分

有理函数指两个多项式之商：

$$R(x)=\frac{f(x)}{g(x)}=\frac{b_mx^m+b_{m-1}x^{m-1}+\cdots+b_1x+b_0}{a_nx^n+a_{n-1}x^{n-1}+\cdots+a_1x+a_0}\quad(a_n\neq 0,b_m\neq 0).$$

当 $m<n$ 时，称为有理真分式；当 $m\geqslant n$ 时，称为有理假分式．任何一个有理函数都可以分解为一个多项式与有理真分式之和．由于多项式的积分是没有困难的，所以有理函数的积分主要是解决真分式的积分问题．

任何有理真分式都可以分解为下面四种类型的简单分式之和：

$$\frac{A}{x-a},\quad \frac{A}{(x-a)^k},\quad \frac{Px+Q}{x^2+px+q},\quad \frac{Px+Q}{(x^2+px+q)^k},$$

其中 A,P,Q,a,p,q 都是实常数，且 $p^2-4q<0$，k 为大于 1 的正整数．因此，有理真分式的积分问题，可以归纳为下面四种简单分式的积分：

(1) $\int\frac{A}{x-a}\mathrm{d}x$；

(2) $\int\frac{A}{(x-a)^k}\mathrm{d}x\,(k>1)$；

(3) $\int\frac{Px+Q}{x^2+px+q}\mathrm{d}x$；

(4) $\int\frac{Px+Q}{(x^2+px+q)^k}\mathrm{d}x\,(k>1)$．

现在我们来分析这四种类型的积分，前两种是立即可以积分的：

(1) $\int\frac{A}{x-a}\mathrm{d}x=A\ln|x-a|+C$；

(2) $\int\frac{A}{(x-a)^k}\mathrm{d}x=A\int(x-a)^{-k}\mathrm{d}(x-a)=\frac{-A}{(k-1)(x-a)^{k-1}}+C.$

后两种积分较为复杂，我们从具体例子出发进行分析.

例 1 求 $\int \frac{4}{x^2+2x+3}\mathrm{d}x$.

解 被积函数的分母是二次三项式，$p^2-4q=4-12<0$，因此不能分解为两个一次因式的乘积. 此时将分母配方可得

$$\int \frac{4}{x^2+2x+3}\mathrm{d}x = 4\int \frac{1}{(x+1)^2+(\sqrt{2})^2}\mathrm{d}(x+1)$$

$$=\frac{4}{\sqrt{2}}\arctan\frac{x+1}{\sqrt{2}}+C.$$

例 2 求 $\int \frac{5x+4}{x^2+2x+3}\mathrm{d}x$.

解 由于分母是二次三项式，分子是一次式，可以将分子改写成其中有一部分刚好是分母的导数：

$$5x+4=\frac{5}{2}\left[(2x+2)-\frac{2}{5}\right],$$

从而得到

$$\int \frac{5x+4}{x^2+2x+3}\mathrm{d}x = \frac{5}{2}\int \frac{(2x+2)-\frac{2}{5}}{x^2+2x+3}\mathrm{d}x$$

$$=\frac{5}{2}\int \frac{\mathrm{d}(x^2+2x+3)}{x^2+2x+3}-\int \frac{1}{x^2+2x+3}\mathrm{d}x$$

$$=\frac{5}{2}\ln|x^2+2x+3|-\frac{1}{\sqrt{2}}\arctan\frac{x+1}{\sqrt{2}}+C.$$

将例 2 的方法一般化即可求积分(3). 首先，

$$\int \frac{Px+Q}{x^2+px+q}\mathrm{d}x = \int \frac{P\left(x+\frac{p}{2}\right)+\left(Q-\frac{Pp}{2}\right)}{\left(x+\frac{p}{2}\right)^2+\frac{4q-p^2}{4}}\mathrm{d}x.$$

其次，令 $x+\frac{p}{2}=t$，因 $4q-p^2>0$，可设 $\frac{4q-p^2}{4}=\zeta^2$，则

$$\int \frac{Px+Q}{x^2+px+q}\mathrm{d}x = \int \frac{Pt+\left(Q-\frac{Pp}{2}\right)}{t^2+\zeta^2}\mathrm{d}t$$

$$=\frac{P}{2}\int \frac{\mathrm{d}(t^2+\zeta^2)}{t^2+\zeta^2}+\left(Q-\frac{Pp}{2}\right)\int \frac{1}{t^2+\zeta^2}\mathrm{d}t$$

$$=\frac{P}{2}\ln(t^2+\zeta^2)+\frac{2Q-Pp}{2\zeta}\arctan\frac{t}{\zeta}+C,$$

从而得到

$$\int\frac{Px+Q}{x^2+px+q}\mathrm{d}x=\frac{P}{2}\ln(x^2+px+q)+\frac{2Q-Pp}{\sqrt{4q-p^2}}\arctan\frac{2x+p}{\sqrt{4q-p^2}}+C.$$

第4种积分可用分部积分法得到递推公式来计算,较为复杂,本书中不作具体介绍.

4.4.2 可以化为有理函数的积分

三角函数的有理式指三角函数和常数通过有限次的有理运算组成的函数. 因为三角函数都可以由正弦和余弦表示,因此可以把三角函数有理式记作 $R(\sin x,\cos x)$. $\sin x$ 与 $\cos x$ 都可以用 $\tan\frac{x}{2}$ 表示(万能公式):

$$\sin x=\frac{2\tan\frac{x}{2}}{1+\tan^2\frac{x}{2}},$$

$$\cos x=\frac{1-\tan^2\frac{x}{2}}{1+\tan^2\frac{x}{2}},$$

$$\tan x=\frac{2\tan\frac{x}{2}}{1-\tan^2\frac{x}{2}}.$$

令 $t=\tan\frac{x}{2}$, 则 $x=2\arctan t,\mathrm{d}x=\frac{2}{1+t^2}\mathrm{d}t$, 从而

$$\int R(\sin x,\cos x)\mathrm{d}x=\int R\left(\frac{2t}{1+t^2},\frac{1-t^2}{1+t^2}\right)\frac{2}{1+t^2}\mathrm{d}t.$$

这样,三角函数有理式的积分就转换为有理函数的积分,这种方法称为半角变换.

例3 求 $\int\frac{1}{5-4\cos x}\mathrm{d}x$.

解 令 $t=\tan\frac{x}{2}$, 则 $x=2\arctan t,\mathrm{d}x=\frac{2}{1+t^2}\mathrm{d}t$, 从而

$$\int \frac{1}{5-4\cos x}\mathrm{d}x=\int \frac{1}{5-4\dfrac{1-t^2}{1+t^2}}\cdot \frac{2}{1+t^2}\mathrm{d}t=\frac{1}{3}\int \frac{2}{1+(3t)^2}\mathrm{d}(3t)$$

$$=\frac{2}{3}\arctan 3t+C=\frac{2}{3}\arctan\left(3\tan\frac{x}{2}\right)+C.$$

半角变换一般计算量较大．对于某些三角函数有理式的积分，也可以先考虑一些简便的方法．

例 4 求 $\int \frac{\sin x}{\sin x+\cos x}\mathrm{d}x$.

解 令

$$I_1=\int \frac{\sin x}{\sin x+\cos x}\mathrm{d}x,\quad I_2=\int \frac{\cos x}{\sin x+\cos x}\mathrm{d}x,$$

则

$$I_1+I_2=\int \mathrm{d}x=x+C_1,$$

$$I_1-I_2=\int \frac{\sin x-\cos x}{\sin x+\cos x}\mathrm{d}x$$

$$=-\int \frac{1}{\sin x+\cos x}\mathrm{d}(\sin x+\cos x)$$

$$=-\ln|\sin x+\cos x|+C_2,$$

故得

$$I_1=\int \frac{\sin x}{\sin x+\cos x}\mathrm{d}x=\frac{1}{2}[x-\ln|\sin x+\cos x|]+C,$$

$$I_2=\int \frac{\cos x}{\sin x+\cos x}\mathrm{d}x=\frac{1}{2}[x+\ln|\sin x+\cos x|]+C.$$

对于简单的无理函数的积分，可以通过变换将它们转换为有理式，再进行积分．

例 5 求 $\int \frac{\sqrt{x+1}}{x+2}\mathrm{d}x$.

解 令 $t=\sqrt{x+1}$，则 $x=t^2-1$，$\mathrm{d}x=2t\mathrm{d}t$，故得

$$\int \frac{\sqrt{x+1}}{x+2}\mathrm{d}x=\int \frac{t}{t^2+1}\cdot 2t\mathrm{d}t=2\int\left(1-\frac{1}{1+t^2}\right)\mathrm{d}t$$

$$=2(t-\arctan t)+C=2(\sqrt{x+1}-\arctan\sqrt{x+1})+C.$$

例 6 求 $\int \frac{1}{1+\sqrt[3]{x+2}}\mathrm{d}x$.

解 令 $t=\sqrt[3]{x+2}$，则 $x=t^3-2$，$\mathrm{d}x=3t^2\mathrm{d}t$，故得

$$\int \frac{1}{1+\sqrt[3]{x+2}}\mathrm{d}x=\int \frac{3t^2}{1+t}\mathrm{d}t$$

$$= 3\int\left(t - 1 + \frac{1}{1+t}\right)\mathrm{d}t$$

$$= 3\left(\frac{t^2}{2} - t + \ln|1+t|\right) + C$$

$$= \frac{3}{2}\sqrt[3]{(x+2)^2} - 3\sqrt[3]{x+2} + 3\ln\left|1+\sqrt[3]{x+2}\right| + C.$$

习题 4-4

A 题

求下列不定积分：

(1) $\int\frac{x^3}{x+2}\mathrm{d}x$;　　(2) $\int\frac{2x+3}{x^2+3x-10}\mathrm{d}x$;

(3) $\int\frac{x+1}{x^2-2x+5}\mathrm{d}x$;　　(4) $\int\frac{1}{x(x^2+1)}\mathrm{d}x$;

(5) $\int\frac{x}{x^3-1}\mathrm{d}x$;　　(6) $\int\frac{x^4+1}{(1+x^2)^2}\mathrm{d}x$;

(7) $\int\frac{1}{x^4-1}\mathrm{d}x$;　　(8) $\int\frac{x-5}{x^2-4x+5}\mathrm{d}x$;

(9) $\int\frac{\mathrm{d}x}{(x^2+1)(x^2+x+1)}$;　　(10) $\int\frac{x^5+x^4-8}{x^3-x}\mathrm{d}x$.

B 题

求下列不定积分：

(1) $\int\frac{1-\cos x}{1+\cos x}\mathrm{d}x$;　　(2) $\int\frac{1}{\sin^4 x\cos^4 x}\mathrm{d}x$;

(3) $\int\frac{1}{3+\cos x}\mathrm{d}x$;　　(4) $\int\sqrt{\frac{x}{1-x\sqrt{x}}}\mathrm{d}x$;

(5) $\int\frac{1}{\sqrt{x(1+x)}}\mathrm{d}x$;　　(6) $\int\frac{\sqrt{x+1}-\sqrt{x-1}}{\sqrt{x+1}+\sqrt{x-1}}\mathrm{d}x$;

(7) $\int\frac{x}{\sqrt{1+x-x^2}}\mathrm{d}x$;　　(8) $\int\frac{\sin x\cos x}{\sin x+\cos x}\mathrm{d}x$.

本章学习要点

1. 理解原函数和不定积分的概念.
2. 掌握不定积分的基本公式和不定积分的性质.
3. 掌握换元积分法与分部积分法,并能熟练应用于不定积分的计算.
4. 会求有理函数、三角函数有理式及简单无理函数的不定积分.

网上更多……　第 4 章自测 A 题
第 4 章自测 B 题
第 4 章综合练习 A 题
第 4 章综合练习 B 题

第 5 章　定积分

积分学的另一个概念是定积分,它是函数在某一区间上特定和式的极限．定积分概念在数学上首先是在求平面区域的面积问题中提出来的,它的计算与不定积分密切相关．本章,我们将介绍定积分的定义、基本性质以及它的若干重要应用．

5.1　定积分的概念和性质

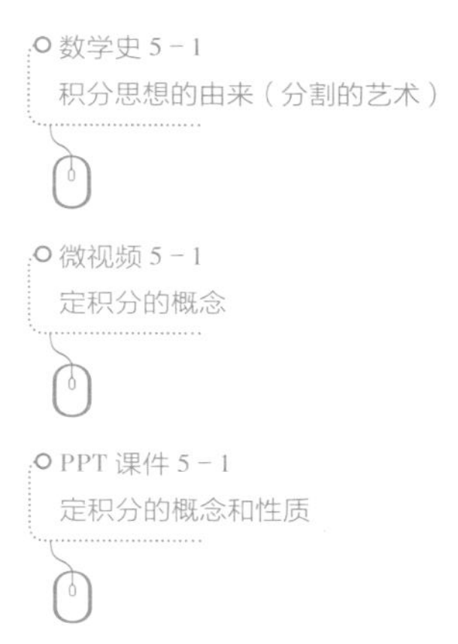

数学史 5-1
积分思想的由来（分割的艺术）
微视频 5-1
定积分的概念
PPT 课件 5-1
定积分的概念和性质

5.1.1　定积分的概念

例 1　曲边三角形的面积问题:求由 $y=x^2$, $y=0$ 与 $x=1$ 围成的平面图形的面积(图 5-1).

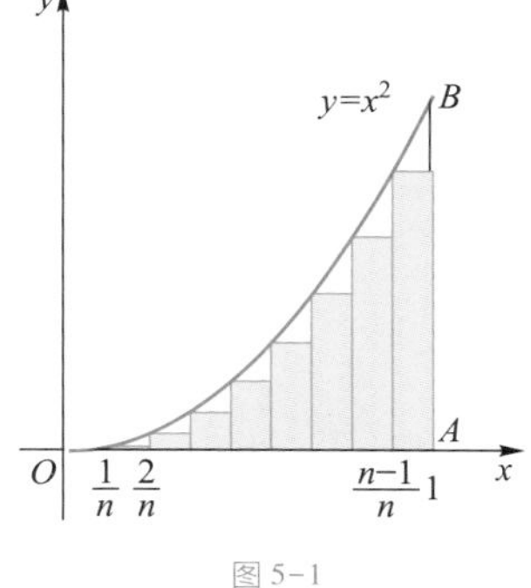

图 5-1

解　没有现成的计算公式,我们可以采取如下过程进行计算,即

(1) 在$[0,1]$内插入 $n-1$ 个分点 $x_1, x_2, \cdots, x_{n-1}$,把区间$[0,1]$分为 n 等份,每个区间长 $\Delta x=\dfrac{1}{n}$, $x_i=\dfrac{i}{n}(i=1,2,3,\cdots,n-1)$(假设 $x_0=0$, $x_n=1$).

(2) 直线 $x=\dfrac{i}{n}(i=1,2,3,\cdots,n-1)$ 把曲边三角形分成 n 个小曲边梯形,可以把它们近似地看作长方形．如果取每个曲边梯形的左端点为矩形的高,则它们的面积依次是

$$0,\quad \frac{1}{n^3},\quad \frac{2^2}{n^3},\quad \frac{3^2}{n^3},\quad \frac{4^2}{n^3},\quad \cdots,\quad \frac{(n-1)^2}{n^3}.$$

(3) 将上式中所计算的面积相加,得到

$$0+\frac{1}{n^3}+\frac{2^2}{n^3}+\frac{3^2}{n^3}+\cdots+\frac{(n-1)^2}{n^3}=\frac{(n-1)n(2n-1)}{6}\cdot\frac{1}{n^3}$$

$$= \frac{(n-1)(2n-1)}{6n^2},$$

它可看成曲边三角形面积的近似值.

(4) 如果将区间分得无限细小,也就是当 $n \to \infty$时,面积的近似值趋近于 $\frac{1}{3}$. 可以认定这个曲边三角形的面积就是 $\frac{1}{3}$.

上述方法可以归纳为 分割—近似—求和—取极限.

上述求面积的方法可以推广到一般的曲边梯形,即由连续曲线 $y = f(x)(f(x) \geqslant 0)$ 与 $y=0, x=a, x=b$ 围成的平面图形(图5-2).

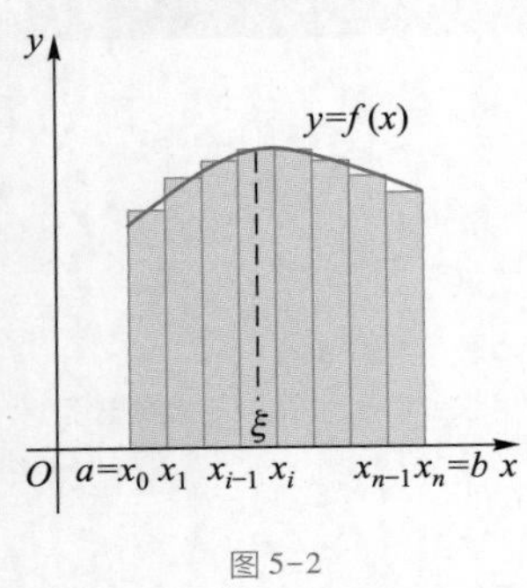

图5-2

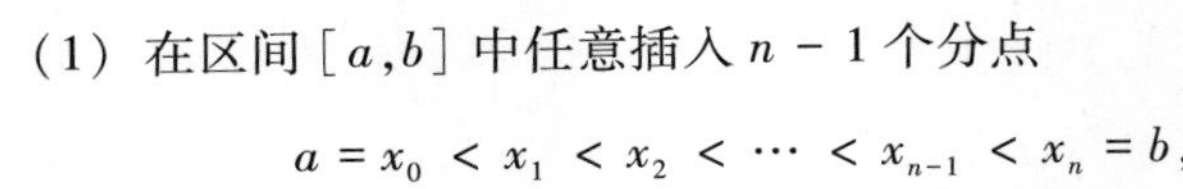

(1) 在区间 $[a,b]$ 中任意插入 $n-1$ 个分点

$$a = x_0 < x_1 < x_2 < \cdots < x_{n-1} < x_n = b,$$

将 $[a,b]$ 分成 n 个小区间

$$[x_0, x_1], \quad [x_1, x_2], \quad \cdots, \quad [x_{n-1}, x_n],$$

每个区间的长度依次是

$$\Delta x_1 = x_1 - x_0, \quad \Delta x_2 = x_2 - x_1, \quad \cdots, \quad \Delta x_n = x_n - x_{n-1}.$$

(2) 在每个小区间 $[x_{i-1}, x_i]$ 上任取一点 ξ_i, 以 $[x_{i-1}, x_i]$ 为底, $f(\xi_i)$ 为高的窄矩形近似替代第 i 个窄曲边梯形 $(i=1,2,\cdots,n)$, 作乘积

$$\Delta A_i = f(\xi_i)\Delta x_i.$$

(3) 将得到的 n 个窄矩形面积之和作为所求曲边梯形面积 A 的近似值,即

$$A \approx f(\xi_1)\Delta x_1 + f(\xi_2)\Delta x_2 + \cdots + f(\xi_n)\Delta x_n.$$

(4) 取极限,令 $\lambda = \max\{\Delta x_1, \Delta x_2, \cdots, \Delta x_n\}$, 则

$$A = \lim_{\lambda \to 0} \sum_{i=1}^{n} f(\xi_i)\Delta x_i.$$

例2 一质点作变速直线运动,其速度函数是 $v = v(t)$, 求该质点在时间区间 $[a,b]$ 内所完成的路程 s.

解 做法与上类似.

(1) 在时间区间 $[a,b]$ 中任意插入 $n-1$ 个时刻

$$a = t_0 < t_1 < t_2 < \cdots < t_{n-1} < t_n = b,$$

将 $[a,b]$ 分成 n 个小时间段

$$[t_0, t_1], \quad [t_1, t_2], \quad \cdots, \quad [t_{n-1}, t_n],$$

每个时间段的长度依次是

$$\Delta t_1 = t_1 - t_0,\quad \Delta t_2 = t_2 - t_1,\quad \cdots,\quad \Delta t_n = t_n - t_{n-1}.$$

（2）质点在每个小时间段 $[t_{i-1},t_i]$ 上可近似看成匀速的，其速度设为 $v(\xi_i)$，其中 $\xi_i \in [t_{i-1},t_i]$，因此质点在时间段 $[t_{i-1},t_i]$ 的路程近似为

$$\Delta s_i = v(\xi_i)\Delta t_i.$$

（3）将得到的 n 个时间段上路程之和作为所求路程 s 的近似值，即

$$s \approx v(\xi_1)\Delta t_1 + v(\xi_2)\Delta t_2 + \cdots + v(\xi_n)\Delta t_n.$$

（4）取极限，令 $\lambda = \max\{\Delta t_1,\Delta t_2,\cdots,\Delta t_n\}$，则

$$s = \lim_{\lambda\to 0}\sum_{i=1}^{n} v(\xi_i)\Delta t_i.$$

从上面两个例子我们看到，对曲边梯形面积的计算及变速直线运动路程的计算均归结为计算一类特殊的极限，类似现象在其他问题中也经常出现．因此有必要引进以下定积分的定义.

定义 5.1.1　设函数 $f(x)$ 在 $[a,b]$ 上有界，在 $[a,b]$ 中任意插入若干个分点

$$a = x_0 < x_1 < x_2 < \cdots < x_{n-1} < x_n = b,$$

把区间 $[a,b]$ 分成 n 个小区间

$$\Delta x_1 = x_1 - x_0,\quad \Delta x_2 = x_2 - x_1,\quad \cdots,\quad \Delta x_n = x_n - x_{n-1},$$

在每个小区间 $[x_{i-1},x_i]$ 上任取一点 $\xi_i(x_{i-1}\leqslant \xi_i \leqslant x_i)$，做函数值 $f(\xi_i)$ 与小区间长度 Δx_i 的乘积 $f(\xi_i)\Delta x_i(i = 1,2,\cdots,n)$，并求和

$$S = \sum_{i=1}^{n} f(\xi_i)\Delta x_i.$$

记 $\lambda = \max\{\Delta x_1,\Delta x_2,\cdots,\Delta x_n\}$，如果当 $\lambda\to 0$ 时，和 S 总趋于确定的极限 I，那么称 $f(x)$ 在 $[a,b]$ 上可积，并称极限 I 是函数 $f(x)$ 在区间 $[a,b]$ 上的定积分，记作 $\int_a^b f(x)\mathrm{d}x$，即

$$\int_a^b f(x)\mathrm{d}x = I = \lim_{\lambda\to 0}\sum_{i=1}^{n} f(\xi_i)\Delta x_i,$$

其中 $f(x)$ 称为被积函数，$f(x)\mathrm{d}x$ 称为被积表达式，x 称为积分变量，a 称为积分下限，b 称为积分上限，$[a,b]$ 称为积分区间.

并非所有函数都是可积的．例如狄利克雷函数（见 1.1 节例 8）在任意闭区间上都是不可积的．那么，函数 $f(x)$ 在 $[a,b]$ 上满足怎样的条件，$f(x)$ 一定可积呢？下面给出两个定理：

定理 5.1.1　设 $f(x)$ 在区间 $[a,b]$ 上连续，则 $f(x)$ 在 $[a,b]$ 上可积.

定理 5.1.2 设 $f(x)$ 在区间 $[a,b]$ 上有界，且只有有限个间断点，则 $f(x)$ 在 $[a,b]$ 上可积.

5.1.2 定积分的基本性质

定积分的性质，都可以由它的定义

$$\int_a^b f(x)\,\mathrm{d}x = \lim_{\lambda\to 0}\sum_{i=1}^{n} f(\xi_i)\Delta x_i$$

直接推出．在下面的讨论中，我们假定所遇到的定积分都是存在的．为了计算方便，对定积分作两点补充规定：

(1) 当 $a=b$ 时，$\int_a^b f(x)\,\mathrm{d}x = 0$；

(2) 当 $a>b$ 时，$\int_a^b f(x)\,\mathrm{d}x = -\int_b^a f(x)\,\mathrm{d}x$.

由定积分的定义，容易推出如下的性质：

性质 1 $\int_a^b [f(x)+g(x)]\,\mathrm{d}x = \int_a^b f(x)\,\mathrm{d}x + \int_a^b g(x)\,\mathrm{d}x$.

性质 2 $\int_a^b kf(x)\,\mathrm{d}x = k\int_a^b f(x)\,\mathrm{d}x$（$k$ 为常数）.

性质 3 设 $a<c<b$，则

$$\int_a^b f(x)\,\mathrm{d}x = \int_a^c f(x)\,\mathrm{d}x + \int_c^b f(x)\,\mathrm{d}x.$$

性质 4 如果在区间 $[a,b]$ 上 $f(x)\equiv 1$，那么

$$\int_a^b 1\,\mathrm{d}x = \int_a^b \mathrm{d}x = b-a.$$

性质 5 如果在区间 $[a,b]$ 上 $f(x)\geqslant 0$，那么

$$\int_a^b f(x)\,\mathrm{d}x \geqslant 0.$$

进一步，若 $f(x)$ 在 $[a,b]$ 上连续，则上式等号成立当且仅当 $f(x)\equiv 0$ 在 $[a,b]$ 上成立.

推论 1 如果在区间 $[a,b]$ 上 $f(x)\leqslant g(x)$，那么

$$\int_a^b f(x)\,\mathrm{d}x \leqslant \int_a^b g(x)\,\mathrm{d}x.$$

进一步，若 $f(x)$，$g(x)$ 均在 $[a,b]$ 上连续，则上式等号成立当且仅当 $f(x)\equiv g(x)$ 在 $[a,b]$ 上成立.

推论 2 $\left|\int_a^b f(x)\,\mathrm{d}x\right| \leqslant \int_a^b |f(x)|\,\mathrm{d}x$.

性质 6 设 M 和 m 分别是函数 $f(x)$ 在区间 $[a,b]$ 上的最大值及最

小值,则

$$m(b-a) \leqslant \int_a^b f(x)\,\mathrm{d}x \leqslant M(b-a).$$

性质 7（定积分中值定理） 如果函数 $f(x)$ 在区间 $[a,b]$ 上连续,则在 (a,b) 内至少存在一点 ξ, 使得

$$\int_a^b f(x)\,\mathrm{d}x = f(\xi)(b-a) \quad (a < \xi < b).$$

习题 5-1

A 题

1. 设 $\int_{-1}^{1} 3f(x)\,\mathrm{d}x = 18, \int_{-1}^{3} f(x)\,\mathrm{d}x = 4, \int_{-1}^{3} g(x)\,\mathrm{d}x = 3$, 求:

(1) $\int_{-1}^{1} f(x)\,\mathrm{d}x$;　　(2) $\int_{1}^{3} f(x)\,\mathrm{d}x$;

(3) $\int_{3}^{-1} f(x)\,\mathrm{d}x$;　　(4) $\int_{-1}^{3} \frac{1}{5}[4f(x)+3g(x)]\,\mathrm{d}x$.

2. 估计下列积分的值:

(1) $\int_{1}^{4} (x^2+1)\,\mathrm{d}x$;　　(2) $\int_{\frac{\pi}{4}}^{\frac{5\pi}{4}} (1+\sin^2 x)\,\mathrm{d}x$;

(3) $\int_{-\sqrt{3}}^{\sqrt{3}} x\arctan x\,\mathrm{d}x$;　　(4) $\int_{2}^{0} \frac{1}{5}\mathrm{e}^{x^2-x}\,\mathrm{d}x$.

3. 利用定积分的几何意义,求下列积分:

(1) $\int_{0}^{t} x\,\mathrm{d}x\ (t>0)$;　　(2) $\int_{-2}^{4} \left(\frac{x}{2}+3\right)\mathrm{d}x$;

(3) $\int_{-1}^{2} |x|\,\mathrm{d}x$;　　(4) $\int_{-3}^{3} \sqrt{9-x^2}\,\mathrm{d}x$.

B 题

1. 利用定积分定义计算由抛物线 $y=x^2+1$, 两直线 $x=a, x=b(b>a)$ 及 x 轴围成的图形的面积.

2. 设 $f(x)$ 在 $[0,1]$ 上连续,证明 $\int_0^1 f^2(x)\,\mathrm{d}x \geqslant \left(\int_0^1 f(x)\,\mathrm{d}x\right)^2$.

3. 利用积分中值定理证明下列不等式:

(1) $2 \leqslant \int_{-1}^{1} \mathrm{e}^{x^2}\,\mathrm{d}x \leqslant 2\mathrm{e}$;　　(2) $0 \leqslant \int_{\frac{\pi}{2}}^{\pi} \frac{\sin x}{x}\,\mathrm{d}x \leqslant 1$.

4. （考研真题，2011 年数学一）设 $I = \int_0^{\frac{\pi}{4}} \ln\sin x\mathrm{d}x, J = \int_0^{\frac{\pi}{4}} \ln\cot x\mathrm{d}x, K = \int_0^{\frac{\pi}{4}} \ln\cos x\mathrm{d}x$，则 I, J, K 的大小关系为（　　）.

A. $I < J < K$　　B. $I < K < J$　　C. $J < I < K$　　D. $K < J < I$

5. （考研真题，2003 年数学一）设 $I_1 = \int_0^{\frac{\pi}{4}} \frac{\tan x}{x}\mathrm{d}x, I_2 = \int_0^{\frac{\pi}{4}} \frac{x}{\tan x}\mathrm{d}x$，则（　　）.

A. $I_1 > I_2 > 1$　　B. $1 > I_1 > I_2$　　C. $I_2 > I_1 > 1$　　D. $1 > I_2 > I_1$

6. （考研真题，1997 年数学三）利用定积分的几何意义求定积分 $\int_0^1 \sqrt{x - x^2}\,\mathrm{d}x$ 的值.

5.2　定积分的基本公式

PPT 课件 5－2 定积分的基本公式

直接根据定义来计算定积分不是一件容易的事情．因此，我们必须寻找计算定积分的新方法.

5.2.1　积分上限函数

设函数 $f(x)$ 在区间 $[a,b]$ 上可积，并且设 x 为 $[a,b]$ 上的一点．我们来考察 $f(x)$ 在部分区间 $[a,x]$ 上的定积分

$$\int_a^x f(x)\,\mathrm{d}x.$$

由于 $f(x)$ 在 $[a,x]$ 上依旧可积，因此，定积分存在．这里，x 既表示定积分的上限，又表示积分变量．因为定积分与积分变量的记法无关，为了明确起见，可以将积分变量改用其他符号，如 t 表示，则上面的定积分可以写成

$$\int_a^x f(t)\,\mathrm{d}t.$$

若上限 x 在区间 $[a,b]$ 上任意变动，则对于每一个取定的 x 值，定积分有一个对应值，所以它在 $[a,b]$ 上定义了一个函数，记作 $\varphi(x)$：

$$\varphi(x) = \int_a^x f(t)\,\mathrm{d}t \quad (a \leqslant x \leqslant b).$$

定理 5.2.1 如果函数$f(x)$在区间$[a,b]$上连续,那么积分上限的函数$\varphi(x)=\int_a^x f(t)\mathrm{d}t$在$[a,b]$上可导,并且它的导数是

$$\varphi'(x)=\frac{\mathrm{d}}{\mathrm{d}x}\int_a^x f(t)\mathrm{d}t=f(x)\quad(a\leqslant x\leqslant b).$$

证 若$x\in(a,b)$,设x获得增量Δx,且$|\Delta x|$足够小,使$x+\Delta x\in(a,b)$.我们直接按导数的定义来计算$\varphi'(x)$.

(1) 求增量$\Delta\varphi(x)$.

$$\begin{aligned}\Delta\varphi(x)&=\varphi(x+\Delta x)-\varphi(x)=\int_a^{x+\Delta x}f(t)\mathrm{d}t-\int_a^x f(t)\mathrm{d}t\\&=\int_x^{x+\Delta x}f(t)\mathrm{d}t=f(\xi)\Delta x\quad(\xi\text{ 在 }x\text{ 与 }x+\Delta x\text{ 之间}).\end{aligned}$$

(2) 求增量比值$\dfrac{\Delta\varphi}{\Delta x}$.

$$\frac{\Delta\varphi}{\Delta x}=f(\xi).$$

(3) 取极限.令$\Delta x\to 0$,则$\xi\to x$,故

$$\lim_{\Delta x\to 0}\frac{\Delta\varphi}{\Delta x}=\lim_{\Delta x\to 0}f(\xi)=\lim_{\xi\to x}f(\xi)=f(x),$$

即得

$$\varphi'(x)=\frac{\mathrm{d}}{\mathrm{d}x}\int_a^x f(t)\mathrm{d}t=f(x).$$

定理 5.2.2 如果函数$f(x)$在区间$[a,b]$上连续,那么函数

$$\varphi(x)=\int_a^x f(t)\mathrm{d}t$$

就是$f(x)$在$[a,b]$上的一个原函数.

例 1 设$\varphi(x)=\int_0^x\dfrac{3t}{t^2+2t+3}\mathrm{d}t$,求$\varphi'(x)$.

解

$$\varphi'(x)=\frac{3x}{x^2+2x+3}.$$

例 2 设$\varphi(x)=\int_0^{x^2+1}\dfrac{3t}{t^2+2t+3}\mathrm{d}t$,求$\varphi'(x)$.

解

$$\varphi'(x)=\frac{3(x^2+1)}{(x^2+1)^2+2(x^2+1)+3}\cdot(x^2+1)'$$

$$=\frac{6x(x^2+1)}{(x^2+1)^2+2(x^2+1)+3}.$$

例3　设 $\varphi(x)=\int_{\sin x}^{2}\frac{1}{1+t^2}\mathrm{d}t$，求 $\varphi'\left(\frac{\pi}{6}\right)$.

解　$$\varphi'(x)=-\frac{1}{1+\sin^2 x}(\sin x)'=-\frac{\cos x}{1+\sin^2 x},$$

因此

$$\varphi'\left(\frac{\pi}{6}\right)=-\frac{\cos\left(\frac{\pi}{6}\right)}{1+\sin^2\left(\frac{\pi}{6}\right)}=-\frac{\frac{\sqrt{3}}{2}}{1+\left(\frac{1}{2}\right)^2}=-\frac{2\sqrt{3}}{5}.$$

例4　求 $\lim\limits_{x\to 0}\frac{\int_0^{\sin x}\mathrm{e}^{-t^2}\mathrm{d}t}{x}$.

解　$$\frac{\mathrm{d}}{\mathrm{d}x}\int_0^{\sin x}\mathrm{e}^{-t^2}\mathrm{d}t=\mathrm{e}^{-\sin^2 x}\cdot(\sin x)'=\mathrm{e}^{-\sin^2 x}\cdot\cos x,$$

从而

$$\lim_{x\to 0}\frac{\int_0^{\sin x}\mathrm{e}^{-t^2}\mathrm{d}t}{x}=\lim_{x\to 0}\frac{\mathrm{e}^{-\sin^2 x}\cdot\cos x}{1}=1.$$

5.2.2　牛顿–莱布尼茨公式

数学家小传 5－1　牛顿

数学家小传 5－2　莱布尼茨

在第2章我们知道，当质点作变速直线运动时，其速度函数 $v=v(t)$ 是路程函数 $s=s(t)$ 的导函数，或者说路程函数 $s=s(t)$ 是速度函数 $v=v(t)$ 的一个原函数；另一方面，由5.1节例2又知，质点在时间区间 $[a,b]$ 上的路程是

$$s=s(b)-s(a)=\int_a^b v(t)\mathrm{d}t.$$

上述等式具有一般的意义，即我们有下面的定理，它给出了用原函数计算定积分的公式（牛顿–莱布尼茨公式）.

定理5.2.3　若函数 $F(x)$ 是连续函数 $f(x)$ 在区间 $[a,b]$ 上的一个原函数，则

$$\int_a^b f(x)\mathrm{d}x=F(b)-F(a).$$

证 设 $\varphi(x)=\int_a^x f(t)\mathrm{d}t$. 因为 $F(x)$ 和 $\varphi(x)$ 都是 $f(x)$ 的原函数,有

$$F(x)=\varphi(x)+C,$$

其中 C 为某个常数. 上式也可写作 $\varphi(x)=F(x)-C$, 即

$$\int_a^x f(t)\mathrm{d}t=F(x)-C.$$

上式中令 $x=a$, 得

$$\int_a^a f(t)\mathrm{d}t=F(a)-C=0,$$

得 $C=F(a)$. 因此,

$$\int_a^x f(t)\mathrm{d}t=F(x)-F(a).$$

再令 $x=b$, 即得

$$\int_a^b f(t)\mathrm{d}t=F(b)-F(a).$$

把积分变量 t 替换回 x,并且把 $F(b)-F(a)$ 记作 $[F(x)]_a^b$, 得

$$\int_a^b f(x)\mathrm{d}x=[F(x)]_a^b.$$

上式称为牛顿-莱布尼茨公式,也叫微积分基本公式.

例 5 求 $\int_0^1 x^2\mathrm{d}x$.

解 $\int_0^1 x^2\mathrm{d}x=\left[\frac{x^3}{3}\right]_0^1=\frac{1}{3}.$

例 6 求 $\int_{-1}^{\sqrt{3}}\frac{1}{1+x^2}\mathrm{d}x$.

解 $$\int_{-1}^{\sqrt{3}}\frac{1}{1+x^2}\mathrm{d}x=[\arctan x]_{-1}^{\sqrt{3}}=\arctan\sqrt{3}-\arctan(-1)$$
$$=\frac{\pi}{3}-\left(-\frac{\pi}{4}\right)=\frac{7}{12}\pi.$$

例 7 求 $\int_{-2}^{-1}\frac{1}{x}\mathrm{d}x$.

解 $\int_{-2}^{-1}\frac{1}{x}\mathrm{d}x=[\ln|x|]_{-2}^{-1}=\ln|-1|-\ln|-2|=-\ln 2.$

例 8 求 $\int_0^{\pi}\sin x\mathrm{d}x$.

解 $\int_0^{\pi}\sin x\mathrm{d}x=[-\cos x]_0^{\pi}=-\cos\pi+\cos 0=2.$

例9 求$\int_{-1}^{3}|x-2|\mathrm{d}x$.

解 $$\int_{-1}^{3}|x-2|\mathrm{d}x=\int_{-1}^{2}(2-x)\mathrm{d}x+\int_{2}^{3}(x-2)\mathrm{d}x$$
$$=\left[2x-\frac{x^2}{2}\right]_{-1}^{2}+\left[\frac{x^2}{2}-2x\right]_{2}^{3}$$
$$=\left(4-2+2+\frac{1}{2}\right)+\left(\frac{9}{2}-6-2+4\right)$$
$$=5.$$

例10 设$f(x)$在$(0,+\infty)$内连续且$f(x)>0$，证明函数

$$F(x)=\frac{\int_{0}^{x}tf(t)\mathrm{d}t}{\int_{0}^{x}f(t)\mathrm{d}t}$$

在$(0,+\infty)$内为单调递增函数.

证 首先有

$$\frac{\mathrm{d}}{\mathrm{d}x}\int_{0}^{x}tf(t)\mathrm{d}t=xf(x),\quad \frac{\mathrm{d}}{\mathrm{d}x}\int_{0}^{x}f(t)\mathrm{d}t=f(x),$$

从而

$$F'(x)=\frac{xf(x)\int_{0}^{x}f(t)\mathrm{d}t-f(x)\int_{0}^{x}tf(t)\mathrm{d}t}{\left[\int_{0}^{x}f(t)\mathrm{d}t\right]^2}$$

$$=\frac{f(x)\int_{0}^{x}(x-t)f(t)\mathrm{d}t}{\left[\int_{0}^{x}f(t)\mathrm{d}t\right]^2}.$$

当$0<t<x$时，有$f(t)>0$，$(x-t)f(t)>0$，故$\int_{0}^{x}f(t)\mathrm{d}t>0$，$\int_{0}^{x}(x-t)f(t)\mathrm{d}t>0$，所以$F'(x)>0(x>0)$，即$F(x)$在$(0,+\infty)$内为单调递增函数.

习题5-2

A题

1. 求下列各导数：

(1) $\frac{d}{dx}\int_0^{x^2}\sqrt{1+t^2}\,dt$;　　(2) $\frac{d}{dx}\int_{x^2}^{x^3}\frac{dt}{\sqrt{1+t^2}}$;

(3) $\frac{d}{dx}\int_{\sin x}^{\cos x}\cos(\pi t^2)\,dt$;　　(4) $\frac{d}{dx}\int_{\sqrt{x}}^{1}\frac{dt}{\sqrt{1+t^2}}$.

2. 求下列极限:

(1) $\lim\limits_{x\to 0}\frac{\int_0^x 2t\cos t\,dt}{1-\cos x}$;　　(2) $\lim\limits_{x\to 0}\frac{\int_0^x \cos t^2\,dt}{x}$;

(3) $\lim\limits_{x\to +\infty}\frac{\int_0^x (\arctan t)^2\,dt}{\sqrt{x^2+1}}$;　　(4) $\lim\limits_{x\to 0^+}\frac{\int_0^{\sin x}\sqrt{\tan t}\,dt}{\int_0^{\tan x}\sqrt{\sin t}\,dt}$.

3. 求下列定积分:

(1) $\int_{-\frac{1}{2}}^{\frac{1}{2}}\frac{1}{\sqrt{1-x^2}}dx$;　　(2) $\int_0^1(2x^2-\sqrt[3]{x}+1)\,dx$;

(3) $\int_0^{\frac{\pi}{2}}(1-\cos x)\sin^2 x\,dx$;　　(4) $\int_{-1}^{0}\frac{1+x}{\sqrt{4-x^2}}dx$;

(5) $\int_{-2}^{-1}\frac{1}{x^2+4x+5}dx$;　　(6) $\int_1^{e^3}\frac{\sqrt[4]{1+\ln x}}{x}dx$.

B 题

1. 设

$$f(x)=\begin{cases}x^2, & 0\leqslant x<1,\\ x, & 1\leqslant x\leqslant 2,\end{cases}$$

求 $\varphi(x)=\int_0^x f(t)\,dt$ 在 $[0,2]$ 上的表达式,并讨论 $\varphi(x)$ 在 $(0,2)$ 内的连续性.

2. (考研真题,2010 年数学三)设可导函数 $y=y(x)$ 由方程

$$\int_0^{x+y}e^{-x^2}dx=\int_0^x x\sin^2 t\,dt$$

确定,则 $\frac{dy}{dx}\Big|_{x=0}=$ ________.

3. (考研真题,1996 年数学一)设函数 $f(x)$ 有连续导数,$f(0)=0, f'(0)\neq 0$, $F(x)=\int_0^x(x^2-t^2)f(t)\,dt$, 且当 $x\to 0$ 时, $F'(x)$ 和 x^k 是同阶无穷小,则 $k=$ (　　).

A. 1　　B. 2　　C. 3　　D. 4

4. (考研真题,1997 年数学一)设函数 $F(x)=\int_x^{x+2\pi}e^{\sin t}\sin t\,dt$, 则 $F(x)$ (　　).

A. 为正常数　　B. 为负常数　　C. 恒为零　　D. 不为常数

5. (考研真题,1999 年数学一)求 $\dfrac{\mathrm{d}}{\mathrm{d}x}\int_0^x \sin (x-t)^2 \mathrm{d}t$.

6. (考研真题,2002 年数学一)已知两曲线 $y=f(x)$ 与 $y=\int_0^{\arctan x} \mathrm{e}^{-t^2}\mathrm{d}t$ 在点 $(0,0)$ 处的切线相同,写出此切线方程,并求极限 $\lim\limits_{n\to\infty} nf\left(\dfrac{2}{n}\right)$.

7. (考研真题,2017 年数学一)求 $\lim\limits_{n\to\infty}\sum\limits_{k=1}^{n}\dfrac{k}{n^2}\ln\left(1+\dfrac{k}{n}\right)$.

8. (考研真题,2008 年数学一)设函数 $F(x)=\int_0^{x^2}\ln(2+t)\mathrm{d}t$, 则 $F'(x)$ 的零点个数为(　　).

A. 0　　B. 1　　C. 2　　D. 3

9. (考研真题,2021 年数学二)当 $x\to 0$ 时, $\int_0^{x^2}(\mathrm{e}^{t^3}-1)\mathrm{d}t$ 是 x^7 的(　　).

A. 低阶无穷小　　B. 等价无穷小

C. 高阶无穷小　　D. 同阶但不等价无穷小

10. (考研真题,2020 年数学一) $x\to 0^+$ 时,下列无穷小阶数最高的是(　　).

A. $\int_0^x (\mathrm{e}^{t^2}-1)\mathrm{d}t$　　B. $\int_0^x \ln(1+\sqrt{t^3})\mathrm{d}t$

C. $\int_0^{\sin x}\sin t^2\mathrm{d}t$　　D. $\int_0^{1-\cos x}\sqrt{\sin^3 t}\,\mathrm{d}t$

5.3　定积分的计算

PPT 课件 5-3 定积分的计算

牛顿-莱布尼茨公式将计算定积分问题转化为求原函数或不定积分的问题,因此我们可以将计算不定积分的两种方法——换元积分法与分部积分法移植到定积分的计算上来.

微视频 5-2 换元积分法

5.3.1　定积分的换元法

定理 5.3.1　设函数 $f(x)$ 在区间 $[a,b]$ 上连续,函数 $x=\varphi(t)$ 满足

(1) $\varphi(\alpha)=a,\varphi(\beta)=b$;

(2) $\varphi(t)$ 在 $[\alpha,\beta]$ 或 $[\beta,\alpha]$ 上具有连续导数且值域为 $[a,b]$,

则有

$$\int_a^b f(x)\mathrm{d}x=\int_\alpha^\beta f[\varphi(t)]\varphi'(t)\mathrm{d}t.$$

证 设 $F(x)$ 是 $f(x)$ 的一个原函数，即 $F'(x)=f(x)$. 令 $G(t)=F[\varphi(t)]$，则由复合函数求导法则得

$$G'(t)=F'[\varphi(t)]\varphi'(t)=f[\varphi(t)]\varphi'(t),$$

即 $G(t)$ 是 $f[\varphi(t)]\varphi'(t)$ 的一个原函数．由牛顿-莱布尼茨公式得

$$\int_a^b f(x)\mathrm{d}x=F(b)-F(a)=F[\varphi(\beta)]-F[\varphi(\alpha)]$$
$$=G(\beta)-G(\alpha)=\int_\alpha^\beta f[\varphi(t)]\varphi'(t)\mathrm{d}t.$$

注 由定理 5.3.1 知，用换元积分法计算定积分时，用代换 $x=\varphi(t)$ 后，新变量 t 的积分限要发生变化；但另一方面，求出 $f[\varphi(t)]\varphi'(t)$ 的原函数 $G(t)$ 后，不必再将变量 t 还原为 x，只需将新的积分上下限代入 $G(t)$ 求其差即可．这就是定积分换元法与不定积分换元法的区别.

例 1 求 $\int_0^a\sqrt{a^2-x^2}\,\mathrm{d}x$.

解 令 $x=a\sin t$，则 $\mathrm{d}x=a\cos t\mathrm{d}t$，且当 $x=0$ 时，$t=0$；当 $x=a$ 时，$t=\dfrac{\pi}{2}$，所以

$$\int_0^a\sqrt{a^2-x^2}\,\mathrm{d}x=\int_0^{\frac{\pi}{2}}a\cos t\cdot a\cos t\mathrm{d}t$$
$$=\frac{a^2}{2}\int_0^{\frac{\pi}{2}}(1+\cos 2t)\mathrm{d}t$$
$$=\frac{a^2}{2}\left[t+\frac{1}{2}\sin 2t\right]_0^{\frac{\pi}{2}}=\frac{\pi}{4}a^2.$$

例 2 求 $\int_0^4\dfrac{x+2}{\sqrt{2x+1}}\mathrm{d}x$.

解 令 $t=\sqrt{2x+1}$，则 $x=\dfrac{t^2-1}{2}$，$\mathrm{d}x=t\mathrm{d}t$，且当 $x=0$ 时，$t=1$；当 $x=4$ 时，$t=3$，所以

$$\int_0^4\frac{x+2}{\sqrt{2x+1}}\mathrm{d}x=\int_1^3\frac{\frac{t^2-1}{2}+2}{t}t\mathrm{d}t=\int_1^3\left(\frac{t^2}{2}+\frac{3}{2}\right)\mathrm{d}t$$
$$=\left[\frac{t^3}{6}+\frac{3}{2}t\right]_1^3=\frac{22}{3}.$$

我们还可以倒用公式，把公式从右到左改写成 $\int_\alpha^\beta f[\varphi(t)]\varphi'(t)\mathrm{d}t=\int_a^b f(x)\mathrm{d}x$.

例 3 求 $\int_0^{\frac{\pi}{2}}\sin^2 x\cos x\mathrm{d}x$.

解法 1 令 $t=\sin x$，则 $\mathrm{d}t=\cos x\mathrm{d}x$，且当 $x=0$ 时，$t=0$；当 $x=\dfrac{\pi}{2}$ 时，$t=1$，所以

$$\int_0^{\frac{\pi}{2}}\sin^2 x\cos x\mathrm{d}x=\int_0^1 t^2\mathrm{d}t=\left[\frac{1}{3}t^3\right]_0^1=\frac{1}{3}.$$

解法2 不写出积分变量,直接用凑微分法

$$\int_0^{\frac{\pi}{2}} \sin^2 x\cos x\mathrm{d}x = \int_0^{\frac{\pi}{2}} \sin^2 x\mathrm{d}\sin x = \left[\frac{1}{3}\sin^3 x\right]_0^{\frac{\pi}{2}} = \frac{1}{3}.$$

例4 求 $\int_0^{\pi} \sqrt{\sin^3 x - \sin^5 x}\,\mathrm{d}x$.

解 $\int_0^{\pi} \sqrt{\sin^3 x - \sin^5 x}\,\mathrm{d}x = \int_0^{\pi} \sin^{\frac{3}{2}} x\,|\cos x|\,\mathrm{d}x$

$$= \int_0^{\frac{\pi}{2}} \sin^{\frac{3}{2}} x\cos x\mathrm{d}x - \int_{\frac{\pi}{2}}^{\pi} \sin^{\frac{3}{2}} x\cos x\mathrm{d}x$$

$$= \int_0^{\frac{\pi}{2}} \sin^{\frac{3}{2}} x\mathrm{d}\sin x - \int_{\frac{\pi}{2}}^{\pi} \sin^{\frac{3}{2}} x\mathrm{d}\sin x$$

$$= \left[\frac{2}{5}\sin^{\frac{5}{2}} x\right]_0^{\frac{\pi}{2}} - \left[\frac{2}{5}\sin^{\frac{5}{2}} x\right]_{\frac{\pi}{2}}^{\pi}$$

$$= \frac{2}{5} - \left(-\frac{2}{5}\right) = \frac{4}{5}.$$

例5 证明:(1) 若 $f(x)$ 在 $[-a,a]$ 上连续且为偶函数,则 $\int_{-a}^{a} f(x)\mathrm{d}x = 2\int_0^{a} f(x)\mathrm{d}x$.

(2) 若 $f(x)$ 在 $[-a,a]$ 上连续且为奇函数,则 $\int_{-a}^{a} f(x)\mathrm{d}x = 0$.

证 (1) 对 $\int_0^{a} f(x)\mathrm{d}x$ 做代换 $x=-t$, 得

$$\int_0^{a} f(x)\mathrm{d}x = \int_0^{-a} f(-t)(-\mathrm{d}t) = -\int_0^{-a} f(t)\mathrm{d}t = \int_{-a}^{0} f(x)\mathrm{d}x,$$

故得

$$\int_{-a}^{a} f(x)\mathrm{d}x = \int_{-a}^{0} f(x)\mathrm{d}x + \int_0^{a} f(x)\mathrm{d}x = 2\int_0^{a} f(x)\mathrm{d}x.$$

(2) 对 $\int_0^{a} f(x)\mathrm{d}x$ 作代换 $x=-t$, 得

$$\int_0^{a} f(x)\mathrm{d}x = \int_0^{-a} f(-t)(-\mathrm{d}t) = \int_0^{-a} f(t)\mathrm{d}t = -\int_{-a}^{0} f(x)\mathrm{d}x,$$

故得

$$\int_{-a}^{a} f(x)\mathrm{d}x = \int_{-a}^{0} f(x)\mathrm{d}x + \int_0^{a} f(x)\mathrm{d}x = 0.$$

5.3.2 定积分的分部积分法

设函数 $u=u(x)$ 与 $v=v(x)$ 在 $[a,b]$ 上有连续导数,则 $(uv)'=u'v+$

uv', 即

$$uv' = (uv)' - vu'.$$

等式两端取 x 从 a 到 b 的积分,得

$$\int_a^b u(x)\,\mathrm{d}v(x) = [u(x)v(x)]_a^b - \int_a^b v(x)\,\mathrm{d}u(x).$$

这就是定积分的分部积分公式.

例 6 求 $\int_0^{\pi} x\cos x\mathrm{d}x$.

解 $$\int_0^{\pi} x\cos x\mathrm{d}x = \int_0^{\pi} x\mathrm{d}(\sin x) = [x\sin x]_0^{\pi} - \int_0^{\pi} \sin x\mathrm{d}x$$
$$= 0 - [-\cos x]_0^{\pi} = -2.$$

例 7 求 $\int_1^2 \ln x\mathrm{d}x$.

解 $$\int_1^2 \ln x\mathrm{d}x = [x\ln x]_1^2 - \int_1^2 x\mathrm{d}\ln x = 2\ln 2 - \int_1^2 \mathrm{d}x$$
$$= 2\ln 2 - [x]_1^2 = 2\ln 2 - 1.$$

例 8 求 $\int_0^1 \mathrm{e}^{\sqrt{x}}\mathrm{d}x$.

解 令 $t = \sqrt{x}$, 则 $x = t^2, \mathrm{d}x = 2t\mathrm{d}t$, 因此

$$\int_0^1 \mathrm{e}^{\sqrt{x}}\mathrm{d}x = \int_0^1 2t\mathrm{e}^t\mathrm{d}t = 2\int_0^1 t\,\mathrm{d}\mathrm{e}^t$$
$$= 2[t\mathrm{e}^t]_0^1 - 2\int_0^1 \mathrm{e}^t\mathrm{d}t$$
$$= 2\mathrm{e} - 2[\mathrm{e}^t]_0^1 = 2.$$

例 9 求 $\int_0^{\sqrt{3}} \ln(x + \sqrt{1+x^2})\mathrm{d}x$.

解 $$\int_0^{\sqrt{3}} \ln(x + \sqrt{1+x^2})\mathrm{d}x = [x\ln(x + \sqrt{1+x^2})]_0^{\sqrt{3}} - \int_0^{\sqrt{3}} \frac{x}{\sqrt{1+x^2}}\mathrm{d}x$$
$$= \sqrt{3}\ln(\sqrt{3}+2) - [\sqrt{1+x^2}]_0^{\sqrt{3}}$$
$$= \sqrt{3}\ln(\sqrt{3}+2) - 1.$$

例 10 证明定积分公式

$$I_n = \int_0^{\frac{\pi}{2}} \sin^n x\mathrm{d}x = \int_0^{\frac{\pi}{2}} \cos^n x\mathrm{d}x$$
$$= \begin{cases} \dfrac{n-1}{n}\cdot\dfrac{n-3}{n-2}\cdot\cdots\cdot\dfrac{3}{4}\cdot\dfrac{1}{2}\cdot\dfrac{\pi}{2}, & n\text{ 为偶数;} \\ \dfrac{n-1}{n}\cdot\dfrac{n-3}{n-2}\cdot\cdots\cdot\dfrac{4}{5}\cdot\dfrac{2}{3}, & n\text{ 为奇数.} \end{cases}$$

证 首先,作代换 $x=t+\frac{\pi}{2}$,由换元积分法得

$$I_n=\int_0^{\frac{\pi}{2}}\sin^n x\mathrm{d}x=\int_{-\frac{\pi}{2}}^0\cos^n t\mathrm{d}t=-\int_{\frac{\pi}{2}}^0\cos^n t\mathrm{d}t=\int_0^{\frac{\pi}{2}}\cos^n x\mathrm{d}x.$$

其次,

$$\begin{aligned}I_n&=\int_0^{\frac{\pi}{2}}\sin^{n-1}x\mathrm{d}(-\cos x)\\&=[-\cos x\sin^{n-1}x]_0^{\frac{\pi}{2}}+\int_0^{\frac{\pi}{2}}\cos x\mathrm{d}(\sin^{n-1}x)\\&=(n-1)\int_0^{\frac{\pi}{2}}\cos^2 x\sin^{n-2}x\mathrm{d}x\\&=(n-1)\int_0^{\frac{\pi}{2}}(1-\sin^2 x)\sin^{n-2}x\mathrm{d}x\\&=(n-1)\int_0^{\frac{\pi}{2}}\sin^{n-2}x\mathrm{d}x-(n-1)\int_0^{\frac{\pi}{2}}\sin^n x\mathrm{d}x\\&=(n-1)I_{n-2}-(n-1)I_n,\end{aligned}$$

从而得递推公式

$$I_n=\frac{n-1}{n}I_{n-2}.$$

注意到

$$I_0=\int_0^{\frac{\pi}{2}}\sin^0 x\mathrm{d}x=\frac{\pi}{2},\quad I_1=\int_0^{\frac{\pi}{2}}\sin x\mathrm{d}x=1,$$

当 n 为偶数时,

$$\begin{aligned}I_n&=\frac{n-1}{n}I_{n-2}=\frac{n-1}{n}\cdot\frac{n-3}{n-2}I_{n-4}=\cdots\\&=\frac{n-1}{n}\cdot\frac{n-3}{n-2}\cdot\cdots\cdot\frac{3}{4}\cdot\frac{1}{2}\cdot I_0=\frac{n-1}{n}\cdot\frac{n-3}{n-2}\cdot\cdots\cdot\frac{3}{4}\cdot\frac{1}{2}\cdot\frac{\pi}{2},\end{aligned}$$

而当 n 为奇数时,

$$\begin{aligned}I_n&=\frac{n-1}{n}I_{n-2}=\frac{n-1}{n}\cdot\frac{n-3}{n-2}I_{n-4}=\cdots\\&=\frac{n-1}{n}\cdot\frac{n-3}{n-2}\cdot\cdots\cdot\frac{4}{5}\cdot\frac{2}{3}\cdot I_1=\frac{n-1}{n}\cdot\frac{n-3}{n-2}\cdot\cdots\cdot\frac{4}{5}\cdot\frac{2}{3},\end{aligned}$$

结论获证.

习题 5-3

A 题

1. 用换元积分法求下列定积分：

(1) $\int_0^1 \sqrt{4+7x}\,dx$；　　(2) $\int_4^9 \frac{\sqrt{x}}{\sqrt{x}-1}dx$；

(3) $\int_0^1 \frac{1}{\sqrt{6+5x}+1}dx$；　　(4) $\int_0^2 \sqrt{4-x^2}\,dx$；

(5) $\int_0^1 \frac{x}{\sqrt{1-x^2}}dx$；　　(6) $\int_{\frac{1}{\sqrt{2}}}^1 \frac{\sqrt{1-x^2}}{x^2}dx$；

(7) $\int_{-\frac{1}{2}}^{\frac{1}{2}} \frac{x^2}{\sqrt{1-x^2}}dx$；　　(8) $\int_1^{\sqrt{2}} \frac{\sqrt{x^2-1}}{x}dx$；

(9) $\int_1^{\sqrt{3}} \frac{1}{x^2\sqrt{1+x^2}}dx$；　　(10) $\int_0^2 \frac{x}{(3-x)^7}dx$.

2. 用分部积分法求下列定积分：

(1) $\int_0^{\pi} x\sin x\,dx$；　　(2) $\int_0^1 xe^x dx$；

(3) $\int_1^{e}(x-1)\ln x\,dx$；　　(4) $\int_0^1 \arctan\sqrt{x}\,dx$；

(5) $\int_0^1 x^2e^{2x}dx$；　　(6) $\int_0^{\frac{\pi}{4}} \frac{x}{\cos^2 x}dx$；

(7) $\int_{-\frac{1}{2}}^{\frac{1}{2}} \frac{x^2}{\sqrt{1-x^2}}dx$.

B 题

1. （考研真题，2000 年数学一）计算定积分 $\int_0^1 \sqrt{2x-x^2}\,dx$.

2. （考研真题，2007 年数学一）计算定积分 $\int_1^2 \frac{1}{x^3}e^{\frac{1}{x}}dx$.

3. （考研真题，2010 年数学一）计算定积分 $\int_0^{\pi^2} \sqrt{x}\cos\sqrt{x}\,dx$.

4. （考研真题，2012 年数学一）计算定积分 $\int_0^2 x\sqrt{2x-x^2}\,dx$.

5. （考研真题，2012 年数学一）设 $I_k=\int_0^{k\pi} e^{x^2}\sin x\,dx$，则有（　　）.

A. $I_1 < I_2 < I_3$　　B. $I_3 < I_2 < I_1$

C. $I_2 < I_3 < I_1$　　D. $I_2 < I_1 < I_3$

6. (考研真题,2002 年数学二)设函数 $f(x)$ 连续,则下面函数中,必为偶函数的是(　　).

A. $\int_0^x f(t^2)\mathrm{d}t$　　B. $\int_0^x f^2(t)\mathrm{d}t$

C. $\int_0^x t[f(t)-f(-t)]\mathrm{d}t$　　D. $\int_0^x t[f(t)+f(-t)]\mathrm{d}t$

7. (考研真题,2017 年数学二)求极限 $\lim\limits_{x\to 0^+}\dfrac{\int_0^x \sqrt{x-t}\,\mathrm{e}^t\mathrm{d}t}{\sqrt{x^3}}$.

8. (考研真题,2023 年数学一)设连续函数 $f(x)$ 满足 $f(x+2)-f(x)=x$, $\int_0^2 f(x)\mathrm{d}x=0$,则 $\int_1^3 f(x)\mathrm{d}x=$________.

5.4 广义积分

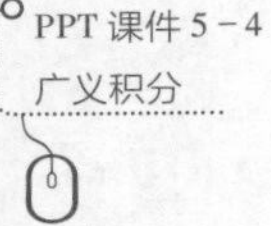

我们在前面介绍定积分 $\int_a^b f(x)\mathrm{d}x$ 时,假定被积函数 $f(x)$ 在积分区间 $[a,b]$ 上是有界的,且积分区间是有限的. 但是在实际问题中,往往会碰到无界函数或者无限区间的积分问题,因此必须把积分概念就这两种情况进行推广,这就引出广义积分的概念.

5.4.1 无限区间上函数的广义积分

定义 5.4.1　设函数 $f(x)$ 在区间 $[a,+\infty)$ 上有定义,且在任意有限区间 $[a,A]\subset[a,+\infty)$ 上可积,则称 $\int_a^{+\infty} f(x)\mathrm{d}x$ 为 $f(x)$ 在区间 $[a,+\infty)$ 上的广义积分或反常积分. 若极限 $\lim\limits_{b\to+\infty}\int_a^b f(x)\mathrm{d}x$ 存在,则称广义积分 $\int_a^{+\infty} f(x)\mathrm{d}x$ 收敛,记作

$$\int_a^{+\infty} f(x)\mathrm{d}x=\lim_{b\to+\infty}\int_a^b f(x)\mathrm{d}x;$$

若上述极限不存在,则称广义积分 $\int_a^{+\infty} f(x)\mathrm{d}x$ 发散.

类似地,设函数$f(x)$在区间$(-\infty,b]$上有定义,且在任意有限区间$[a,b]\subset(-\infty,b]$上可积,则称$\int_{-\infty}^{b}f(x)\mathrm{d}x$为$f(x)$在区间$(-\infty,b]$上的广义积分. 若$\lim\limits_{a\to-\infty}\int_{a}^{b}f(x)\mathrm{d}x$存在,则称广义积分$\int_{-\infty}^{b}f(x)\mathrm{d}x$收敛,记作

$$\int_{-\infty}^{b}f(x)\mathrm{d}x=\lim_{a\to-\infty}\int_{a}^{b}f(x)\mathrm{d}x;$$

若上述极限不存在,则称广义积分$\int_{-\infty}^{b}f(x)\mathrm{d}x$发散. 进一步,设函数$f(x)$在区间$(-\infty,+\infty)$内有定义,且在任意有限区间$[a,b]\subset(-\infty,+\infty)$上可积,则称$\int_{-\infty}^{+\infty}f(x)\mathrm{d}x$为$f(x)$在区间$(-\infty,+\infty)$内的广义积分. 若$\int_{-\infty}^{0}f(x)\mathrm{d}x$和$\int_{0}^{+\infty}f(x)\mathrm{d}x$都收敛,则称广义积分$\int_{-\infty}^{+\infty}f(x)\mathrm{d}x$收敛,且有公式

$$\int_{-\infty}^{+\infty}f(x)\mathrm{d}x=\int_{-\infty}^{0}f(x)\mathrm{d}x+\int_{0}^{+\infty}f(x)\mathrm{d}x;$$

若$\int_{-\infty}^{0}f(x)\mathrm{d}x$和$\int_{0}^{+\infty}f(x)\mathrm{d}x$中至少有一个发散,则称广义积分$\int_{-\infty}^{+\infty}f(x)\mathrm{d}x$发散.

例1　求$\int_{0}^{+\infty}t\mathrm{e}^{-t}\mathrm{d}t$.

解　$$\int_{0}^{+\infty}t\mathrm{e}^{-t}\mathrm{d}t=\lim_{b\to+\infty}\int_{0}^{b}t\mathrm{e}^{-t}\mathrm{d}t=\lim_{b\to+\infty}\left[-\int_{0}^{b}t\mathrm{d}(\mathrm{e}^{-t})\right]$$

$$=\lim_{b\to+\infty}\left([-t\mathrm{e}^{-t}]_{0}^{b}+\int_{0}^{b}\mathrm{e}^{-t}\mathrm{d}t\right)=\lim_{b\to+\infty}\left([-t\mathrm{e}^{-t}]_{0}^{b}-[\mathrm{e}^{-t}]_{0}^{b}\right)$$

$$=\lim_{b\to+\infty}(-b\mathrm{e}^{-b}-\mathrm{e}^{-b}+1)=1.$$

例2　求$\int_{-\infty}^{+\infty}\frac{\mathrm{d}x}{1+x^2}$.

解　$$\int_{-\infty}^{+\infty}\frac{\mathrm{d}x}{1+x^2}=\int_{-\infty}^{0}\frac{\mathrm{d}x}{1+x^2}+\int_{0}^{+\infty}\frac{\mathrm{d}x}{1+x^2}$$

$$=\lim_{a\to-\infty}\int_{a}^{0}\frac{\mathrm{d}x}{1+x^2}+\lim_{b\to+\infty}\int_{0}^{b}\frac{\mathrm{d}x}{1+x^2}$$

$$=\lim_{a\to-\infty}[\arctan x]_{a}^{0}+\lim_{b\to+\infty}[\arctan x]_{0}^{b}$$

$$=\lim_{a\to-\infty}(-\arctan a)+\lim_{b\to+\infty}\arctan b$$

$$=-\left(-\frac{\pi}{2}\right)+\frac{\pi}{2}=\pi.$$

例3　证明:广义积分 $\int_a^{+\infty}\frac{\mathrm{d}x}{x^p}(a>0)$,当 $p>1$ 时收敛,当 $p\leqslant 1$ 时发散.

证　当 $p=1$ 时,

$$\int_a^{+\infty}\frac{\mathrm{d}x}{x^p}=\int_a^{+\infty}\frac{\mathrm{d}x}{x}=\left[\ln|x|\right]_a^{+\infty}=+\infty;$$

当 $p\neq 1$ 时,

$$\int_a^{+\infty}\frac{\mathrm{d}x}{x^p}=\left[\frac{1}{1-p}x^{1-p}\right]_a^{+\infty}=\begin{cases}+\infty, & p<1,\\ \dfrac{a^{1-p}}{p-1}, & p>1.\end{cases}$$

因此当 $p>1$ 时,$\int_a^{+\infty}\frac{\mathrm{d}x}{x^p}$ 收敛,收敛值为 $\frac{a^{1-p}}{p-1}$;当 $p\leqslant 1$ 时,$\int_a^{+\infty}\frac{\mathrm{d}x}{x^p}$ 发散.

例3给出的基本广义积分可以用作样板,去比较判断其他广义积分的敛散性. 利用极限的单调有界判定定理,不难得到下列广义积分敛散性的判别法(证明从略).

定理5.4.1(柯西判别法)　设 $f(x)$ 在任意有限区间 $[a,A]\subset[a,+\infty)$ 上可积,且有 $f(x)\geqslant 0$,其中 $a>0$. 再设 C 是任意正常数,那么,

(1) 若 $f(x)\leqslant\frac{C}{x^p}$,且 $p>1$,则 $\int_a^{+\infty}f(x)\mathrm{d}x$ 收敛;

(2) 若 $f(x)\geqslant\frac{C}{x^p}$,且 $p\leqslant 1$,则 $\int_a^{+\infty}f(x)\mathrm{d}x$ 发散.

实际应用时,柯西判别法的下列极限形式更加方便.

定理5.4.2(柯西判别法的极限形式)　设 $f(x)$ 在任意有限区间 $[a,A]\subset[a,+\infty)$ 上可积,且有 $f(x)\geqslant 0$,其中 $a>0$. 再设 $\lim\limits_{x\to+\infty}x^pf(x)=l$,那么,

(1) 若 $0\leqslant l<+\infty$ 且 $p>1$,则 $\int_a^{+\infty}f(x)\mathrm{d}x$ 收敛;

(2) 若 $0<l\leqslant+\infty$ 且 $p\leqslant 1$,则 $\int_a^{+\infty}f(x)\mathrm{d}x$ 发散.

例4　讨论 $\int_0^{+\infty}x^a\mathrm{e}^{-x}\mathrm{d}x$ 的敛散性($a\geqslant 0$).

解　由于对任意 $a\geqslant 0$,有

$$\lim_{x\to+\infty}x^2\cdot x^a\mathrm{e}^{-x}=0,$$

由柯西判别法的极限形式知 $\int_0^{+\infty} x^a e^{-x} dx$ 收敛.

5.4.2 无界函数的广义积分

使函数无界的点称为函数的奇点. 易知,对连续函数而言,奇点就是无穷间断点.

定义 5.4.2 设函数 $f(x)$ 在 $x=a$ 的右邻域内无界(即 $x=a$ 为 $f(x)$ 的奇点),且 $\forall \varepsilon \in (0,b-a)$,$f(x)$ 在区间 $[a+\varepsilon,b]$ 上有界可积,则称 $\int_a^b f(x)dx$ 为 $f(x)$ 在区间 $(a,b]$ 上的广义积分或反常积分. 若极限 $\lim\limits_{\varepsilon\to 0^+}\int_{a+\varepsilon}^b f(x)dx$ 存在,则称广义积分 $\int_a^b f(x)dx$ 收敛,记作

$$\int_a^b f(x)dx = \lim_{\varepsilon\to 0^+}\int_{a+\varepsilon}^b f(x)dx.$$

若上述极限不存在,就称广义积分 $\int_a^b f(x)dx$ 发散.

类似地,设函数 $f(x)$ 在 $x=b$ 的左邻域内无界(即 $x=b$ 为 $f(x)$ 的奇点),且 $\forall \varepsilon \in (0,b-a)$,$f(x)$ 在区间 $[a,b-\varepsilon]$ 上有界可积,则称 $\int_a^b f(x)dx$ 为 $f(x)$ 在区间 $[a,b)$ 上的广义积分. 若极限 $\lim\limits_{\varepsilon\to 0^+}\int_a^{b-\varepsilon} f(x)dx$ 存在,则称广义积分 $\int_a^b f(x)dx$ 收敛,记作

$$\int_a^b f(x)dx = \lim_{\varepsilon\to 0^+}\int_a^{b-\varepsilon} f(x)dx.$$

如果上述极限不存在,就称广义积分 $\int_a^b f(x)dx$ 发散. 进一步可定义当 $x=a$ 与 $x=b$ 均为奇点时,$f(x)$ 在区间 (a,b) 内的广义积分(留给读者自己叙述).

例 5 求 $\int_0^a \frac{1}{\sqrt{a^2-x^2}}dx\ (a>0)$.

解 $$\int_0^a \frac{1}{\sqrt{a^2-x^2}}dx = \lim_{\varepsilon\to 0^+}\int_0^{a-\varepsilon}\frac{1}{\sqrt{a^2-x^2}}dx$$

$$= \lim_{\varepsilon\to 0^+}\left[\arcsin\frac{x}{a}\right]_0^{a-\varepsilon} = \lim_{\varepsilon\to 0^+}\left[\arcsin\frac{a-\varepsilon}{a}\right] = \frac{\pi}{2}.$$

例6　证明广义积分 $\int_0^1 \frac{1}{x^p}\mathrm{d}x(p>0)$ 当 $p<1$ 时收敛;当 $p\geqslant 1$ 时发散.

证　当 $p<1$ 时,

$$\int_0^1 \frac{1}{x^p}\mathrm{d}x=\lim_{\varepsilon\to 0^+}\int_\varepsilon^1 \frac{1}{x^p}\mathrm{d}x=\lim_{\varepsilon\to 0^+}\left[\frac{x^{1-p}}{1-p}\right]_\varepsilon^1$$

$$=\frac{1}{1-p}\lim_{\varepsilon\to 0^+}(1-\varepsilon^{1-p})=\frac{1}{1-p},$$

故 $\int_0^1 \frac{1}{x^p}\mathrm{d}x$ 收敛. 当 $p=1$ 时,

$$\int_0^1 \frac{1}{x}\mathrm{d}x=\lim_{\varepsilon\to 0^+}\int_\varepsilon^1 \frac{1}{x}\mathrm{d}x=\lim_{\varepsilon\to 0^+}[\ln|x|]_\varepsilon^1=\lim_{\varepsilon\to 0^+}(0-\ln\varepsilon)=+\infty;$$

当 $p>1$ 时,

$$\int_0^1 \frac{1}{x^p}\mathrm{d}x=\lim_{\varepsilon\to 0^+}\int_\varepsilon^1 \frac{1}{x^p}\mathrm{d}x=\lim_{\varepsilon\to 0^+}\left[\frac{x^{1-p}}{1-p}\right]_\varepsilon^1$$

$$=\frac{1}{1-p}\lim_{\varepsilon\to 0^+}(1-\varepsilon^{1-p})=+\infty,$$

故当 $p\geqslant 1$ 时, $\int_0^1 \frac{1}{x^p}\mathrm{d}x$ 发散.

例7　讨论广义积分 $\int_{-1}^1 \frac{1}{x^2}\mathrm{d}x$ 的敛散性.

解　因为 $x=0$ 是函数 $\frac{1}{x^2}$ 的无穷间断点,则

$$\int_{-1}^1 \frac{1}{x^2}\mathrm{d}x=\int_{-1}^0 \frac{1}{x^2}\mathrm{d}x+\int_0^1 \frac{1}{x^2}\mathrm{d}x,$$

且由例6知 $\int_0^1 \frac{1}{x^2}\mathrm{d}x$ 发散,所以 $\int_{-1}^1 \frac{1}{x^2}\mathrm{d}x$ 发散.

与无限区间上函数的广义积分类似,无界函数的广义积分的敛散性也有柯西判别法及其极限形式. 下面假定 $f(x)$ 在 $(a,b]$ 上连续,且 $x=a$ 是其无穷间断点的情形下叙述相应结果.

定理5.4.3(柯西判别法)　设在 $(a,b]$ 上恒有 $f(x)\geqslant 0$, 且 $f(x)$ 在任一包含在 $(a,b]$ 内的闭区间上可积;再设 C 为任一正常数. 那么,

(1) 若 $f(x)\leqslant \frac{C}{(x-a)^p}$, 且 $p<1$, 则 $\int_a^b f(x)\mathrm{d}x$ 收敛;

(2) 若 $f(x)\geqslant \frac{C}{(x-a)^p}$, 且 $p\geqslant 1$, 则 $\int_a^b f(x)\mathrm{d}x$ 发散.

定理 5.4.4（柯西判别法的极限形式） 设在 $(a,b]$ 上恒有 $f(x)\geqslant 0$，且 $f(x)$ 在任一包含在 $(a,b]$ 内的闭区间上可积，并且 $\lim\limits_{x\to a^+}(x-a)^p f(x)=l$，那么，

（1） 若 $0\leqslant l<+\infty$ 且 $p<1$，则 $\int_a^b f(x)\,\mathrm{d}x$ 收敛；

（2） 若 $0<l\leqslant+\infty$ 且 $p\geqslant 1$，则 $\int_a^b f(x)\,\mathrm{d}x$ 发散.

例 8 讨论 $\int_0^{1/\mathrm{e}}\frac{\mathrm{d}x}{x^p\ln x}$ 的敛散性 $(p>0)$.

解 被积函数在积分区间上非正，$x=0$ 是唯一的无穷间断点．当 $p<1$ 时，取 $p<q<1$，则有

$$\lim_{x\to 0^+}\frac{x^q}{x^p\,|\ln x|}=0,$$

由柯西判别法的极限形式知 $\int_0^{1/\mathrm{e}}\frac{\mathrm{d}x}{x^p\ln x}$ 收敛.

类似地，当 $p>1$ 时，取 $1<q<p$，由

$$\lim_{x\to 0^+}\frac{x^q}{x^p\,|\ln x|}=+\infty,$$

容易知道 $\int_0^{1/\mathrm{e}}\frac{\mathrm{d}x}{x^p\ln x}$ 发散.

而当 $p=1$ 时，直接由牛顿-莱布尼茨公式得到

$$\int_0^{1/\mathrm{e}}\frac{\mathrm{d}x}{x\ln x}=\lim_{\varepsilon\to 0^+}\big[\ln|\ln x|\big]_\varepsilon^{1/\mathrm{e}}=-\infty.$$

综上可知，广义积分 $\int_0^{1/\mathrm{e}}\frac{\mathrm{d}x}{x^p\ln x}$ 当 $0<p<1$ 时收敛，当 $p\geqslant 1$ 时发散.

5.4.3 Γ 函数

利用广义积分敛散性的柯西判别法易知，对任意 $r>0$，广义积分

$$\Gamma(r)=\int_0^{+\infty}x^{r-1}\mathrm{e}^{-x}\,\mathrm{d}x$$

是收敛的，它称为 Γ 函数.

Γ 函数是一个重要的广义积分，它在理论和应用上都具有重要意义．Γ 函数具有如下递推公式

$$\Gamma(r+1)=r\Gamma(r),\quad r>0.$$

事实上,由分部积分法得

$$\Gamma(r+1)=\int_0^{+\infty}x^r\mathrm{e}^{-x}\mathrm{d}x=-\int_0^{+\infty}x^r\mathrm{d}\mathrm{e}^{-x}$$

$$=[-x^r\mathrm{e}^{-x}]_0^{+\infty}+\int_0^{+\infty}\mathrm{e}^{-x}\mathrm{d}x^r=r\int_0^{+\infty}\mathrm{e}^{-x}x^{r-1}\mathrm{d}x=r\Gamma(r).$$

显然,$\Gamma(1)=1$,从而当 n 为自然数时,有

$$\Gamma(n+1)=n\Gamma(n)=n(n-1)\Gamma(n-1)=\cdots=n!\Gamma(1)=n!.$$

这就是说,Γ 函数是阶乘的推广. 此外,许多重要的广义积分也可用 Γ 函数来表示. 例如,由换元积分法易知

$$\int_{-\infty}^{+\infty}\mathrm{e}^{-x^2}\mathrm{d}x=2\int_0^{+\infty}\mathrm{e}^{-x^2}\mathrm{d}x=\int_0^{+\infty}y^{-1}\mathrm{e}^{-y^2}\cdot 2y\mathrm{d}y=\int_0^{+\infty}x^{-\frac{1}{2}}\mathrm{e}^{-x}\mathrm{d}x,$$

即

$$\Gamma\left(\frac{1}{2}\right)=\int_{-\infty}^{+\infty}\mathrm{e}^{-x^2}\mathrm{d}x=\sqrt{\pi}.$$

这个积分是概率论中的重要积分,它的计算将在二重积分(第 8 章)中给出.

习题 5-4

A 题

1. 计算下列广义积分:

(1) $\int_1^{+\infty}\frac{1}{(1+x)\sqrt{x}}\mathrm{d}x$;

(2) $\int_1^2\frac{x}{\sqrt{x-1}}\mathrm{d}x$;

(3) $\int_0^1\frac{x}{\sqrt{1-x^2}}\mathrm{d}x$;

(4) $\int_1^{+\infty}\frac{\arctan x}{x^2}\mathrm{d}x$;

(5) $\int_{-\infty}^{+\infty}\frac{1}{x^2+2x+2}\mathrm{d}x$;

(6) $\int_0^{+\infty}\mathrm{e}^{-ax}\cos bx\mathrm{d}x\ (a>0)$;

(7) $\int_1^{\mathrm{e}}\frac{1}{x\sqrt{1-\ln^2 x}}\mathrm{d}x$;

(8) $\int_1^{+\infty}\frac{1}{x^2(x+1)}\mathrm{d}x$;

(9) $\int_1^2\frac{1}{\sqrt[3]{(x-1)^2}}\mathrm{d}x$;

(10) $\int_0^{+\infty}x\mathrm{e}^{-x^2}\mathrm{d}x$.

2. 判断下列广义积分的敛散性：

(1) $\int_{1}^{+\infty}\sin\frac{1}{x^{2}}\mathrm{d}x$；　　(2) $\int_{0}^{+\infty}\frac{1}{1+x|\sin x|}\mathrm{d}x$；

(3) $\int_{1}^{+\infty}\frac{x\arctan x}{1+x^{3}}\mathrm{d}x$；　　(4) $\int_{1}^{2}\frac{1}{\ln^{3}x}\mathrm{d}x$；

(5) $\int_{0}^{1}\frac{x^{4}}{\sqrt{1-x^{4}}}\mathrm{d}x$；　　(6) $\int_{1}^{2}\frac{\mathrm{d}x}{\sqrt[3]{x^{2}-3x+2}}$.

B 题

1. (考研真题,1998 年数学一)求 $\int_{\frac{1}{2}}^{\frac{3}{2}}\frac{\mathrm{d}x}{\sqrt{|x-x^{2}|}}$.

2. (考研真题,2002 年数学一)求 $\int_{e}^{+\infty}\frac{\mathrm{d}x}{x\ln^{2}x}$.

3. (考研真题,2004 年数学二)求 $\int_{1}^{+\infty}\frac{\mathrm{d}x}{x\sqrt{x^{2}-1}}$.

4. (考研真题,2010 年数学一)设 m,n 均为正整数,则广义积分 $\int_{0}^{1}\frac{\sqrt[m]{\ln^{2}(1-x)}}{\sqrt[n]{x}}\mathrm{d}x$ 的收敛性(　　).

A. 仅与 m 的取值有关　　B. 仅与 n 的取值有关

C. 与 m,n 的取值都有关　　D. 与 m,n 的取值都无关

5. (考研真题,2023 年数学二)若函数 $f(\alpha)=\int_{2}^{+\infty}\frac{1}{x(\ln x)^{\alpha+1}}\mathrm{d}x$ 在 $\alpha=\alpha_{0}$ 处取得最小值,则 $\alpha_{0}=$(　　).

A. $-\frac{1}{\ln\ln 2}$　　B. $-\ln\ln 2$　　C. $-\frac{1}{\ln 2}$　　D. $-\ln 2$

5.5　定积分的应用

PPT 课件 5－5
定积分的应用

5.5.1　定积分的微元法

微视频 5－3
面积公式(直角坐标)

在定积分的应用中,经常使用微元法. 现在以求连续曲线 $y=f(x)(f(x)\geqslant 0)$ 为曲边,区间 $[a,b]$ 为底的曲边梯形(图 5-2)的面积为例进行分析.

把曲边梯形的面积 S 表示为定积分 $S=\int_a^b f(x)\,\mathrm{d}x$ 的步骤是:

(1) 将区间 $[a,b]$ 任意分成 n 个子区间,从而把相应的量 S 也分成 n 份. 把与第 i 个子区间 $[x_{i-1},x_i]$ 相应的部分量记作 ΔS_i.

(2) 求出部分量 ΔS_i 的近似值 $f(\xi_i)\Delta x_i(x_{i-1}\leqslant\xi_i\leqslant x_i)$.

(3) 求出和 $\sum\limits_{i=1}^{n}f(\xi_i)\Delta x_i$, 并作为 S 的近似值.

(4) 令最大子区间的长度 $\lambda\to 0$, 求和数 $\sum\limits_{i=1}^{n}f(\xi_i)\Delta x_i$ 的极限,即得量 S.

概括地说,这个方法是:“分割求近似,求和取极限”,其关键是分割后求出近似替代

$$\Delta S_k=f(\xi_k)\Delta x_k.$$

一般来说,一个对区间具有可加性且与区间 $[a,b]$ 上的一个连续函数 $q(x)$ 有关的待求量 Q, 总可以使用“分割求近似,求和取极限”的方法,通过定积分将待求量 Q 求出. 方法是:在区间 $[a,b]$ 上任取一点 x, 记 $Q(x)$ 为待求量分布在区间 $[a,x]$ 上的值,当 x 有增量 Δx 时, $Q(x)$ 就有增量 ΔQ. 只要把分布在区间 $[a,x]$ 上的部分量 ΔQ 近似地表示为 $q(x)\,\mathrm{d}x$, 把它记作 $\mathrm{d}Q$, 即

$$\mathrm{d}Q=q(x)\,\mathrm{d}x,$$

那么以 $q(x)\,\mathrm{d}x$ 为被积式求从 a 到 b 的定积分,即是待求量

$$Q=\int_a^b q(x)\,\mathrm{d}x.$$

这里的 $\mathrm{d}Q=q(x)\,\mathrm{d}x$ 称为待求量 Q 的微元,这种方法称为微元法.

5.5.2 定积分的几何应用

1. 直角坐标的面积公式

(1) 计算由连续曲线 $y=f(x)\,(f(x)\geqslant 0)$, 直线 $x=a,x=b$, x 轴所围成的平面图形的面积. 由于面积微元为 $\mathrm{d}S=f(x)\,\mathrm{d}x$, 得面积

$$S=\int_a^b f(x)\,\mathrm{d}x.$$

(2) 如果连续曲线 $y=f(x)$ 在区间 $[a,b]$ 上的纵坐标有正有负,由于

面积微元为 $dS = |f(x)|dx$，得面积

$$S = \int_a^b |f(x)|dx.$$

（3）如果计算由连续曲线 $y = f_1(x)$，$y = f_2(x)$（$0 \leqslant f_1(x) \leqslant f_2(x)$），直线 $x = a$，$x = b$ 所围成的平面图形的面积．由于面积微元为 $dS = |f_2(x) - f_1(x)|dx$，得面积

$$S = \int_a^b |f_2(x) - f_1(x)|dx.$$

（4）如果连续曲线的方程为 $x = \varphi(y)$（$x \geqslant 0$），计算由连续曲线 $x = \varphi(y)$，直线 $y = c$，$y = d$（$c < d$）及 y 轴所围成的平面图形的面积．由于面积微元为 $dS = \varphi(y)dy$，得面积

$$S = \int_c^d \varphi(y)dy.$$

例 1　求椭圆 $\frac{x^2}{a^2} + \frac{y^2}{b^2} = 1$ 围成的平面图形的面积.

解　由对称性，椭圆面积为第一象限部分面积的 4 倍，得

$$S = 4\int_0^a \frac{b}{a}\sqrt{a^2 - x^2}\,dx = \pi ab.$$

例 2　求由 $x = 0$，$x = \pi$，$y = \sin x$，$y = \cos x$ 围成的平面图形的面积.

解　曲线 $y = \sin x$ 与 $y = \cos x$ 交点的横坐标是 $\frac{\pi}{4}$（图 5-3），所以

$$\begin{aligned} S &= \int_0^{\pi} |\sin x - \cos x|dx \\ &= \int_0^{\frac{\pi}{4}} (\cos x - \sin x)dx + \int_{\frac{\pi}{4}}^{\pi} (\sin x - \cos x)dx \\ &= [\sin x + \cos x]_0^{\frac{\pi}{4}} + [-\cos x - \sin x]_{\frac{\pi}{4}}^{\pi} \\ &= \left(\frac{\sqrt{2}}{2} + \frac{\sqrt{2}}{2} - 1\right) + \left(1 + \frac{\sqrt{2}}{2} + \frac{\sqrt{2}}{2}\right) = 2\sqrt{2}. \end{aligned}$$

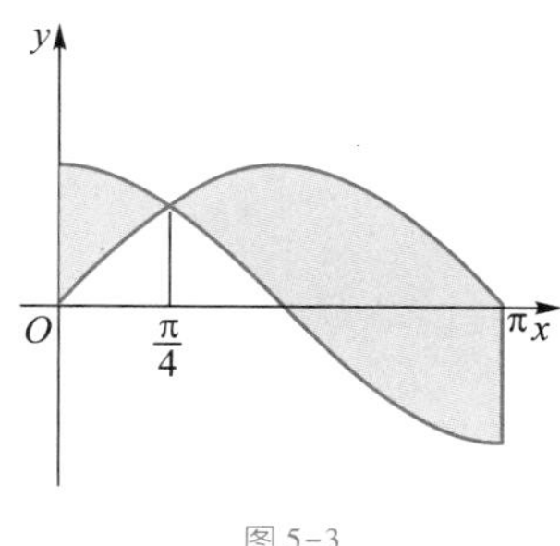

图 5-3

例 3　求由 $y^2 = 2x$ 与 $y = x - 4$ 围成的平面图形的面积（图 5-4）.

解　由 $y^2 = 2x$ 与 $y = x - 4$ 两方程联立，得到两交点的纵坐标是 $y_1 = -2$，$y_2 = 4$. 因此得到

$$S = \int_{-2}^4 \left(y + 4 - \frac{1}{2}y^2\right)dy = \left[\frac{1}{2}y^2 + 4y - \frac{1}{6}y^3\right]_{-2}^4 = 18.$$

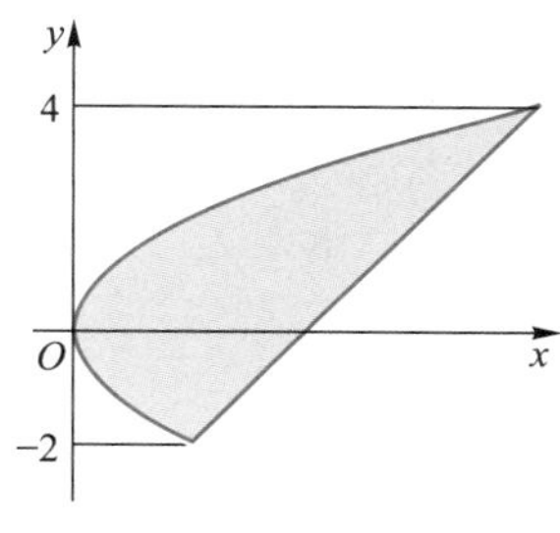

图 5-4

2. 极坐标的面积公式

平面上除了直角坐标系外，极坐标系是另一常用的坐标系，在某些情形下比直角坐标系更方便．在平面上取定一点 O，称为极点，从 O 出发引一条射线 Ox，称为极轴．取定长度单位，规定角度取逆时针方向为正．这样，平面上任一点 P 的位置就可以用线段 OP 的长度 ρ 以及角度 $\theta=\angle POx$ 来确定（图 5-5），有序数对 (ρ,θ) 就称为点 P 的极坐标，ρ 称为点 P 的极径，θ 称为点 P 的极角．

图 5-5

当限制 $0\leqslant\theta<2\pi$ 时，平面上除极点 O 以外，其他每一点都有唯一的一个极坐标．极点的极径为零，极角任意．若除去上述限制，平面上每一点都有无数多组极坐标．一般地，如果 (ρ,θ) 是一个点的极坐标，那么 $(\rho,\theta+2n\pi)$ 都可作为它的极坐标，这里 n 是任意整数．平面上有些曲线采用极坐标时，方程比较简单．例如以极点为中心，r 为半径的圆的极坐标方程为 $\rho=r$，阿基米德螺线的极坐标方程为 $\rho=a\theta(a>0)$．

平面上取定直角坐标系与极坐标系，使极轴与 x 轴正半轴重合，则易得直角坐标 (x,y) 与极坐标 (ρ,θ) 之间的关系：

$$x=\rho\cos\theta,\quad y=\rho\sin\theta;$$

$$\rho=\sqrt{x^2+y^2},\quad \sin\theta=\frac{y}{\sqrt{x^2+y^2}},\quad \cos\theta=\frac{x}{\sqrt{x^2+y^2}}.$$

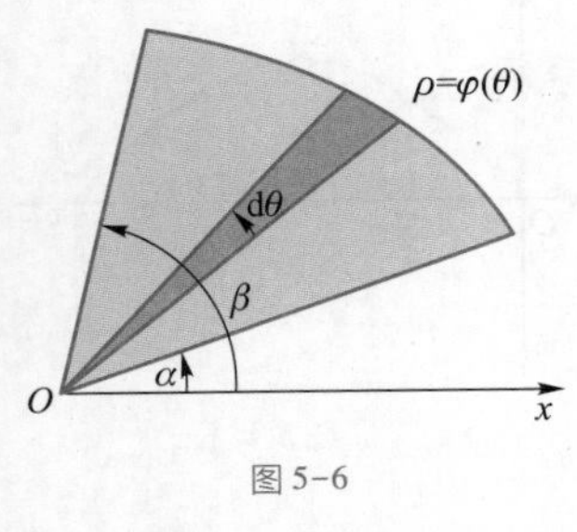

图 5-6

下面求由曲线 $\rho=\varphi(\theta)$ 及射线 $\theta=\alpha,\theta=\beta$ 围成的图形（图 5-6）的面积．当极角在 θ 的位置有增量 $\mathrm{d}\theta$ 时，阴影部分面积 $\mathrm{d}S$ 近似等于以 $\varphi(\theta)$ 为半径，圆心角等于 $\mathrm{d}\theta$ 的扇形的面积，因此 $\mathrm{d}S=\frac{1}{2}[\varphi(\theta)]^2\mathrm{d}\theta$，得面积

$$S=\int_\alpha^\beta\frac{1}{2}[\varphi(\theta)]^2\mathrm{d}\theta.$$

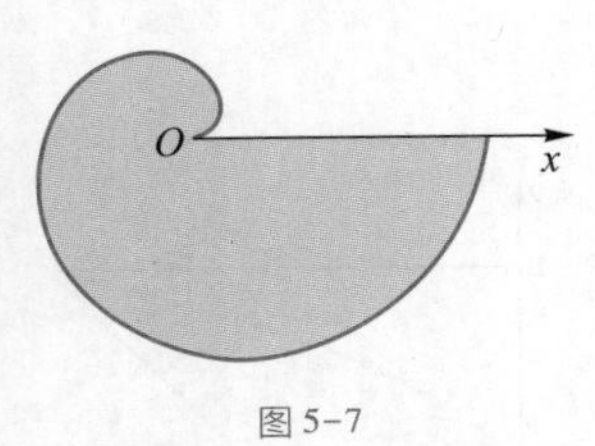

图 5-7

例 4　求阿基米德螺线 $\rho=a\theta(a>0)$ 当 θ 从 0 变到 2π 的一段弧与极轴所围成的图形的面积（图 5-7）．

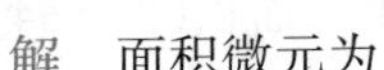

解　面积微元为

$$\mathrm{d}S=\frac{1}{2}(a\theta)^2\mathrm{d}\theta,$$

则所求面积为

$$S=\int_0^{2\pi}\frac{a^2}{2}\theta^2\mathrm{d}\theta=\frac{a^2}{2}\left[\frac{\theta^3}{3}\right]_0^{2\pi}=\frac{4}{3}a^2\pi^3.$$

例 5 求心脏线 $\rho=a(1+\cos\theta)(a>0,0\leqslant\theta\leqslant 2\pi)$ 所围成的图形的面积(图 5-8).

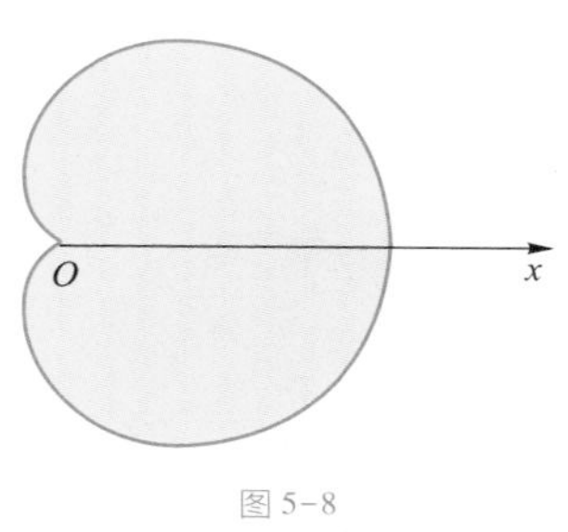

图 5-8

解 所求图形的面积 S 是极轴以上部分面积 $S_1(0\leqslant\theta\leqslant\pi)$ 的两倍,而面积微元为

$$dS=\frac{1}{2}a^2(1+\cos\theta)^2d\theta,$$

故

$$\begin{aligned}S_1&=\int_0^{\pi}\frac{1}{2}a^2(1+\cos\theta)^2d\theta=\frac{a^2}{2}\int_0^{\pi}(1+2\cos\theta+\cos^2\theta)d\theta\\&=\frac{a^2}{2}\int_0^{\pi}\left(\frac{3}{2}+2\cos\theta+\frac{1}{2}\cos 2\theta\right)d\theta\\&=\frac{a^2}{2}\left[\frac{3}{2}\theta+2\sin\theta+\frac{1}{4}\sin 2\theta\right]_0^{\pi}\\&=\frac{3}{4}\pi a^2,\end{aligned}$$

从而

$$S=2S_1=\frac{3}{2}\pi a^2.$$

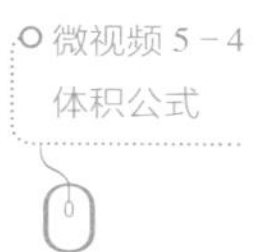
微视频 5-4
体积公式

3. 空间立体的体积公式

对于一般的空间立体,假设它与某一轴线(如 x 轴)相垂直的平面的截面面积 $A(x)(a\leqslant x\leqslant b)$ 是一已知的连续函数(图 5-9). 根据微元法,当 x 取得增量 dx 时,体积增量 dV(图 5-9 中深色部分的体积)近似等于一底面积为 $A(x)$, 高为 dx 的柱体的体积,即 $dV=A(x)dx$, 因此空间立体的体积是

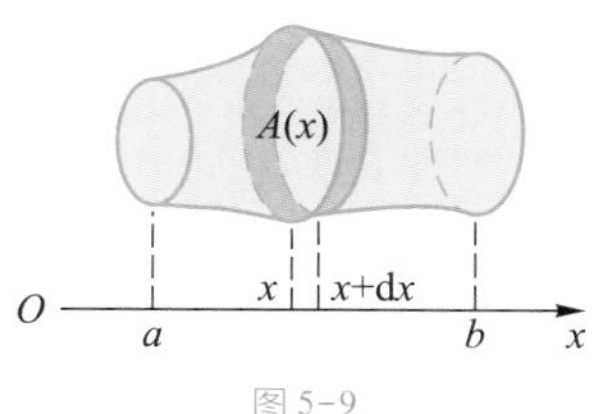

图 5-9

$$V=\int_a^b A(x)dx.$$

特别地,对于平面曲线 $y=f(x)(a\leqslant x\leqslant b)$ 绕 x 轴旋转而得的旋转体而言,垂直于 x 轴的截面是圆盘,它的面积是 $A(x)=\pi y^2=\pi[f(x)]^2$, 从而该旋转体的体积是

$$V=\pi\cdot\int_a^b[f(x)]^2dx.$$

类似地,曲线 $x=\varphi(y)(c\leqslant y\leqslant d)$ 绕 y 旋转而得的旋转体的体积是

$$V=\pi\cdot\int_c^d[\varphi(y)]^2dy.$$

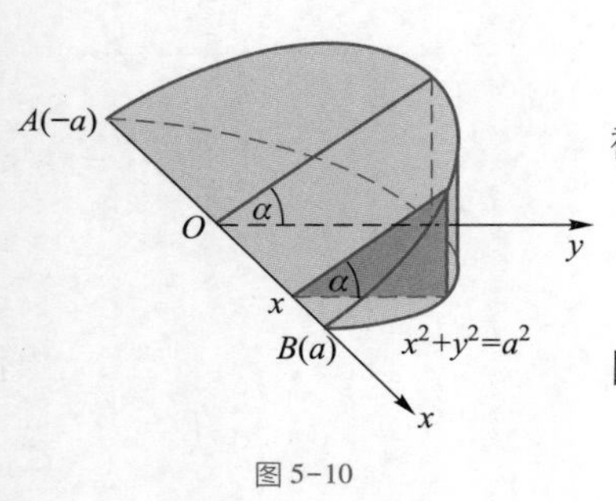

图 5-10

例 6　设底面半径为 a 的圆柱体被过圆柱底面直径 AB 且与底面成 α 角的平面所截,求截下的楔形体的体积.

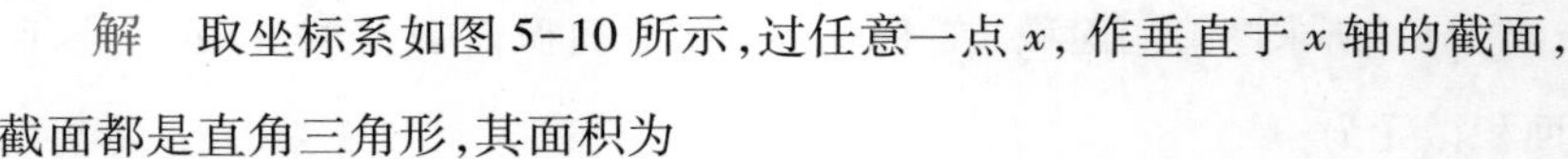

解　取坐标系如图 5-10 所示,过任意一点 x,作垂直于 x 轴的截面,截面都是直角三角形,其面积为

$$A(x)=\frac{1}{2}\sqrt{a^2-x^2}\cdot\sqrt{a^2-x^2}\tan\alpha=\frac{1}{2}(a^2-x^2)\tan\alpha,$$

因此所求楔形体的体积为

$$V=\int_{-a}^{a}A(x)\mathrm{d}x=\int_{-a}^{a}\frac{1}{2}(a^2-x^2)\tan\alpha\mathrm{d}x$$

$$=\frac{1}{2}\tan\alpha\left[a^2x-\frac{1}{3}x^3\right]_{-a}^{a}=\frac{2}{3}a^3\tan\alpha.$$

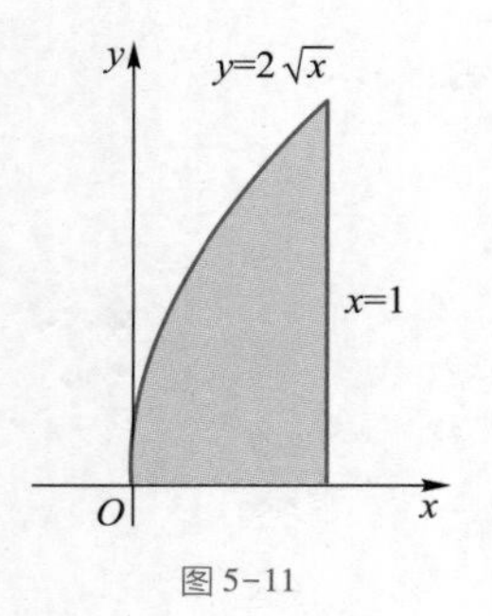

图 5-11

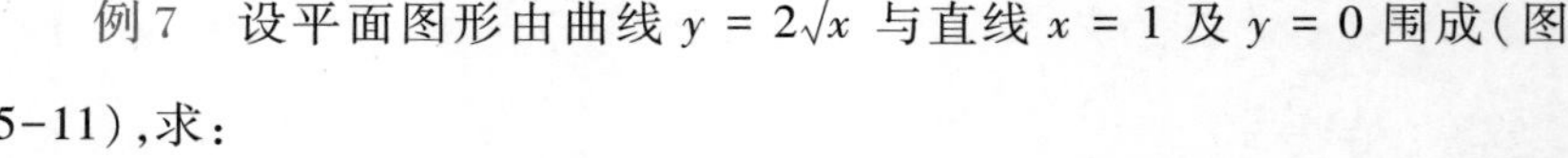

例 7　设平面图形由曲线 $y=2\sqrt{x}$ 与直线 $x=1$ 及 $y=0$ 围成(图 5-11),求:

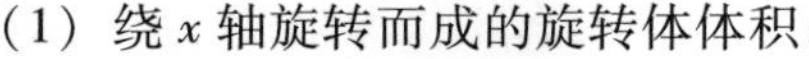

(1) 绕 x 轴旋转而成的旋转体体积;

(2) 绕 y 轴旋转而成的旋转体体积.

解　(1) 此时旋转体即为曲线 $y=2\sqrt{x}$ 绕 x 轴旋转而成,故其体积

$$V_x=\pi\int_0^1(2\sqrt{x})^2\mathrm{d}x=4\pi\int_0^1x\mathrm{d}x=4\pi\left[\frac{1}{2}x^2\right]_0^1=2\pi.$$

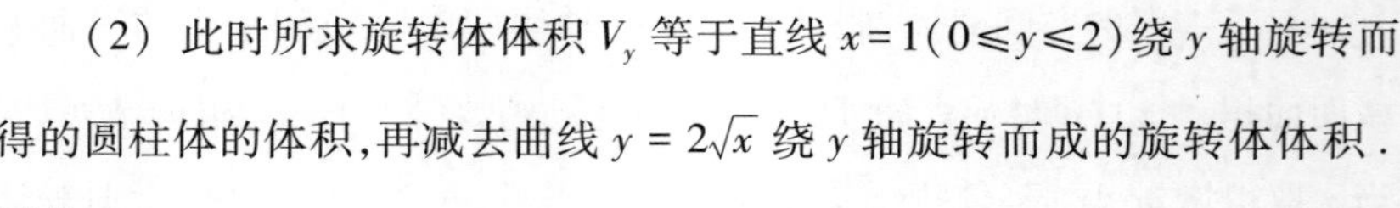

(2) 此时所求旋转体体积 V_y 等于直线 $x=1(0\leqslant y\leqslant 2)$ 绕 y 轴旋转而得的圆柱体的体积,再减去曲线 $y=2\sqrt{x}$ 绕 y 轴旋转而成的旋转体体积.因此,

$$V_y=2\pi-\pi\int_0^2\frac{1}{16}y^4\mathrm{d}y=2\pi-\frac{\pi}{16}\left[\frac{1}{5}y^5\right]_0^2=\frac{8}{5}\pi.$$

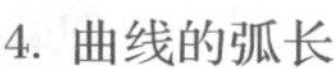

4. 曲线的弧长

设 A,B 为端点的光滑平面曲线弧 $\overset{\frown}{AB}$,由参数方程

$$\begin{cases}x=\varphi(t),\\y=\psi(t)\end{cases}$$

确定,其中 $\alpha\leqslant t\leqslant\beta$. 当参数从 t 变动到 $t+\mathrm{d}t$ 时,相应的小弧段的长度 $\mathrm{d}s$ 等于对应的弦的长度 $\sqrt{(\mathrm{d}x)^2+(\mathrm{d}y)^2}$. 因为

$$dx=\varphi'(t)\,dt,\quad dy=\psi'(t)\,dt,$$

所以

$$ds=\sqrt{\varphi'^2(t)+\psi'^2(t)}\,dt,$$

于是所求弧长为

$$s=\int_\alpha^\beta\sqrt{\varphi'^2(t)+\psi'^2(t)}\,dt.$$

当曲线弧由直角坐标方程

$$y=f(x)\quad(a\leqslant x\leqslant b)$$

表示时,其弧长是

$$s=\int_a^b\sqrt{1+y'^2}\,dx.$$

例 8　求摆线的一拱

$$\begin{cases}x=a(t-\sin t),\\ y=a(1-\cos t)\end{cases}$$

$(0\leqslant t\leqslant 2\pi)$ 的弧长,其中 $a>0$.

解

$$\frac{dx}{dt}=a(1-\cos t),\quad \frac{dy}{dt}=a\sin t,$$

故

$$ds=\sqrt{a^2(1-\cos t)^2+a^2\sin^2 t}\,dt=a\sqrt{2(1-\cos t)}\,dt$$

$$=2a\sqrt{\sin^2\frac{t}{2}}\,dt=2a\left|\sin\frac{t}{2}\right|dt,$$

于是

$$s=2a\int_0^{2\pi}\sin\frac{t}{2}\,dt=4a\left[-\cos\frac{t}{2}\right]_0^{2\pi}=8a.$$

例 9　求抛物线 $y=\dfrac{x^2}{2}$ 对应于 $0\leqslant x\leqslant 1$ 一段的弧长.

解

$$ds=\sqrt{1+\left(\frac{dy}{dx}\right)^2}\,dx=\sqrt{1+x^2}\,dx,$$

于是

$$
\begin{aligned}
s &= \int_0^1 \sqrt{1+x^2}\,\mathrm{d}x \\
&= \left[\frac{x}{2}\sqrt{1+x^2}+\frac{1}{2}\ln\left(x+\sqrt{1+x^2}\right)\right]_0^1 \\
&= \frac{\sqrt{2}}{2}+\frac{1}{2}\ln\left(1+\sqrt{2}\right).
\end{aligned}
$$

5.5.3 定积分的物理应用

从中学物理我们知道，一个物体做直线运动，且在运动过程中一直受到跟运动方向一致的常力 F 的作用，当物体有位移时，力 F 所做的功为 $W=Fs$（s 为位移的大小）．考虑变力沿直线所做的功：设物体在 x 轴上运动，且在从 a 移动到 b 的过程中，始终受到跟 x 轴的正向一致的力 F 的作用．当物体位于 x 轴上的不同位置时，所受力 F 也发生变化，记作 $F=\varphi(x)$．由于 $\varphi(x)$ 是连续函数，我们可以把区间 $[a,b]$ 分成许多小区间，并取子区间 $[x,x+\Delta x]$ 进行分析，功微元 $\mathrm{d}W=\varphi(x)\mathrm{d}x$，因此物体从 a 移动到 b，所做总功是

$$W=\int_a^b \varphi(x)\,\mathrm{d}x.$$

例 10　有一弹簧，用 5 N 的力可以将它拉长 0.01 m，求把弹簧拉长 0.1 m 所做的功．

解　已知拉力与伸缩量成正比，公式为

$$F=kx \quad (k>0).$$

由于当 $x=0.01$ 时，$F=5$，故得

$$k=\frac{5}{0.01}=500,$$

即 $F=500x$．于是

$$W=\int_0^{0.1}500x\,\mathrm{d}x=500\left[\frac{x^2}{2}\right]_0^{0.1}=2.5\text{ J}.$$

例 11　从地面垂直发射质量为 m 的物体，求物体从 A 点（距离地心 R_1）飞到 B 点（距离地心 R_2）时，地球引力所做的功．若要物体飞离地球引力的范围，必须克服引力做多少功？

解 已知地球对物体的引力为 $F=G\dfrac{Mm}{r^2}$，其中 r 为地球中心到物体的距离，M 为地球的质量，m 为物体的质量，G 为引力常数．当物体在地面时，r 即为地球的半径（记作 R），地球对物体的引力是

$$F=m\cdot\frac{GM}{R^2}=mg,$$

式中 g 为重力加速度．因此

$$G=\frac{R^2g}{M}.$$

将它代入 $F=G\dfrac{Mm}{r^2}$，得到

$$F=\frac{R^2g}{M}\cdot\frac{Mm}{r^2}=mg\left(\frac{R}{r}\right)^2.$$

引力所做的功的微元为

$$\mathrm{d}W=F\mathrm{d}r=mg\left(\frac{R}{r}\right)^2\mathrm{d}r,$$

因此从 A 点（$r=R_1$）飞到 B 点（$r=R_2$）地球引力所做的功是

$$W=\int_{R_1}^{R_2}F\mathrm{d}r=\int_{R_1}^{R_2}mg\left(\frac{R}{r}\right)^2\mathrm{d}r=-\left[mgR^2\frac{1}{r}\right]_{R_1}^{R_2}=mgR^2\left(\frac{1}{R_1}-\frac{1}{R_2}\right).$$

要计算使物体飞离地球引力范围所做的功 W'，取 $R_1=R$，令 $R_2\to+\infty$，即得

$$W'=\lim_{R_2\to+\infty}mgR^2\left(\frac{1}{R}-\frac{1}{R_2}\right)=mgR.$$

习题 5-5

A 题

1. 求由曲线 $y=9-x^2$，$y=x^2$ 与直线 $x=0$，$x=1$ 所围成的平面图形的面积.

2. 求由抛物线 $y=\dfrac{1}{4}x^2$ 与直线 $3x-2y-4=0$ 围成的平面图形的面积.

3. 求由抛物线 $y=-x^2+4x-3$ 及其在点 $(0,-3)$ 和 $(3,0)$ 处的切线围成的平面图形

的面积.

4. 求由摆线 $x=a(t-\sin t)$, $y=a(1-\cos t)$ 的一拱($0\leqslant t\leqslant 2\pi$)与横轴围成的图形的面积.

5. 求下列已知曲线所围成的图形按指定的轴旋转所产生的旋转体的体积:

(1) $y=x^2$, $x=y^2$,绕 y 轴;

(2) $y=\arcsin x$, $x=1$, $y=0$,绕 x 轴;

(3) $x^2+(y-5)^2=16$,绕 x 轴.

6. 一物体按规律 $x=ct^3$ 做直线运动,介质的阻力与速度的平方成正比(设比例系数为 k),计算物体由 $x=0$ 移至 $x=a$ 时,克服阻力所做的功.

7. 设有一圆锥形贮水池,深 15 m,口径 20 m,盛满水,今以水泵将水吸尽,求要做多少功.

B 题

1. 求由曲线 $\rho=a\sin\theta$, $\rho=a(\sin\theta+\cos\theta)$ $(a>0)$ 围成的公共部分图形的面积.

2. 求圆盘 $(x-2)^2+y^2\leqslant 1$ 绕 y 轴旋转而成的旋转体体积.

3. 设有一长度为 l,线密度为 μ 的均匀细直棒,在棒一端的垂线上且距离为 a 单位处有一质量为 m 的质点 M,求细棒对点 M 的引力.

4. 求抛物线 $y=\dfrac{1}{2}x^2$ 被圆 $x^2+y^2=3$ 所截下的有限部分的弧长.

5. (考研真题,2011 年数学一)求曲线 $y=\int_0^x \tan t\mathrm{d}t\left(0\leqslant x\leqslant\dfrac{\pi}{4}\right)$ 的弧长.

6. (考研真题,1996 年数学一)求心脏线 $r=a(1+\cos\theta)$ 的全长,其中 $a>0$ 是常数.

7. (考研真题,2003 年数学一)某建筑工地打地基时,需用气锤将桩打进土层,气锤每次击打,都将克服土的阻力而做功. 设土层对桩的阻力的大小与桩被打进地下的深度成正比(比例常数为 k, $k>0$),气锤第一次击打将桩打进地下 a m. 根据设计方案,要求气锤每次击打桩时所做的功与前一次击打所做的功之比为常数 $r(0<r<1)$. 问:

(1) 气锤击打桩 3 次后,可以将桩打进地下多深?

(2) 若击打次数不限,气锤最多可以将桩打进地下多深?

8. (考研真题,2003 年数学一)过坐标原点作曲线 $y=\ln x$ 的切线,该切线与曲线 $y=\ln x$ 及 x 轴围成平面图形 D. 求:

(1) D 的面积 A;

(2) D 绕直线 $x=\mathrm{e}$ 旋转一周所得旋转体的体积 V.

9. (考研真题,2009 年数学一)椭球面 S_1 是椭圆 $\dfrac{x^2}{4}+\dfrac{y^2}{3}=1$ 绕 x 轴旋转而成,圆锥

面 S_2 是由过点(4,0)且与椭圆 $\frac{x^2}{4}+\frac{y^2}{3}=1$ 相切的直线绕 x 轴旋转而成. 求:

(1) S_1 及 S_2 的方程;

(2) S_1 及 S_2 之间的立体体积.

10. (考研真题,2012 年数学一)已知曲线

$$L:\begin{cases} x=f(t), \\ y=\cos t, \end{cases}$$

其中 $0\leqslant t<\frac{\pi}{2}$,函数 $f(t)$ 具有连续导数,且 $f(0)=0$,$f'(t)>0\left(0<t<\frac{\pi}{2}\right)$. 若曲线 L 的切线与 x 轴的交点到切点的距离恒为 1,求函数 $f(t)$ 的表达式,并求以曲线 L 及 x 轴和 y 轴为边界的区域的面积.

11. (考研真题,2023 年数学二)曲线 $y=\int_{-\sqrt{3}}^{x}\sqrt{3-t^2}\,\mathrm{d}t$ 的弧长为________.

本章学习要点

1. 理解定积分的概念,掌握变上限定积分定义的函数及其求导定理.

2. 掌握定积分的性质及定积分的中值定理.

3. 掌握牛顿-莱布尼茨公式及其应用.

4. 掌握用换元积分法与分部积分法计算定积分.

5. 理解广义积分的概念,会计算广义积分,能判断一些常见广义积分的敛散性.

6. 掌握用定积分表达和计算一些几何量与物理量(面积、体积、功等).

网上更多…… 第 5 章自测 A 题

第 5 章自测 B 题

第 5 章综合练习 A 题

第 5 章综合练习 B 题

附录　高等数学第一学期期末考试卷

参考文献

[1] 同济大学数学系. 高等数学:上册. 7版. 北京:高等教育出版社,2014.

[2] 吴传生. 经济数学——微积分. 3版. 北京:高等教育出版社,2015.

[3] 杨海涛. 高等数学(理工类):上册. 3版. 上海:同济大学出版社,2013.

[4] 赵利彬. 高等数学(经管类):上册. 上海:同济大学出版社,2007.

[5] 宣立新. 高等数学(上、下). 3版. 北京:高等教育出版社,2010.

[6] 陈纪修,於崇华,金路. 数学分析:上册. 2版. 北京:高等教育出版社,2004.

[7] 吕林根,许子道. 解析几何. 4版. 北京:高等教育出版社,2006.

郑重声明

读者意见反馈

为收集对教材的意见建议，进一步完善教材编写并做好服务工作，读者可将对本教材的意见建议通过如下渠道反馈至我社。

咨询电话　400-810-0598

反馈邮箱　hepsci@pub.hep.cn

通信地址　北京市朝阳区惠新东街4号富盛大厦1座

高等教育出版社理科事业部

邮政编码　100029

防伪查询说明

用户购书后刮开封底防伪涂层，使用手机微信等软件扫描二维码，会跳转至防伪查询网页，获得所购图书详细信息。

防伪客服电话　(010)58582300